全国高职高专环境保护类专业规划教材

固体废物处理与处置
（第二版）

主 编 郭 军

中国劳动社会保障出版社

图书在版编目（CIP）数据

固体废物处理与处置/郭军主编. -- 2 版. -- 北京：中国劳动社会保障出版社，2018
全国高职高专环境保护类专业规划教材
ISBN 978-7-5167-3561-9

Ⅰ.①固… Ⅱ.①郭… Ⅲ.①固体废物处理-高等职业教育-教材 Ⅳ.①X705

中国版本图书馆 CIP 数据核字（2018）第 189581 号

中国劳动社会保障出版社出版发行

（北京市惠新东街 1 号 邮政编码：100029）

＊

三河市华骏印务包装有限公司印刷装订 新华书店经销

787 毫米×1092 毫米 16 开本 14.25 印张 329 千字
2018 年 11 月第 2 版 2018 年 11 月第 1 次印刷
定价：35.00 元

读者服务部电话：（010）64929211/84209101/64921644
营销中心电话：（010）64962347
出版社网址：http://www.class.com.cn

内 容 提 要

　　本书根据高职高专环境类教材的基本要求编写，突出知识的应用性和实用性，注重学生实际能力的培养。本书共分八章，主要包括第一章绪论，第二章固体废物的产生、特征及采样方法，第三章固体废物的收集、运输及转运系统，第四章固体废物的预处理技术，第五章固体废物的热处理技术，第六章固体废物的生物处理技术，第七章固体废物的处理与资源综合利用技术，第八章固体废物的处置。

　　本教材为"全国高职高专环境保护类专业规划教材"之一，供高职高专环境保护及其相关专业师生教学使用，也可作为化工类、医药类、轻工类、冶金类、材料类及其他相关专业的环境保护教育教材，亦可供环境保护管理与技术人员阅读使用。

第一版序

环境保护是伴随人类社会经济发展的永恒主题，我国党和政府一贯高度重视环境保护工作。近年来，随着我国经济建设的快速发展，社会和企业对环境保护应用型人才的需求日益扩大，这给高职高专环境保护专业建设带来了新的机遇和挑战。为了更有力地推动环境保护专业教育的发展和专业人才的培养，加强教材建设这一专业建设的重要基础工作，教育部高等学校高职高专环保与气象类专业教学指导委员会（以下简称"教指委"）与人力资源和社会保障部教材办公室结合各自的领域优势，共同组织编写了"全国高职高专环境保护类专业规划教材"。本套教材包括《环境监测》《水污染控制技术》《大气污染控制技术》《噪声污染控制技术》《固体废物处理与处置》《污水处理厂（站）运行管理》《环境保护概论》《环境管理》《环境生态学基础》《环境影响评价》《环境法实务》《环境工程制图与CAD》《室内环境检测》《环境保护设备及其应用》《环境专业英语》《环境工程微生物技术》《环境工程给水排水技术》17种。

本套全国规划教材的编写力求满足高职高专环境保护类专业课程体系和课程教学的新发展，立足教学现状，力求创新，在吸收已有教材成果的基础上，将本学科的最新理论、技术和规范纳入教学内容，并与国家最新的相关政策标准、法律法规保持一致。为满足培养应用型人才目标的需要，整套教材加强了职业教育特色，避免大量理论问题的分析和讨论，强调以实际技能和职业需求带动教学任务，技能实训部分采用项目模块化编写模式，提倡工学结合，增加可操作性和工作实践性，为学生今后的职业生涯打下坚实的基础。同时，教材中每章列有学习目标、章后小结和形式多样的复习题，便于学生理清知识脉络、掌握学习重点；丰富的课外阅读材料使学生增加了学习的兴趣，拓宽了视野。

在本套教材开发过程中，在教指委的组织指导下，全国20余所高等院校、科研院所的近百名专家和老师积极参与了教材的编写和审订工作，在此向他们表示衷心的感谢！

我们相信，本套教材的出版必将为我国高职高专环境保护类专业的发展和教材建设作出重要的贡献。因时间和各因素制约，教材中仍有不足之处，恳请相关领域的专家学者和广大师生提出宝贵的意见。

全国高职高专环境保护类专业规划教材编委会

2009 年 6 月

第一版前言

固体废物处理处置既是一门科学，也是一种行业。随着我国经济、社会的快速发展，固体废物产生量逐年剧增，其污染日趋严重，对污染的控制和治理亦受到全社会的普遍关注，《中华人民共和国固体废物污染环境防治法》的颁布和实施，为今后固体废物处理处置提供了法制保障。虽然全国各类高校的环境科学和环境工程专业开设了有关固体废物的课程，近年来出版了不少固体废物方面的书籍，但相对于废水、废气的处理和控制而言，固体废物污染控制方面的教材无论是从科技水平的发展，还是学科体系的建立都相对滞后，也不适应专业课程建设和教学的需要。

本教材有以下特点：首先，编排更适合教学的需要，更符合人们思维的习惯，即以工作任务为主线，以处理方法为次序进行编排，这是因为尽管处理对象千差万别，但各单元在方法学上的相对稳定性和独立性却是永恒不变的，即各处理单元具有共同的规律，如焚烧单元，其过程机理不因处理对象不同而变化；其次，按照"和谐发展"的理念，对于固体废物的污染防治，基本遵循固体废物减量化、无害化和资源化的"三化"原则，固体废物的处理应是一个从"始"到"终"的全过程管理的污染防治过程，充分体现基础理论和工程实践相结合的特点；最后，作为教材，书中提供了较多的例题、思考题和计算题，使学生更易掌握所学的内容，培养学生对固体废物的处理与利用能力，同时兼顾到其他专业人员作为参考书的需要。

本书共分9章，包括固体废物的收集及预处理，固体废物可资源化途径和固体废物不可资源化的最终处置三个方面内容。

本书为高职高专环境工程专业的教材，也可供环境类专业培训和从事环境保护工作的技术人员参考。

参加本书编写人员的分工如下：郭军（黑龙江生态工程职业学院）编写第1章、第7章、第8章，吴琦（哈尔滨工程大学）编写第2章，朱明华（黑龙江生态工程职业学院）编写第3章，马永刚（黑龙江生物科技学院）编写第4章、第5章、第6章，荣海宏（黑龙江生态工程职业学院）编写第9章，全书由郭军统稿。本书由哈尔滨市环保局固废辐射管理中心姜松岐负责审稿工作，提出很多宝贵的意见和建议，在此谨向所有参编老师和主审老师表示感谢。

由于时间及编者水平所限，书中错误、疏漏之处在所难免，欢迎专家、学者及广大读者批评指正。

编者

2010 年 2 月

再 版 说 明

高职高专教材《固体废物处理与处置》自第一版（2010年）出版以来，得到了广大师生和使用者的肯定，同时使用本教材的各院校提出了很多修改建议。《固体废物处理与处置》（第二版）保持了第一版的基本结构和编写特色，对有关内容作了适当精选、调整、更新和补充。

本着突出高职高专教学特色、秉承与时俱进精神的原则，本教材简明扼要、重点突出，体现知识的准确性、实用性和先进性。《固体废物处理与处置》（第二版）收集并参照这些年教材使用者提出的建议，结合编者多年从事环境保护专业教学的实践，修订后的教材内容注重了以下几个方面的特点：

1. 教材内容编排符合教学规律，贴近学生的认知水平和接受能力。教材符合"由浅入深，由易到难"的教学规律。

2. 更新教材部分内容，文字叙述更流畅、严谨，让学生易学、易懂、易掌握。修改了过时的管理规定和科技知识，对教材内容进行勘误并修改，删减了本章小结，教材中的相关数据为近几年最新。

3. 修订后的练习题更加优化、实际、实用，体现知识的实用性，适当增加探究性习题，既起到巩固知识点的作用，又锻炼了学生发现问题和解决问题的能力，为学生自主学习提供了帮助。

4. 教材内容贯彻最新国家法律法规、标准和专业术语。

本次修订由黑龙江生态工程职业学院郭军教授担任主编。在此，对原教材参加编写人员和主审老师表示感谢。本次修订过程中参考了大量文献资料，谨向有关专家和原作者，以及对促成本教材不断改进、不断提高内容质量的读者们表示敬意与感谢。限于种种原因，教材修订后难免仍有疏漏或错误，敬请读者批评指正。

编者

2018 年 1 月

目　　录

第一章　绪论……………………………………………………………………（ 1 ）

　　●本章学习目标……………………………………………………………（ 1 ）

　　第一节　固体废物的处理、处置与可持续利用相关知识…………………（ 1 ）

　　第二节　固体废物处理、处置与资源可持续利用的内容…………………（ 7 ）

　　第三节　固体废物的管理…………………………………………………（11）

　　思考与练习…………………………………………………………………（12）

第二章　固体废物的产生、特征及采样方法…………………………………（14）

　　●本章学习目标……………………………………………………………（14）

　　第一节　固体废物产生量及预测…………………………………………（14）

　　第二节　固体废物的物理及化学特性……………………………………（18）

　　第三节　固体废物的采样…………………………………………………（29）

　　思考与练习…………………………………………………………………（33）

第三章　固体废物的收集、运输及转运系统…………………………………（35）

　　●本章学习目标……………………………………………………………（35）

　　第一节　固体废物的收集…………………………………………………（36）

　　第二节　固体废物收运系统及其分析方法………………………………（37）

　　第三节　固体废物收集路线及规划设计…………………………………（44）

　　第四节　固体废物的运输…………………………………………………（45）

　　第五节　固体废物转运系统………………………………………………（49）

　　实训：城市垃圾收集路线设计……………………………………………（54）

　　思考与练习…………………………………………………………………（54）

第四章　固体废物的预处理技术………………………………………………（56）

　　●本章学习目标……………………………………………………………（56）

　　第一节　固体废物的压实技术……………………………………………（56）

　　第二节　固体废物的破碎技术……………………………………………（59）

　　第三节　固体废物的分选技术……………………………………………（65）

　　思考与练习…………………………………………………………………（80）

第五章　固体废物的热处理技术…………………………………………………（83）

　　●本章学习目标………………………………………………………………（83）

　　第一节　概述…………………………………………………………………（83）

　　第二节　焚烧技术……………………………………………………………（85）

　　第三节　固体废物热解技术………………………………………………（101）

　　实训：垃圾焚烧发电公司实训……………………………………………（106）

　　思考与练习…………………………………………………………………（107）

第六章　固体废物的生物处理技术……………………………………………（109）

　　●本章学习目标……………………………………………………………（109）

　　第一节　固体废物生物处理技术概述……………………………………（109）

　　第二节　固体废物好氧堆肥………………………………………………（112）

　　第三节　固体废物厌氧发酵………………………………………………（118）

　　第四节　污泥处理技术……………………………………………………（131）

　　思考与练习…………………………………………………………………（137）

第七章　固体废物的处理与资源综合利用技术………………………………（139）

　　●本章学习目标……………………………………………………………（139）

　　第一节　资源化的基本途径………………………………………………（139）

　　第二节　工业固体废物的处理与资源综合利用…………………………（141）

　　第三节　矿业固体废物的处理与资源化…………………………………（150）

　　第四节　典型城市垃圾处理与资源化技术………………………………（152）

　　思考与练习…………………………………………………………………（190）

第八章　固体废物的处置………………………………………………………（191）

　　●本章学习目标……………………………………………………………（191）

　　第一节　概述………………………………………………………………（191）

　　第二节　固体废物的土地填埋处置技术分类……………………………（192）

　　第三节　卫生填埋场的选址与环境影响评价……………………………（195）

　　实训：城市垃圾填埋场生产实训…………………………………………（215）

　　思考与练习…………………………………………………………………（216）

参考文献…………………………………………………………………………（218）

第一章

绪论

★ 了解资源可持续利用的由来与作用。

★ 了解资源可持续利用的两重性，了解社会经济系统中物质的流动性与再资源化利用等内容。

★ 了解现阶段国内外对固体废物污染采取的控制方法、管理措施和法规体系。

★ 掌握资源、可持续性的概念及二者之间的关系。

★ 掌握资源可持续利用的定义，认识固体废物处理、处置的必要性和紧迫性。

第一节　固体废物的处理、处置与可持续利用相关知识

固体废物处理、处置与可持续利用，是人类社会发展面临的新挑战。人类社会发展需要新的资源利用方式、新的资源保障，需要创造新的生态化资源利用途径，也需要对人类所享有的现代物质文明产生的废物进行处理与处置，以解决人类在发展过程中产生的资源枯竭与破坏、环境质量恶化等环境与资源问题，使人类社会与经济能健康地发展。因此，通过现代科学技术为固体废物处理、处置与可持续利用提供技术支撑，将对生态经济与绿色环境的认识付诸行动，对推动固体废物处理、处置的快速发展和资源可持续利用有重要意义。

一、固体废物

固体废物是指在生产、生活和其他活动过程中产生的丧失原有利用价值或虽未丧失利用价值但被抛弃或放弃的固体、半固体和置于容器中的气态物品、物质，以及法律、行政法规规定纳入固体废物管理的物品、物质。

固体废物实际上只是针对原过程而言的。在生产或生活过程中，通常仅利用了原料、商品或消费品中某些有效成分，而产生的大多数固体废物中，仍含有对其他生产或生活过程有

用的成分。通过一定的技术，可以将其转变为有关行业的生产原料，或者可以直接再利用。

根据物质的存在状态，废物可分为固态、液态和气态。可直接或经处理后排入水体或大气的液态和气态废物，称为废水和废气，纳入水环境或大气环境管理范畴；而不能排入水体的液态废物和不能排入大气的置于容器中的气态废物，具有较大的危害性，因此将其纳入固体废物管理体系。所以，固体废物不仅是指固态和半固态物质，还包括部分气态和液态物质。

（一）固体废物的污染途径

固体废物是各种污染物的终态，浓缩了许多污染成分，其中有毒有害物质可以通过环境介质——土壤、大气、地表或地下水体形成污染，成为土壤、大气、水体环境的污染源，具有长期的、潜在的危害。因此，固体废物，尤其是有害固体废物处理处置不当，会通过各种途径对人体产生危害（见图1—1），同时破坏生态环境，导致不可逆的生态变化。固体废物可直接或间接污染环境，具体途径取决于固体废物本身的物理、化学和生物性质，而且与固体废物处置所在场地的地质、水文条件有关。固体废物中病原微生物传播污染的途径如图1—2所示。

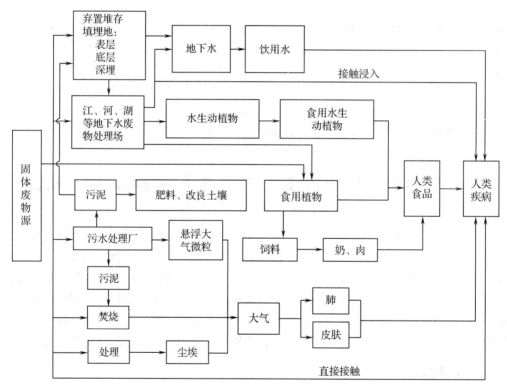

图1—1　固体废物中化学物质致人疾病的途径

（二）固体废物的危害

固体废物成分复杂、种类繁多、大小各异，它们对环境的污染危害途径不同，存在于储存、收运、回收利用及最终处置的各个环节和整个过程中。

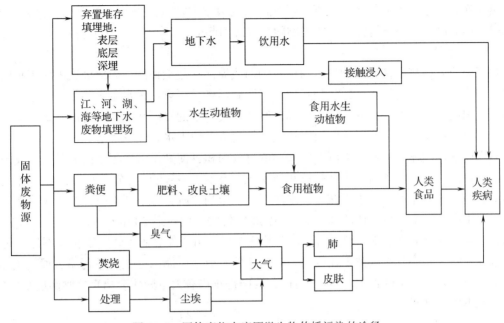

图1—2 固体废物中病原微生物传播污染的途径

1. 侵占土地

固体废物的迁移和扩散差，如不加以利用处置，长期露天堆放会占用大量土地。随着我国经济发展和人民生活水平的提高，固体废物的产生量会越来越大，即使固体废物进行填埋处置，如果不注重场地的选择评定、工程处理和封场后的科学管理，废物中的有害物质还会通过不同途径进入环境，破坏生态平衡，对人体产生危害。城市固体废物累积的存放量越来越多，所需的存放面积也越来越大，侵占土地的现象日趋严重。每堆积 1 万 t 废渣大约需要 667 m² 土地，我国堆积的工业固体废物有 60 亿 t，生活垃圾有 5 亿 t，仅矿业开发占用和损坏的土地面积就有 154.5 万 hm²，预计每年有 1 000 万 t 固体废物因无法处理而堆积在城郊或公路两旁，几万公顷的土地被它们侵占。

2. 污染土壤

固体废物及其淋洗和渗滤液中所含的有害物质渗入土壤，会杀死土壤微生物，破坏土壤的腐蚀分解能力，改变土壤的物理结构和化学性质，影响植物的营养吸收和生长。固体废物中的有害成分不仅危害植物根系的生长发育，还会在植物有机体内积累，根茎类蔬菜、瓜果可将土壤中的病菌、寄生虫卵转移，通过食物链带入人体，最终危害人类健康。例如，20世纪 70 年代，美国密苏里州为了控制道路粉尘，曾把混有 TCDD（四氯二苯并二噁英）的淤泥废渣当作沥青铺设路面，造成土壤污染，土壤中的 TCDD 浓度高达 300 mg/kg，污染深度达 60 cm，致使牲畜大批死亡，人们备受各种疾病折磨。在市民的强烈要求下，美国环保局同意全体市民搬迁，并花费 3 300 万美元买下该城市的全部地产，赔偿市民的一切损失。

在固体废物中，对土壤污染最严重的是危险废物。例如，我国西南某地长期使用含危险固体废物的工业垃圾作为肥料，导致土壤中有害物质积累，土壤中汞的浓度是本底值的 8

倍，给农作物的生长带来了严重危害。据统计，我国被重金属污染的土壤面积至少有 2 000 万 hm^2，其中很大一部分是各类固体废物随意堆放引起的。

3. 污染水体

很多国家直接将固体废物倾倒于河流、湖泊或海洋，甚至把海洋当成处置固体废物的场所之一。固体废物弃置于水体，将使水质直接受到污染，严重危害水生生物的生存条件，并影响水资源的充分利用。此外，堆积的固体废物经过雨水的浸渍和废物本身的分解，其渗滤液和有害化学物质的转化和迁移将对附近地区的河流及地下水系和资源造成污染。

向水体倾倒固体废物还将缩减江河湖面的有效面积，使其排洪和灌溉能力降低。我国仅燃煤电厂每年向长江、黄河等水系排放灰渣达 500 万 t。一些电厂排放的灰渣已经延伸到航道的中心，造成河床淤塞、水面减少、水体污染，影响通航，对水利工程设施造成威胁。据统计，由于在水体中倾倒固体废物，20 世纪 80 年代的水面较之 20 世纪 50 年代减少 130 多万 hm^2。青岛市的主要工业区和生活区位于胶州东岸，由于大量的固体废物长期不加处理地任意排放，整个滩涂几乎全被工业废物、建筑垃圾所掩埋，海水受到严重污染，原有的 100 多种水生生物残存下来的仅 10 余种。目前，我国每年仍有大量固体废物直接倾倒进水体中，这种状况不应再继续下去。

4. 污染大气

堆放的固体废物中的细微颗粒、粉尘等可随风飞扬，进入大气并扩散到很远的地方，从而对大气环境造成污染。研究表明：当风力达到 4 级及以上时，粉煤灰或尾矿堆表层粒径为 1 ~ 1.5 cm 的粉末将出现剥离，其飘扬高度可达 20 ~ 50 m，在风季期间可使平均视程降低 30% ~ 70%。堆积的固体废物中某些有机物质的分解和化学反应可以不同程度地产生毒气或恶臭，造成地区性空气污染。城市生活垃圾经填埋处置后，其中的一些有机固体废物在适宜的温度和湿度下可发生生物降解，释放出硫化氢等有害气体，若无填埋气体收集设施，这些有害气体就会排放到空气中，对大气环境造成影响，并在一定程度上消耗其上层空间的氧气，使种植植物衰败。固体废物中的有毒有害废物还可发生化学反应，产生的有毒气体扩散到大气中，会危害人体健康。固体废物焚烧处理导致的二次污染已经成为很多国家大气污染的主要污染源之一。据报道，美国废物焚烧炉约有 2/3 由于缺少空气净化装置而污染大气，有的露天焚烧炉排出的粉尘在接近地面处的浓度达到 0.56 g/m^3。

5. 影响人类健康

固体废物，特别是有害固体废物，在堆存、处理、处置和利用过程中产生的有害成分会污染水、大气、土壤等。这些有害成分可经呼吸道、消化道或皮肤进入人体，使人致病。

20 世纪 40 年代，美国一家化学公司利用腊芙运河停挖废弃的河谷填埋有机氯农药、塑料等有害废物 $2×10^4$ t。掩埋十余年后，该地区陆续出现了一些如井水变臭、婴儿畸形、人患怪病等现象。许多住宅的地下室和周围庭院里渗入了有毒化学浸出液。1978 年 8 月，美国总统宣布该地区处于"卫生紧急状态"，近千户居民先后两次被迫搬迁，造成了严重的社会问题和经济损失。经化验分析，当地空气、地下水和土壤中都含有六六六、三氯苯、三氯乙烯、二氯苯酚等多达 82 种的有毒化学物质，其中列在美国环保局优先污染清单上的就有 27 种，疑似人类致癌物质的有 11 种。

固体废物及其处理存在生态环境破坏的潜在危险，固体废物污染事件时有发生，人们对固体废物及其处理设施避之不及，固体废物及其处理的"邻避效应"日益彰显，影响所在地的投资环境，给周边居民造成精神伤害、健康损害和不动产损失。

6. 影响环境卫生

固体废物在城市大量堆放而又处理不当，不但影响市容，而且污染城市环境。垃圾粪便长期弃往郊外，不作无害化处理或简单地作为堆肥使用，会提高土壤碱度，破坏土质；会使重金属在土壤中富集，进而被植物吸收进入食物链；还能传播大量的病原体，引起疾病。城市下水道的污泥中含有几百种细菌和病毒，会给人类造成长期威胁。因此，需要对固体废物进行妥善处理，以消除其不良影响。

（三）固体废物对环境潜在污染的特点

1. 数量巨大、种类繁多、成分复杂

固体废物成分复杂、种类繁多、大小各异，既有无机物又有有机物，既有非金属又有金属，既有有味的又有无味的，既有无毒物又有有毒物，既有单质又有合金，既有单一物质又有聚合物，既有边角料又有设备配件。有人说，"垃圾为人类提供的信息几乎多于其他任何东西。"

2. 危害的潜在性、长期性和灾难性

固体废物对环境的污染不同于废水、废气和噪声，它呆滞性大、扩散性小，主要通过水、大气和土壤对环境产生影响。其中污染成分的迁移转化，如浸出液在土壤中的迁移，是一个比较缓慢的过程，其危害可能在数年甚至数十年后才能发现。从某种意义上讲，固体废物，特别是有害固体废物，对环境造成的危害可能要比废水、废气严重得多。

3. 处理过程的终态、环境污染的源头

废水和废气既是水体、大气和土壤环境的污染源，又是接受其所含污染物的环境。固体废物则不同，它们往往是许多污染成分的终极状态。例如，一些有害气体或飘尘，通过治理最终富集成废渣；一些有害溶质和悬浮物，通过治理最终被分离出来，成为污泥或残渣；一些含重金属的可燃固体废物，通过焚烧处理，有害金属浓集于灰烬中。但是，在长期的自然因素作用下，这些"终态"物质中的有害成分又会转入大气、水体和土壤，再次成为大气、水体和土壤环境污染的"源头"。

二、资源的定义和属性

（一）资源的定义

资源即自然资源。自然资源的定义为：天然存在（不包括人类加工制造的原材料）并有利用价值的自然物，如土地、矿藏、水利、生物、气候、海洋等资源，是生产的原料来源和布局场所。联合国环境规划署对自然资源的定义为：在一定的时间和技术条件下，能够产生经济价值，提高人类当前和未来福利的自然环境因素的总称。

自然资源是一个非常广泛的概念，包含许多形态和性质很不相同的物质，一般可分为下列几类：

1. 非枯竭的自然资源

这类资源供给稳定、数量丰富，几乎不受人类活动的影响，一般不因利用而枯竭，如太阳能、风能、潮汐能、全球性水资源、大气和气候等。

2. 可枯竭的自然资源

这类资源是在地球演化过程中的不同时期形成的，数量有限，其中有的将会枯竭，如化石燃料；而有些则在不合理利用时才会枯竭，如能适当利用就可不断更新，如生物资源。这类资源又可根据其是否能够自我更新分为以下两类：

（1）可更新自然资源

可更新自然资源主要包括土地资源、地区性水资源和生物资源等。这类资源可借助自然循环和生物自身的生长繁殖而不断更新，保持一定的储量。如果对这些资源进行科学管理和合理利用，就能够做到取之不尽、用之不竭。但如果使用不当，使资源受到损害，破坏其更新循环过程，就会造成资源枯竭，不仅使经济受到损失，严重时还将影响人类的生存环境。

（2）非更新自然资源

这类资源基本上没有更新的能力。有些非更新自然资源可借助再循环而被回收，得到重新利用。金属矿物和多数非金属矿物，如铁矿、铜矿、磷、钾肥料，石棉，云母，黏土等，是经历了亿万年的生物进化循环过程而缓慢形成的，更新能力极弱，被开采使用之后，可以再回收，重新利用。有些非更新自然资源既不能再循环，也不能被回收，主要包括煤、石油等化石燃料，石英、石膏和盐类，以及一些消耗性金属，如涂料中的铝、电镀中所用的锌等。

（二）资源的属性

1. 稀缺性

相对于人类无限的需求而言，资源具有稀缺性，这既表现为资源总量上的有限性，也表现为可替代资源品种的有限性，而资源分布的地域差异进一步凸显了这种有限性。

2. 竞争性

竞争性来源于稀缺性。资源的竞争性表现在以下两个方面：

（1）在众多资源构成中，人类社会努力选择在其应用上最为合适、经济上最为合算、时间上最为适宜的那一类资源。这种以经济为目的的选择本身就体现出了竞争性的内涵。

（2）众多的需求者均不同程度地需要同一类资源，因此资源供给体的优劣差异和稀缺特征必然在资源受体之间引起对于资源供给体的选择及占用等一系列复杂的竞争现象。

3. 非均衡性

资源的质和量往往不可能均匀地出现在任一空间范围，它们总是相对集中于某些区域。各种自然资源在地域上分布极不平衡，其组合形式千差万别，从而形成了各具特色的地区性资源。

4. 循环性

所谓资源循环，是指人类在利用自然资源的过程中所产生的产物可以而且应该作为资源加以利用，如此不断循环，以最大限度地减少自然资源的损失和对环境的破坏。

我国资源短缺的状况是客观存在的，未来经济社会发展同资源的矛盾会越来越突出。人类不可能无限制地向自然索取，地球也不可能无限制地容忍人们随意丢弃废物。正如自然界存在的许多平衡一样，资源循环也是维持人类与自然和谐共处的一个法则，早一天认识并遵从这个规律，社会就可能持续发展，晚一天行动，就要付出更大的代价。

第二节　固体废物处理、处置与资源可持续利用的内容

一、资源的可持续性

随着环境问题的日益严峻，实施可持续发展战略已成为当今世界各国的共识之一。伴随着世界可持续发展战略的热潮，我国也越来越重视可持续发展。

（一）可持续性的定义

可持续性是指一种可以长久维持的过程或状态。人类社会的可持续性由生态可持续性、经济可持续性和社会可持续性三个相互联系、不可分割的部分组成。充分、合理、节约、高效地利用现有资源，不断开发新的替代资源，以保证人类对资源的永续利用，满足当代与后代发展的需要，是人类开发利用资源的一种新型价值观念。

可持续发展的首要问题是自然资源的利用与管理问题。在物质文明发展的过程中，对环境与发展的问题处理不当，尤其是不合理地开发利用自然资源，造成了全球性的环境污染和生态破坏，并且已经对人类的生存和发展构成了威胁。科学家们已经在不断地发出警告：由于人类对自然的破坏，人类面临的生态危机、水源危机、食物危机和能源危机正威胁着人类的生存与可持续发展。在这种形势下，人们不得不重新审视经济发展的历程，不得不努力去寻找一条人口、经济、社会、环境与资源相互协调的，既能满足当代人的需求，又不对后代人的发展构成危害的发展道路，这条路就是可持续发展的道路。

（二）自然资源的可持续性

可持续发展战略无疑是一项庞大的系统工程，其基本前提是自然资源的可持续性。

1. 自然资源是社会经济发展的自然前提和物质基础

第一，自然资源是社会经济发展的自然前提，为社会经济生产提供必不可少的空间和场所、原料和燃料等。如果没有自然资源，社会经济生产就会成为无源之水、无本之木，人类社会也无法维持下去。

第二，自然资源是社会经济发展的物质基础，是人类生产资料和生活资料的基本来源，也是技术创新和制度创新的作用对象和产生效益的源泉，是一切社会发展的基础和条件。

2. 自然资源既是生态环境的重要组成部分，又能对生态环境造成巨大的影响

一方面，自然资源的退化既是生态环境恶化的重要原因，又是生态环境恶化的起点。生态环境的恶化往往是通过自然资源的退化和耗竭表现出来的，发展的不可持续性也首先表现在自然资源存量的不可持续上。另一方面，改善生态环境，维护发展的可持续性，也要通过自然资源来发挥作用，通过改善自然资源来改善生态环境，为可持续发展创造条件。因此，要实现经济和社会的可持续发展，首先必须实现自然资源的可持续。

二、固体废物资源化

资源化，是指采取管理的和工艺的措施，从固体废物中回收有用的物质和能源，创造经济价值的广泛的技术方法，是将废物直接作为原料进行利用或者对废物进行再生利用。资源

化是循环经济的重要内容，固体废物"资源化"是固体废物的主要归宿。

2008 年 8 月，中华人民共和国全国人民代表大会常务委员会通过的《中华人民共和国循环经济促进法》第四十一条规定："县级以上人民政府应当统筹规划建设城乡生活垃圾分类收集和资源化利用设施，建立和完善分类收集和资源化利用体系，提高生活垃圾资源化率。"

（一）资源化系统

固体废物的资源化由一些基本过程组成，这些基本过程所组成的总体系统称为固体废物的资源化系统。资源化系统的构成如图 1—3 所示。根据循环经济的思想，整个资源化系统可以分为两大类：第一类是前端系统，应用于该系统内的有关技术（如分选、破碎等物理方法）称为前端技术或前处理技术；第二类是后端系统，应用于后端系统的有关技术（如燃烧、热分解、堆肥等化学和生物方法）称为后端技术或后端处理技术。

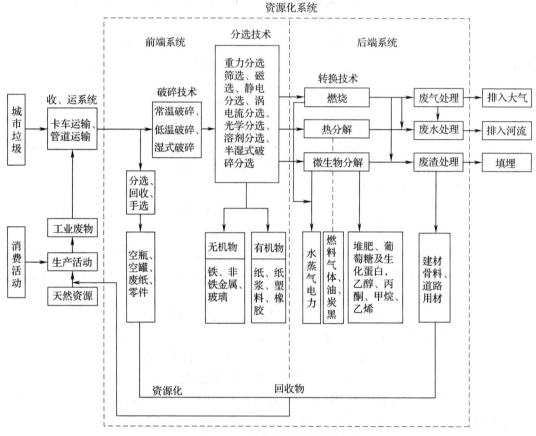

图 1—3 资源化系统的构成

1. 前端系统

前端系统在资源化处理过程中，物质的性质不发生改变，是利用物理方法对废物中的有用物质进行分离提取型的回收。这一系统可分为两类：一类是保持废物的原形和成分不变的回收利用，例如，空瓶、空罐、设备的零部件等只需经分选、清洗及简单的修补即可直接再利用；另一类是破坏废物原形，从中提取有用成分加以利用，例如，从固体废物中回收金属、玻璃、废纸、塑料等基本原材料。前端系统为后端系统提供有利条件。

2. 后端系统

后端系统是把前端系统回收后的残余物质用化学或生物学方法，使废物的物性发生改变而加以回收利用。这一系统显然比前端系统复杂，实现资源化较为困难，技术含量高，成本也比较高。其中的生物学方法是将废物原材料化、产品化而再生利用。另一类以回收能源为目的，包括制得燃料气、油、微粒状燃料及发电等可储存或迁移型的能源回收，燃烧、发电、制水蒸气和热水等不能储存或随即使用型的能源回收。

有些固体废物（如城市垃圾）的处理属于社会公益事业，除了考虑技术、经济等因素外，还要考虑环境卫生、政治、人民生活等社会因素。因此，在设计一个资源化综合处理系统时，要全面考虑各方面的因素，使固体废物的资源化和回收利用取得最佳效果。

在固体废物的资源化过程中，可处理和利用的固体废物的种类很多，本章将根据我国的实际情况，介绍排放量较大、综合利用程度较高、技术上较为成熟的几类固体废物的综合处理利用情况。

（二）固体废物循环利用的立法状况和发展情况

全球范围内出现的严重资源环境问题已经引起人们的广泛关注和深刻反思，为了能够从根本上解决这一问题，人类已经作了一系列有益的尝试。"垃圾也不过是放错了地方的资源"，有效进行固体废物处理及循环利用，对于全球资源环境的可持续利用起着极其重要的作用。

一些发达国家的固体废物处理和循环利用技术及立法已经相当成熟。德国1996年就颁布了《循环经济和废物管理法》。该法规定，对待固体废物问题的优先顺序是避免产生—循环利用—最终处理。其要义是：首先，要减少生产源头的污染物的产生量；其次，对于生产源头不能削减又可利用的固体废物（包括消费者使用的包装废物、旧货等），要加以回收利用，使其回到经济循环中去；最后，只有那些不能利用的废弃物，才允许作最终的无害化处置。

1995年10月30日，我国颁布了《中华人民共和国固体废物污染环境防治法》（以下简称《固体废物污染环境防治法》），是迄今为止我国唯一一部有关废物防治的专门法律。实践证明，从1996年4月1日《固体废物污染环境防治法》实施以来，我国工业固体废物的综合利用水平和城市生活垃圾的无害化处理水平已经得到了明显的提高，同时对我国其他种类的废弃物的有效处理也具有积极的借鉴意义。

2004年12月29日，中华人民共和国第十届全国人民代表大会常务委员会第十三次会议修订通过了《固体废物污染环境防治法》。该法律以贯彻落实全面、协调、可持续的科学发展观和推进循环经济理念为指导，本着促进固体废物最大化循环利用的原则，对原来的《固体废物污染环境防治法》进行了诸多修改，针对我国社会的客观情况，从各个方面体现循环经济的立法思路，对我国今后固体废物的处理和循环利用起到积极的推动作用。目前施行的《固体废物污染环境防治法》先后经过2004年、2013年、2015年三次修订。我国于2009年出台了《废弃电器电子产品回收处理管理条例》，规范废弃电器电子产品的回收处理活动。除此之外，我国尚未出台其他种类废物循环利用的法律法规，尚未形成完善的废物循环利用法律体系。这就需要法学界和整个社会共同努力，根据每种废物的不同特点，遵循循环经济规律，制定其他种类废物的循环利用法，最终形成我国完善的废物循环利用法律体系。

（三）固体废物资源化的基本途径

固体废物资源化的途径很多，其基本途径归纳起来有以下5种：

1. 提取各种有价组分

把最有价值的各种有价组分提取出来是固体废物资源化的重要途径。例如，从有色金属废渣中可提取金（Au）、银（Ag）、钴（Co）、锑（Sb）、硒（Se）、碲（Te）、钯（Pd）等，其中某些稀有贵重金属的价值甚至超过主金属的价值。

2. 生产建筑材料

利用工业固体废物生产建筑材料，是一条应用较为广泛的资源化途径，目前主要有以下几个方面的应用：

（1）利用高炉渣、钢渣、铁合金渣等生产碎石，用作混凝土集料、道路材料、铁路道渣等。

（2）利用粉煤灰、经水淬的高炉渣和钢渣等生产水泥。

（3）在粉煤灰中掺入一定量炉渣、矿渣等集料，再与石灰、石膏和水拌和，制成蒸汽养护砖、砌块、大型墙体材料等硅酸盐建筑制品。

（4）利用部分冶金炉渣生产铸石，利用高炉渣或铁合金渣生产微晶玻璃。

（5）利用高炉渣、煤矸石、粉煤灰生产矿渣棉和轻质集料。

3. 生产农肥

可利用固体废物生产或代替农肥。例如，城市垃圾、农业同体废物等经堆肥化可制成有机肥料，粉煤灰、高炉渣、钢渣和铁合金渣等可作为硅钙肥直接施用于农田，含磷较高的钢渣可用于生产钙镁磷肥。

4. 回收能源

很多工业固体废物热值较高，如粉煤灰中碳含量达10%以上，可加以回收利用。德国拜尔公司每年焚烧 2.5×10^4 t 工业固体废物用以生产蒸汽。有机垃圾、植物秸秆、人畜粪便等经过发酵可生产沼气。

5. 取代某种工业原料

工业固体废物经一定加工处理后可代替某种工业原料，以节省资源。例如，煤矸石代替焦炭生产磷肥；高炉渣代替砂、石作滤料处理废水，还可作吸收剂，从水面回收石油制品；粉煤灰可作塑料制品的填充剂，还可作为过滤介质过滤造纸废水，不仅效果好，还可以从纸浆废液中回收木质素。

第三节 固体废物的管理

一、固体废物的全过程管理原则

经历了许多事故之后，人们越来越意识到对固体废物实行源头控制的重要性。由于固体废物本身往往是污染的"源头"，因此需对其产生、收集、运输、综合利用、处理、储存、处置实行全过程管理，每一环节都将其作为污染源进行严格控制。因此，解决固体废物污染控制问题的基本对策是避免产生（clean）、综合利用（cycle）、妥善处置（control）的"3C"原则。随着循环经济、生态工业园及清洁生产理论和实践的发展，有人提出了"3R"原则，即通过对固体废物实施减少产生（reduce）、再利用（reuse）、再循环（recycle）的策略，实现节约资源、降低环境污染及资源永续利用的目的。

依据上述原则，可以将固体废物从产生到处置的全过程分为五个连续或不连续的环节进行控制。第一阶段是各种产业活动中的清洁生产，通过改变原材料、改进生产工艺、更换产品等来控制、减少或避免固体废物的产生。第二阶段是对生产过程中产生的固体废物进行系统内的回收利用。对于已产生的固体废物，则通过第三阶段——系统外的回收利用，第四阶段——无害化、稳定化处理，第五阶段——固体废物的最终处置进行控制。

二、固体废物管理制度

（一）分类管理

固体废物具有量多面广、成分复杂的特点，需对城市生活垃圾、工业固体废物和危险废物分别管理。《固体废物污染环境防治法》第五十八条规定："禁止混合收集、贮存、运输、处置性质不相容而未经安全性处置的危险废物。""禁止将危险废物混入非危险废物中贮存。"

（二）工业固体废物申报登记制度

为了使环境保护部门掌握工业固体废物和危险废物的种类、产生量、流向、对环境的影响等情况，进而进行有效的固体废物全过程管理，《固体废物污染环境防治法》要求实施工业固体废物和危险废物申报登记制度。

（三）固体废物污染环境影响评价制度及其防治设施的"三同时"制度

环境影响评价制度和"三同时"制度是我国环境保护的基本制度，《固体废物污染环境防治法》重申了这一制度。

（四）排污收费制度

固体废物污染与废水、废气污染有着本质的不同，废水、废气进入环境后可以在环境中经物理、化学、生物等途径稀释、降解，并且有着明确的环境容量。而固体废物进入环境后，不易被其环境体所接受，其稀释降解往往是一个难以控制的复杂而长期的过程。严格地说，固体废物是严禁不经任何处置排入环境当中的。根据《固体废物污染环境防治法》的规定，任何单位都被禁止向环境排放固体废物。而固体废物排污费的缴纳，则是对那些按规定或标准建成储存设施、场所前产生的工业固体废物而言的。

（五）限期治理制度

为了解决重点污染源污染环境问题，对没有建设工业固体废物储存或处理处置设施、场所或已建设施、场所不符合环境保护规定的企业和责任者，实施限期治理、限期建成或改造。限期内不达标的，可采取经济手段甚至停产的手段。

（六）进口废物审批制度

《固体废物污染环境防治法》明确规定，禁止中华人民共和国境外的固体废物进境倾倒、堆放、处置，禁止经中华人民共和国过境转移危险废物，国家禁止进口不能用作原料的固体废物，限制进口可以用作原料的固体废物。为贯彻这些规定，原国家环境保护局、原对外贸易经济合作部、原海关总署、原国家工商行政管理局和原国家商检局 1996 年联合颁布《废物进口环境保护管理暂行规定》以及《国家限制进口的可用作原料的废物目录》，规定了废物进口的三级审批制度、风险评价制度和加工利用单位定点制度等。在这些规定的补充规定中，又规定了废物进口的装运前检验制度。

（七）危险废物行政代执行制度

危险废物的有害性决定了必须对其进行妥善处置。《固体废物污染环境防治法》第五十五条明确规定："产生危险废物的单位，必须按照国家有关规定处置危险废物，不得擅自倾倒、堆放；不处置的，由所在地县级以上地方人民政府环境保护行政主管部门责令限期改正；逾期不处置或者处置不符合国家有关规定的，由所在地县级以上地方人民政府环境保护行政主管部门指定单位按照国家有关规定代为处置，处置费用由产生危险废物的单位承担。"

（八）危险废物经营许可证制度

危险废物的危险特性决定了并非任何单位和个人都可以从事危险废物的收集、储存、处理、处置等经营活动。具备一定设施、设备、人才和专业技术能力，通过资质审查并获得经营许可证的单位才能进行危险废物的收集、储存、处理、处置等经营活动。

（九）危险废物转移报告单制度

这一制度也称作危险废物转移联单制度，目的是保证运输安全，防止非法转移和处置，保证废物的安全监控，防止污染事故的发生。

思考与练习

一、单项选择题

1. 下列不属于固体废物的是（　　）。
   A. 在生产、生活和其他活动中产生的丧失原有利用价值的固态、半固态物质
   B. 在生产、生活和其他活动中产生的丧失原有利用价值的置于容器中的物质
   C. 法律、行政法规规定纳入固体废物管理的物品、物质
   D. 自己认为没用闲置的玩具

2. 下列说法中正确的是（　　）。

A. 固体废物是绝对的、客观的废弃物

B. 固体废物的废是相对的，具有主观性

C. 固体废物一旦被认定，就是永恒的、不变的

D. 固体废物是无法再利用的废弃物

3. 固体废物的处理控制依据是（　　　）。

A. 主管领导的指示

B. 固体废物对客观环境的危害性

C. 国家法律或地方性环保法规制定的环境污染控制标准

D. 由相关主管机构根据经验、内部协商等决定

4. 固体废物的错位性是指（　　　）。

A. 固体废物处理容易用错方法　　　B. 固体废物是放错位的资源

C. 固体废物不容易准确定义　　　　D. 固体废物管理策略的制定容易出错

二、填空题

1. 固体废物不仅仅是指_____和_____，还包括部分_____和_____。

2. 固体废物污染环境的途径很多，污染形式复杂。固体废物可_____或_____污染环境，其具体途径取决于_____的物理、化学和生物性质，而且与固体废物处置所在场地的_____、_____条件有关。

3. 固体废物对环境的危害主要为_____、_____、_____、_____、_____和_____。

三、简答题

1. 我国有哪些固体废物管理制度？

2. 固体废物对环境有何危害？

3. 固体废物资源化的途径有哪些？

第二章

固体废物的产生、特征及采样方法

★ 了解固体废物产生量及预测方法。

★ 熟悉固体废物的物理、化学特性。

★ 熟悉危险废物的鉴别方法。

★ 掌握固体废物的采样方法。

★ 掌握不同废物储存形态的取样方法。

为了保证固体废物处理、处置的效果及综合利用的实施，达到从根本上控制固体废物污染环境的目的，最有效的措施就是最大限度地减少固体废物的产生量，首要环节是搞清固体废物的来源和数量，其次是对废物进行鉴别和分类，并标明废物的特性、有害成分的含量以及在运输、处理和处置过程中应注意的事项等，为后续管理措施的确定提供基础资料和依据。

第一节　固体废物产生量及预测

固体废物产生量的计算在固体废物管理中是十分重要的，它是保证收集、运输、处理、处置以及综合利用等后续管理得以正常实施和运行的依据。只有搞清了固体废物的来源和数量，才能对其进行合理的鉴别和分类，并根据废物的数量和管理指标进行环境经济预测，进而确定相应的处理、处置对策。城市生活垃圾和工业固体废物的产生特性有较大的差别，需要分别进行讨论。

一、城市生活垃圾产生量及预测

（一）城市生活垃圾产生量计算

城市生活垃圾的产生量随社会经济的发展、物质生活水平的提高、能源结构的变化以及城市人口的增加而增加，准确预测城市生活垃圾的产生量，对制定相应的处理、处置政策至关重要。

估算城市生活垃圾产生量的通用公式为：

$$Y_n = y_n \times P_n \times 10^{-3} \times 365 \qquad (2—1)$$

式中　Y_n——第 n 年城市生活垃圾产生量，t/a；

y_n——第 n 年城市生活垃圾的产率或产出系数，kg/（人·d）；

P_n——第 n 年城市人口数，人。

从式（2—1）不难看出，影响城市生活垃圾产生量的主要因素是城市垃圾产率和城市人口数。城市垃圾产率受多种因素的影响，包括人均收入水平、能源结构、消费习惯等。城市人口的变化要同时考虑机械增长率（如移民、城市化等）和自然增长率的影响，机械增长率可以根据当地的规划进行计算，而自然增长率的预测有不同的方法，本章讨论的人口增长率除特殊说明外都指自然增长率。

（二）人口数预测方法

一般而言，运用统计与数理模式对人口数进行预测的方法主要有算术增加法、几何增加法、饱和曲线法、最小平方法以及曲线延长法五种预测模式。

1. 算术增加法

假定未来每年人口增加率呈一定的比例常数直线增加，与过去每年人口增加率的平均值相等，据此以等差级数推算未来人口。这种预测方法适用于较古老的城市，推测结果常有偏低的现象，其计算式为：

$$P_n = P_0 + nr \qquad (2—2)$$

$$r = \frac{P_0 - P_t}{t} \qquad (2—3)$$

式中　P_n——n 年后的人口数，人；

P_0——现在的人口数，人；

n——推测年数，a；

r——每年增加的人口数，人/a；

P_t——现在起 t 年前的人口数，人；

t——过去的年数，a。

这种方法适用于短期预测（1~5 年），其结果常有偏低的趋势。

2. 几何增加法

假定未来每年人口增加率与过去每年人口几何增加率相等，据此以等比级数推算未来人口数。这种预测方法适用于短期（1~5 年）或新兴城市，若预测时间过长则计算结果常会有偏高现象。其计算式为：

$$P_n = P_0 e^{kn} \qquad (2—4a)$$

$$k = \frac{\ln P_0 - \ln P_t}{t} \tag{2—4b}$$

式中　P_n、P_0、P_t、t、n 同上式；

　　　k——几何增加常数。

3. 饱和曲线法

假定城市人口数不可能无止境地增加，初期较快，中期平缓，一定时间后将达到饱和状态，将整个增长过程以曲线表示，其人口增加状态呈 S 曲线状，又称饱和曲线法。本法由 Verlust P.E. 于 1838 年提出，其计算式为：

$$P = \frac{K}{1 + me^{qn}} \tag{2—5a}$$

或

$$\ln\left(\frac{K}{P} - 1\right) = qn + \ln m \tag{2—5b}$$

式中　P——推测的人口数（以千人计）；

　　　n——基准年起至预测年所经过的年数；

　　　K——饱和人口数（以千人计）；

　　　m、q——常数（q 为负值）。

本法因与城市人口动态变化规律较接近，在国际上应用较普遍，适于较长期的预测。

4. 最小平方法

最小平方法是以每年平均增加人口数为基础，根据历年统计资料以最小平方法推测人口数变化的方法。本法与算术增加法略同，但更精确。其计算式为：

$$P_n = an + b \tag{2—6a}$$

$$a = \frac{N \sum n_i P_{ni} - \sum n_i \sum P_{ni}}{N \sum n_i^2 - \sum n_i \sum n_i} \tag{2—6b}$$

$$b = \frac{N \sum n_i^2 P_{ni} - \sum n_i \sum P_{ni} \sum n_i}{N \sum n_i^2 - \sum n_i \sum n_i} \tag{2—6c}$$

式中　n——年数，a；

　　　a、b——常数，计算方法分别见式（2—6b）和式（2—6c）；

　　　P_n——n 年的人口数；

　　　N——用以分析人口数据（P_{ni}，n_i）的组数。

5. 曲线延长法

根据过去人口增长情形，考察该城市的地理环境、社会背景、经济状况以及将来可能出现的发展趋势，并参考其他相关城市的变化情形进行预测，将历史人口记录的变化曲线延长，并求出预测年度的人口数。这种预测方法适用于新兴城市。

二、工业固体废物产生量及预测

（一）工业固体废物产生量计算

工业固体废物产生量的预测经常采用废物产生因子法，也称废物产率法。所谓废物产率，即废物产生源单位活动强度所产生的废物量。将预测的生产能力乘以废物产率，即可预测固体废物的产生量。

废物产率是根据过去的调查资料经计算后得出的代表性平均值，由于抽样调查可能产生误差，对废物产生量进行短期预测时，通常可以忽略废物产率因工艺技术改良或生产过程变化而造成的影响。

在工业发达国家，工业固体废物的产生量大约以每年2%～4%的速度增长。按废物产生量大小进行行业排序，首先为冶金、煤炭、火力发电三大行业，其次为化工、石油、原子能工业等。

我国工业固体废物的增长率约为5%。按固体废物产生量的大小进行排序，首先是尾矿，其次是煤矸石、炉渣、粉煤灰、冶炼废渣和化工废渣等。按行业划分，产生固体废物最多的是采矿业，其次是钢铁工业和热电业。

工业固体废物的产生量与产品的产值或产量有密切关系，这个关系可以用下式表示：

$$P_t = P_r M \tag{2—7}$$

式中　P_t——固体废物产生量，t 或万 t；

　　　P_r——固体废物的产率，t/万元或 t/万 t；

　　　M——产品的产值或产量，万元或万 t。

采用这个公式计算工业固体废物的产生量时，有两个假设：一是相同产业采用相同的技术，而且在预测期间内没有技术改造，即投入系数一定；二是各产业的工业固体废物量 P_t 与产值或产量成正比，即产出系数一定。

固体废物的产率可以通过实测法或物料衡算法求得。

（二）固体废物产率

1. 实测法求固体废物产率

根据生产记录得到每班（或每天、每周、每月、每年）产生的固体废物量以及相应周期内的产品产值（或产量），由下式求出 P_r 值：

$$P_{ri} = \frac{P_{ti}}{M_i} \tag{2—8a}$$

为了保证数据的准确性，一般要在正常运行期间测量若干次，取其平均值。

$$P_r = \frac{1}{n} \sum_{i=1}^{n} P_{ri} \tag{2—8b}$$

在进行全国性工业固体废物统计调查时，全量调查是很困难的，一般采用随机抽样调查的方式求解 P_r。

2. 物料衡算法求固体废物产率

对某生产过程所使用的物料情况进行定量分析，根据质量守恒定律，在生产过程中投入系统的物料总质量应等于该系统产出物料的总质量，即等于产品质量与物料流失量之和。

其物料衡算公式可以用下式表示：

$$\sum P_{投入} = \sum P_{产品} + \sum P_{流失} \tag{2—9}$$

这个物料衡算公式既适用于生产系统整个过程的总物料衡算，也适用于生产过程中的任何一个步骤或某一生产设备的局部衡算。不管进入系统的物料是否发生化学反应或化学反应是否完全，该公式总是成立的。

在应用物料衡算法时，要注意不能把流失量和废物量混为一谈。流失量包括废物量（废水、废气、废渣）和副产品，因此，废物量只是流失量的一部分。

第二节　固体废物的物理及化学特性

一、固体废物的物理特性

城市固体废物的物理性质与其组成密切相关，组成不同，物理性质也不同。固体废物物理性质一般用物理组成、粒径、含水率和容积密度来表示。

（一）物理组成

城市固体废物的物理组成很复杂，受到很多因素的影响，包括自然环境、气候条件、城市发展规模、居民生活习性（食品结构）、家用燃料（能源结构）以及经济发展水平等。所以各国、各城市甚至各地区产生的城市垃圾组成都有所不同。一般来说，工业发达国家垃圾成分有机物多、无机物少，不发达国家垃圾成分无机物多、有机物少。我国南方城市垃圾成分有机物多、无机物少，北方则相反。表2—1、表2—2列出了不同国家和地区较典型的垃圾组成，供比较参考。

表2—1　　　　　　　不同国家和地区城市垃圾的平均组成（质量分数）　　　　　　　%

组成	国家和地区								
	美国	英国	日本	法国	荷兰	意大利	比利时	中国香港	中国深圳
食品垃圾	19	38	43.8	30	24	50	47	38	58
纸类	50	38	38.2	34	25	20	30.1	25	10
金属	9	9	4.1	8	3	3	2	3	1
玻璃	9	9	7.1	8	10	7	4	3	3
塑料	5	2.5	7.3	4	4	5	9	19	12
其他	8	3.5	0.5	4	17	15	10	5	5
平均含水量	25	25.0	23	3.5	25	30	28	28	54.9
含热量/（kJ/kg）	11 630	9 766	10 237	9 304	8 372	7 348	7 061	8 000	5 289

表2—2　　　　　　　英国与中东及亚洲城市垃圾组成比较（质量分数）　　　　　　　%

组成	区域			组成	区域		
	英国	亚洲城市	中东城市		英国	亚洲城市	中东城市
蔬菜类	28	75	50	织物	3	3	3
纸类	37	2	16	塑料	2	1	1
金属	9	0.1	5	其他	12	12.7	23
玻璃	9	0.2	2	质量/［kg/（d·人）］	0.854	0.415	1.060

（二）粒径

对于固体废物的前处理，如筛选或磁分离，废物粒径大小往往是个重要参数，它决定了使用设备规格或容量，尤其对于可回收再利用的废物，粒径特性尤为重要。通常，粒径以粒径分布表示，但废物组成复杂、大小不等、几何形状也不一样，很难以单一的大小来表示，因此，只能通过筛网的网目代表其大小。

（三）含水率

含水率为单位质量垃圾的含水量，用废物在（105±1）℃下烘干 2 h（依水分含量而定）后所失去的水分量与废物最初质量之比的百分数来表示。要求烘干至恒重或最后两次称重的误差小于法定值，否则需再烘干。

$$含水率 = \frac{最初质量-烘干到恒重质量}{最初质量} \times 100\% \qquad (2\text{—}10)$$

固体废物含水率受气候、季节与区域状况的影响而有很大差异，城市垃圾中主要成分的含水率见表 2—3。

表 2—3 城市垃圾中主要成分的含水率

成分	含水率/%		成分	含水率/%	
	范围	典型值		范围	典型值
食品废物	50~80	70	木材	15~40	20
纸张	4~10	6	玻璃	1~4	2
纸板	4~8	5	金属罐头盒	2~4	3
塑料	1~4	2	非铁金属	2~4	2
纺织品	6~15	10	铁金属	2~6	3
橡皮	1~4	2	泥土、灰烬、砖	6~12	8
皮革	8~12	10	城市固体废物	15~40	20
庭园修剪物	30~80	60			

（四）容积密度

城市固体废物在自然状态下，单位体积的质量称为垃圾的容积密度（容重）。固体废物的容积密度是决定运输或储存容积的重要参数，由于组成成分复杂，通常以各组成成分的平均值来计算。典型废物的容积密度见表 2—4。

二、固体废物的化学特性

固体废物的化学特性主要包括：挥发分、灰分、固定碳、闪火点与燃点、热值（或燃烧热值）、灼烧损失量和元素组成。

通常将水分、可燃分（挥发分+固定碳）与灰分合称三成分，而将水分、挥发分、固定碳与灰分合称四成分。主要分析项目包括水分、挥发分、固定碳、灰分与发热值五项。

表 2—4   典型废物的容积密度

成分	容积密度/（kg/m³）		成分	容积密度/（kg/m³）	
	范围	典型值		范围	典型值
食品废物	130～180	160	玻璃	160～480	200
纸张	30～130	80	金属罐头盒	50～160	90
纸板	30～80	50	非铁金属	60～240	160
塑料	30～130	60	铁金属	130～1 120	320
纺织品	30～100	60	泥土、灰烬、石砖	320～1 000	480
橡皮	100～200	120	城市垃圾（未压缩）	90～180	130
皮鞋	100～260	160	城市垃圾（已压缩）	180～450	300
庭园修剪物	60～220	100	污泥	1 000～1 200	1 050
木材	130～220	170	废酸碱液	1 200～1 900	1 600

（一）挥发分

挥发分也称挥发性固体含量，指物体在标准温度试验（ASTM 试验法）时，将定量样品（已除去水分）置于已知质量的白金坩埚内，于无氧燃烧室内加热至（600±20）℃呈气体或蒸气而散失的量，是反映垃圾中有机物含量近似值的指标参数。其计算式为：

$$V_s = \frac{W_3 - W_4}{W_3 - W_1} \times 100\%$$ (2—11a)

式中 V_s——垃圾的挥发性固体含量，%；

W_1——坩埚的质量；

W_3——烘干的垃圾质量（W_2）+坩埚的质量（W_1）；

W_4——灼烧残留量（$W_残$）+坩埚质量（W_1）。

即： $$V_s = \frac{W_2 - W_残}{W_2} \times 100\%$$ (2—11b)

（二）灰分

灰分指垃圾中不能燃烧也不挥发的物质，是反映垃圾中无机物含量的参数。对垃圾进行分类，将各组分破碎，使粒径在 2 mm 以下，取一定量在（105±5）℃下干燥 2 h，冷却后称重（P_0），再将干燥后的样品放入电炉中，在 800℃下灼烧 2 h，冷却后再在（105±5）℃下干燥 2 h，冷却后称重（P_1），P_1 与 P_0 的百分比即为某一组分的灰分。典型废物的灰分值见表 2—5。

各组分的灰分值计算公式为：

$$I_i = \frac{P_1}{P_0} \times 100\%$$ (2—12a)

表 2—5　　　　　　　　　　　　　典型废物的灰分值

成分	灰分/%		成分	灰分/%	
	范围	平均值		范围	平均值
食品废物	2~8	5	稻壳	5~15	13
纸张	4~8	6	玻璃	96~99	98
纸板	3~6	5	金属罐头盒	96~99	98
塑料	6~20	10	非铁金属	90~99	96
纺织品	2~4	2.5	铁金属	94~99	98
橡皮	8~20	10	泥土、灰烬、砖	60~80	70
皮革	8~20	10	城市固体废物	10~20	17
庭园修剪物	2~6	4.5	泥污（干）	20~35	23
木材	0.6~2	1.5	废油	0~0.8	0.2

干燥垃圾灰分值计算公式为：

$$I = \sum_{i=1}^{n} \eta_i I_i \tag{2—12b}$$

测定灰分可预估可能产生的熔渣量及排气中粒状物含量，并可依灰分的形态类别选择废物适用的焚化炉，若金属含量过多则不宜焚化。若废物含钠（Na）、钾（K）、镁（Mg）、磷（P）、硫（S）、铁（Fe）、铝（Al）、钙（Ca）、硅（Si）等，在焚化的高温氧化环境中它们极易发生化学反应，产生复杂的熔渣，如硫酸钠（Na_2SO_4）、碳酸钠（Na_2CO_3）、氯化钠（NaCl）等，其熔点（melting point，MP）分别为：MP（Na_2SO_4）= 884℃，MP（Na_2CO_3）= 851℃，MP（NaCl）= 800℃。

以上三种化合物中任何两种或三种以一定比例混合，可形成熔点较低的混合物。熔渣熔点的降低会使其在焚烧时在炉排上熔融，从而阻碍排灰。若熔渣中含硫酸钠，在流化床焚烧炉内处理时，由于炉内采用石英砂作为载体，两者在高温下反应会形成黏稠状的硅酸钠玻璃，更会降低流化现象而破坏原有焚烧效果。

（三）固定碳

固定碳是除去水分、挥发分及灰分后的可燃烧物。

固定碳 = [1-（含水率+灰分+挥发分）] ×100%　　　　　（2—13）

（四）闪火点与燃点

缓慢加热废物至某一温度，如出现火苗，即闪火而燃烧，但瞬间熄灭，此温度就称为闪火点。如果温度继续升高，其挥发的组分足以继续维持燃烧，而火焰不再熄灭，此时的最低温度称为着火点或燃点。以下两种方法可用于测定废物的闪火点。

1. Tag 闭杯法（ASTM D56—2005）

利用 Tag 闪火点试验装置所测闪火点，称为 Tag 闭杯法闪火点。此法适用于闪火点低于80℃的废物。

2. PM 闭杯法（GB/T 261—2008）

此为测定较高闪火点的方法，称为 Pensky-Martens 闭杯法，简称 PM 闭杯法。我国对于闪火点的测定方法可以参考《闪点的测定　宾斯基—马丁闭口杯法》（GB/T 261—2008）。

（五）热值

单位质量的垃圾完全燃烧所放出的热量，称为垃圾的热值。垃圾的热值可用以考虑计算焚化炉的能量平衡及估算辅助燃料所需量。垃圾的热值与含水率及有机物含量、成分等关系密切，通常有机物含量越高，热值越高；含水率越高，则热值越低。垃圾的热值又分为高位热值（Q_H）和低位热值（Q_L）。高位热值是指垃圾单位干重的发热量，是物料完全燃烧产生的全部热量，包括全部氧化释放的化学能和燃烧产生的水蒸气消耗的汽化热。低位热值是指单位新鲜垃圾燃烧时的发热量，又称有效发热量、净发热值。表2—6为城市垃圾热值及元素分析典型值。

表2—6　　　　　　　　　城市垃圾热值及元素分析典型值

成分	惰性残余物（燃烧后）		质量/kg	热值/（kJ/kg）	质量分数/%				
	范围/%	典型值/%			C	H	O	N	S
食品垃圾	2~8	5	15	4 650	48.0	6.4	37.6	2.6	0.4
废纸	4~8	6	40	16 750	43.5	6.0	44.0	0.3	0.2
废纸板	3~6	5	4	16 300	44.0	5.9	44.6	0.3	0.2
废塑料	6~20	10	3	32 570	60.0	7.2	22.8	—	—
破布等	2~4	2	2	17 450	55.0	6.6	31.2	4.6	0.15
废橡胶	8~20	10	0.5	23 260	78.0	10.0	—	2.0	—
破皮革	8~20	10	0.5	17 450	60.0	8.0	11.6	10.0	0.4
园林废物	2~6	4.5	12	6 510	47.8	6.0	38.0	3.4	0.3
废木料	0.6~2	1.5	2	18 610	49.5	6.0	42.7	0.2	0.1
碎玻璃	6~99	98	8	140					
罐头盒	90~99	98	6	700					
非铁金属	90~99	96	1						
铁金属	94~99	98	2	700					
土、灰、砖	60~80	70	4	6 980	26.3	3	2	5	3
城市垃圾			100	10 470					

在实际燃烧过程中，温度高于100℃时水蒸气不会凝结，因而这部分汽化潜热不能加以利用。因此，高位热值扣除水蒸气消耗的汽化热，即得Q_L。低位热值与高位热值的差就是水分凝结热。热值的计算方法有以下几种：

1. 测量法

利用热值测定仪进行测量。当废物在有氧条件下加热至氧弹周围的水温不再上升，此时固定体积水所增加的热量即为定量废物燃烧所放出的热量。

2. 理论估算法

固体废物的热值在化学上称为"燃烧热"，因此，可以利用燃烧热的计算原理估算废物的热值。可利用废物的化学组成（如丙烯等）或元素组成（如碳、氢、氧等），从理论上估算废物的Q_H或Q_L。

3. 利用元素组成进行计算

利用元素组成计算废物热值的方法很多，其中，以 Dulong 公式最普遍与简单［见式（2—14）］，但由于这种方法估算废物热值的误差过大，故工业界常改以 Wilson 式［见式（2—15）、式（2—16）］估算高位热值或低位热值（kJ/kg）：

$$Q_L = 81C + 342.5\left(H - \frac{O}{8}\right) + 22.5S - 5.85(9H + W) \tag{2—14}$$

式中　C、H、O、S——废物的元素组成，kg/kg；

　　　　W——废物的含水量，kg/kg。

$$Q_H = 7\,831m_{C_1} + 35\,932\left(m_H - \frac{m_O}{8}\right) + 2\,212m_S - 3\,546m_{C_2} + 1\,187m_O - 578m_N \tag{2—15a}$$

式中，m_{C_1}、m_{C_2} 分别为有机碳及无机碳的质量分数，误差在 5%左右。部分有害废物中氯的含量很高，也必须考虑氯的影响，式（2—15a）则变成：

$$Q_H = 7\,831m_{C1} + 35\,932\left(m_H - \frac{m_O}{8} - \frac{m_{Cl}}{35.5}\right) + 2\,212m_S - 3\,546m_{C2} + 1\,187m_O - 578m_N - 620m_{Cl}$$
$$\tag{2—15b}$$

式中　m_{Cl}——氯的质量分数。

净（低）热值可由下列公式求得：

$$Q_L = Q_H - 583 \times \left[m_{H_2O} + 9\left(m_H - \frac{m_{Cl}}{35.5}\right)\right] \tag{2—16}$$

式中　Q_L——低位热值，kJ/kg；

　　　　m_{H_2O}——水分的质量分数。

（六）灼烧损失量

灼烧损失量通常作为检测废物焚烧后灰渣（也是一种废物）品质的指标，其值与灰分性质有一定关系，也与焚烧炉的燃烧性能有关。测定方法是将灰渣样品置于（800±25）℃高温下加热 3 h，称其前后质量，并根据下式计算：

$$灼烧损失量 = \frac{加热前质量 - 加热后质量}{加热前质量} \times 100\% \tag{2—17}$$

一般设计优良的焚烧炉的灰渣灼烧损失量在 5%以下。

（七）元素组成

元素组成主要指碳（C）、氢（H）、氧（O）、氮（N）、硫（S）及灰分的含量（%）。测知垃圾的化学元素组成，可以估算垃圾的发热值，确定焚烧炉的适用性；估算生化需氧量（BOD）、好氧堆肥化的适用性；选择垃圾的处理工艺。

废物中元素组成复杂，需用到常规的化学分析方法、仪器分析方法及先进的精密测量仪器，如碳、氢联合测定采用碳、氢全自动测定仪，氮测定用凯氏消化蒸馏法，磷测定用硫酸过氯酸铜蓝比色法，钾测定采用火焰光度法，金属元素测定采用原子吸收分光光度法。由此可见，垃圾化学元素测定较之物理组成分析更难、更复杂，普及也较困难。

据国外资料报道，经元素分析法测得的垃圾化学组成（质量分数）为：碳占 10%～20%，氢占 1%～3%，氧占 10%～20%，氮占 0.5%～1.0%，硫占 0.1%～1.2%，灰分占

10%~25%，水分占 40%~60%，热值为 2 930~5 020 kJ/kg。不同来源的典型废物元素组成及热值见表2—7。

表2—7　　　　　　　　　　　不同来源的典型废物元素组成及热值

项目	来源						
	城市垃圾		医院垃圾		工业区废物		
	A	B	A	B	A	B	C
水分/%	54.0	39.9	29.3	42.2	39.0	35.0	59.7
灰分/%	16.9	8.5	33.6	5.22	17.8	8.8	11.9
可燃分/%	29.1	29.8	37.1	52.6	48.2	56.3	28.2
碳/%	14.9	12.3	20.9	23.9	26.6	26.9	13.9
氢/%	2.0	2.0	2.77	4.45	5.67	4.8	2.3
氧/%	11.5	14.7	13.1	23.2	15.5	23.1	11.4
氮/%	0.4	0.4	0.36	0.66	0.34	0.78	0.5
硫/%	0.2	0.2	0.04	0.37	0.06	0.52	0.1
有机氯/%	0.1	0.2	0	0.08	0	0.10	0.1
碳氮比（C/N）	57	42	58	40	78	35	47
高位热值/（kJ/kg）	2 035	1 785	2 294	3 863	2 696	3 965	1 861
低位热值/（kJ/kg）	1 732	1 523	1 968	3 370	2 156	3 494	1 603

注：表中A、B、C为三种不同来源的垃圾。

三、危险废物特性及鉴别试验方法

（一）危险废物特性

危险废物又称为"有害废物""有毒废渣"，是指含有一种或一种以上有害物质或其中的各组分相互作用后会产生有害物质的废物，具有毒性、易燃性、放射性、反应性、腐蚀性、感染性等危险特性。它不仅存在于工业固体废物中，同时也存在于城市生活垃圾中（如废电池、废日光灯管等）。对危险废物进行鉴别和分类，有利于固体废物的管理和处理、处置方案的确定，对于保证处理、处置设施的安全，降低处置费用，防止环境污染有着重要的意义。

危险废物的特性主要包括物理特性、化学特性及生物特性，反映这些特性的特征指标包括与有毒有害物质释放到环境中的速率有关的特性、有毒有害物质在环境中迁移转化及富集的环境特征、有毒有害物质的生物毒性特征。依据的主要参数包括有毒有害物质的溶解度、挥发度、相对分子质量、饱和蒸气压、在土壤中的滞留因子、空气扩散系数、土壤/水分配系数、降解系数、生物富集因子、致癌性反应系数及非致癌性参考剂量等。这些参数值可从有关化学手册、国际潜在有毒化学品登记数据库、美国国家环境保护局综合风险信息系统中查到。对于新出现的化学品和危险废物，其参数可用估值的方法确定。

（二）危险废物鉴别试验方法

1. 急性毒性

急性毒性是指一次性投给试验动物的毒性物质，其半致死量小于规定值的毒性。如口服

毒性 $LD_{50} \leq 50$ mg/kg 体重，皮肤吸收毒性 $LD_{50} \leq 100$ mg/kg 体重。急性毒性的鉴别方法是用 1∶1 浸出液灌胃后，对试验鼠进行中毒症状观察，记录其在 48 h 内的死亡率，当死亡率高于 50% 时即判定该固体废物具有急性毒性。

我国《危险废物鉴别标准　急性毒性初筛》（GB 5085.2—2007）中具体规定的急性毒性初筛的鉴别方法如下：

（1）样品制备

将 100 g 样品置于三角瓶中，加入 100 mL 蒸馏水（即固液比 1∶1），在常温下静止浸泡 24 h，用滤纸过滤，滤液留待灌胃实验用。

（2）准备实验动物

以体重 18~24 g 的小白鼠（或体重 200~300 g 的大白鼠）作为实验动物。

（3）灌胃

按《化妆品安全性评价程序和方法》（GB 7919—87）中规定的急性毒性经口的灌胃方法，对 10 只小鼠（或大鼠）进行一次灌胃。

（4）确定灌胃量

小鼠不超过 0.4 mL/20 g（体重），大鼠不超过 1.0 mL/100 g（体重）。

（5）结果判断

对灌胃后的小鼠（或大鼠）进行中毒症状的观察，记录 48 h 内实验动物的死亡数。根据实验结果，对该废物的综合毒性做出初步评价，如出现半数以上的小鼠（或大鼠）死亡，则可判定该废物是具有急性毒性的危险废物。

2. 易燃性

闪点低于定值的废物由于摩擦、吸湿、点燃或自发的化学变化会发热或着火，或点燃后的燃烧会持续进行，这种性质称为易燃性。易燃性可以利用闭口闪点测定仪进行测定，量程范围在 -60~300℃。防护屏用镀锌铁皮制成，高度为 550~650 mm，宽度以适用为度，屏身内壁漆成黑色。一般测定方法是将样品在逐渐升高温度的条件下不断点火，直到出现明火为止。此操作过程细节可以参考《闪点的测定　宾斯基—马丁闭口杯法》（GB/T 261—2008）。

本试验的目的在于通过测定废物的闪点及其他特性，鉴别其易燃性。美国《资源修复法》（RCRA）规定闪火点等于或低于 140℉（60℃）的有害废物为易燃性的有害废物。表 2—8 列出了常见危险物质的熔点和沸点。

表 2—8　　　　　　　　　　　　常见危险物质的熔点和沸点

名称		熔点		沸点	
英文	中文	℉	℃	℉	℃
benzene	苯	41.9	5.5	176.0	80.0
carbon tetrachloride	四氯化碳	-9.2	-22.9	170.2	76.8
1, 2-dichlorobenzene	1, 2-二氯苯	0.5	-17.5	356.7	180.4
hexachlorobenzene	六氯苯	447.8	231.0	618.8	326.0
nitrobenzene	硝基苯	42.3	5.7	411.6	210.9

名称		熔点		沸点	
英文	中文	℉	℃	℉	℃
pyridine	吡啶	-42.9	-41.6	239.5	115.3
1，2，4-trichlorobenzene	1，2，4-三氯苯	62.6	17.0	429.8	221.0
atrazine	莠去津	347.0	175.0	392.0	200.0
aldrin	艾氏剂	219.2	104.0	—	—
chlordane	氯丹	—	—	347.0	175.0
dieldrin	狄氏剂	347.0	175.0	626	330
dicyclopentadiene	双环戊二烯	91.2	32.9	338.0	170.0
hexachlorocyclopentadiene	六氯环戊二烯	49.8	9.9	462.0	239.0
ethyl chloride	氯乙烷	-217.7	-138.7	54.1	12.3
methyl chloride	氯甲烷	-142.6	-97.0	-10.7	-23.7
methylene chloride	二氯甲烷	-140.8	-96.0	103.6	39.8
chloroform	氯仿	-82.3	-63.5	142.3	61.3
chlorobenzene（phenyl chloride）	氯苯	-49.0	-45.0	269.1	131.7
phenol	苯酚	105.6	40.9	359.4	181.9

3. 腐蚀性

腐蚀性是指采用指定的标准方法或根据规定程序批准的方法测定溶液、固体或半固体浸出液的 pH，若 pH 小于或等于 2.0、大于或等于 12.5，则表明该废物具有腐蚀性。

根据《危险废物鉴别标准 腐蚀性鉴别》（GB 5085.1—2007）的规定，腐蚀性的测定按照《固体废物 腐蚀性测定 玻璃电极法》（GB/T 15555.12—1995），采用玻璃电极法（pH 的测定范围为 0~14）进行测定。该试验方法适用于固态、半固态的固体废物的浸出液和高浓度液体的 pH 的测定。用于腐蚀性鉴别的固体废物浸出液的制备参见《危险废物鉴别标准 腐蚀性鉴别》（GB 5085.1—2007）。

4. 反应性

反应性是指在常温、常压下不稳定，极易发生激烈的化学反应，遇火或水反应猛烈，在受到摩擦、撞击或加热后可能发生爆炸或产生有毒气体的性质。

属于此类的危险废物具有化学不稳定性或极端反应性，能与空气、水或其他化学剂（如酸、碱）起强烈的反应，含有氰化物或硫化物，可产生有毒气体、蒸气或烟雾，在常温常压下或加热时可发生爆炸。

反应性的测定方法有采用立式落锤仪的撞击感度测定法、采用摆式摩擦仪及摩擦装置的摩擦感度测定法、采用差热分析仪的差热分析测定法、采用爆发点测定仪的爆发点测定法、采用火焰感度仪的火焰感度测定法，以及采用半导体点温计来测定固液界面温度变化的遇水反应性试验法。

5. 感染性

感染性一般是指带有微生物或寄生虫，能致人体或动物疾病的特性。典型的具有感染性的危险废物为医疗废物，2003 年我国颁布实施的《医疗废物管理条例》明确规定，医疗废物是指医疗卫生机构在医疗、预防、保健以及其他相关活动中产生的具有直接或者间接感染性、毒性以及其他危害性的废物。

医疗废物由于携带病菌的数量巨大，种类繁多，具有空间传染、急性传染、交叉传染和潜伏传染等特性，危害性很大，因此，我国的《国家危险废物名录》也将其列为一号危险废物。《医疗废物管理条例》将医疗废物分为下列种类：

（1）感染性废物

感染性废物是指携带病原微生物，具有引发感染性疾病传播危险的医疗废物，包括以下几种：

①被病人血液、体液、排泄物污染的物品，包括：棉球、棉签、引流棉条、纱布及其他各种敷料；一次性使用卫生用品、一次性使用医疗用品及一次性医疗器械；废弃的被服；其他被病人血液、体液、排泄物污染的物品。

②医疗机构收治的隔离传染病病人或者疑似传染病病人产生的生活垃圾。

③病原体的培养基、标本和菌种、毒种保存液。

④各种废弃的医学标本。

⑤废弃的血液、血清。

⑥使用后的一次性使用医疗用品及一次性医疗器械视为感染性废物。

（2）病理学废物

病理学废物是指诊疗过程产生的人体废物和医学实验动物尸体等，包括以下几种：

①手术及其他诊疗过程中产生的废弃的人体组织、器官等。

②医学实验动物的组织、尸体。

③病理切片后废弃的人体组织、病理蜡块等。

（3）损伤性废物

损伤性废物是指能够刺伤或者割伤人体的废弃的医用锐器，包括以下几种：

①医用针头、缝合针。

②各类医用锐器，如解剖刀、手术刀、备皮刀、手术锯等。

③载玻片、玻璃试管、玻璃安瓿等。

（4）药物性废物

药物性废物是指过期、淘汰、变质或者被污染的废弃的药品，包括以下几种：

①废弃的一般性药品，如抗生素、非处方类药品等。

②废弃的细胞毒性药物和遗传毒性药物，包括：致癌性药物，如硫唑嘌呤、苯丁酸氮芥、苯氮芥、环孢霉素等；可疑致癌性药物，如丝裂霉素、阿霉素等；免疫抑制剂。

③废弃的疫苗、血液制品等。

（5）化学性废物

化学性废物是指具有毒性、腐蚀性、易燃易爆性的废弃的化学物品，包括以下几种：

①医学影像室、实验室废弃的化学试剂。

②废弃的过氧乙酸、戊二醛等化学消毒剂。

③废弃的汞血压计、汞温度计。

（6）其他废物

其他废物包括与感染性物质接触的废弃医疗器材及其他经主管机关认定对人体或环境具有危害的废物。但是，其他根据《中华人民共和国食品卫生法》规定应予以销毁的及根据《中华人民共和国传染病防治法》《家畜家禽防疫条例》的规定需予以烧毁、掩埋、消毒的废物，不在此范围内。

6. 浸出毒性

固态的危险废物遇水后，其中有害的物质会迁移转化，污染环境，这些浸出的有害物质的毒性称为浸出毒性。根据《危险废物鉴别标准 浸出毒性鉴别》（GB 5085.3—2007）的规定，浸出液中任何一种危害成分的浓度超过表2—9所列的浓度值，则该废物是具有浸出毒性的危险废物。

表2—9 浸出毒性鉴别标准值

项目	浸出液的最高允许浓度 / （mg/L）	项目	浸出液的最高允许浓度 / （mg/L）
有机汞	不得检出	锌及其化合物（以总锌计）	50
汞及其无机化合物（以总汞计）	0.05	铍及其无机化合物（以总铍计）	0.1
铅（以总铅计）	3	钡及其化合物（以总钡计）	100
镉（以总镉计）	0.3	镍及其化合物（以总镍计）	10
总铬	10	砷及其无机化合物（以总砷计）	1.5
六价铬	1.5	无机氟化物（不包括氟化钙）	50
铜及其化合物（以总铜计）	50	氰化物（以氰离子计）	1.0

注：适用于任何生产过程及生活所产生的固态的危险废物的浸出毒性鉴别。

浸出液的制备方法有翻转法［《固体废物 浸出毒性浸出方法 翻转法》（GB 5086.1—1997）］和水平振荡法［《序批式活性污泥法污水处理工程技术规范》（HJ 577—2010）］。前者适用于废物中无机污染物（氰化物、硫化物等不稳定污染物除外）浸出液的制备，也可用于危险废物储存、处置设施的环境影响评价。后者是固体废物的有机污染物浸出毒性浸提程序及其质量保证措施，适用于固体废物中有机污染物浸出液的制备。

不同的国家其浸出毒性方法都有差异，表2—10给出了国内外常用的浸出毒性方法的比较。

除了以上特性外，危险废物的其他特性还包括生物累积性、致突变性、致癌性或致畸胎性、放射性等。

生物累积性是指污染组分能随时间在生物组织上累积，浓度增加而对生物造成危害。致突变性、致癌性或致畸胎性是指废物能使遗传基因结构产生永久性改变，或诱发癌症，或导致后代的躯体或官能缺陷。

表 2—10 国内外浸出毒性方法比较

国家		废物/g	液固比 [（溶液/mL）/ （废物/g）]	溶剂	萃取 时间/h	温度/℃
中国	翻转法	70	10：1	去离子水或蒸馏水	18	室温
	水平振荡法	100	10：1	乙酸溶液，pH 为 4.93±0.05 乙酸溶液，pH 为 2.88±0.05	8	室温
美国（TCLP）		100	20：1	乙酸溶液，pH 为 2.88±0.05 乙酸溶液，pH 为 4.93±0.05	18±2	18~25
日本		50	10：1	盐酸溶液，pH 为 5.8~6.3	6	室温
南非		150	10：1	去离子水	1	23
德国		100	10：1	去离子水	24	室温
澳大利亚		350	4：1	去离子水	48	室温
法国		100	10：1	含饱和二氧化碳（CO_2）及空气的去离子水	24	18~25
英国		400	20：1	去离子水	5	室温
意大利		100	20：1	去离子水，以 0.5mol/L 乙酸维持 pH 为 5.0±0.2	24	25~30

第三节 固体废物的采样

固体废物采样分析是从大量废物中取出少量代表性样品，由少量样品分析所得的数据推测出整体废物性质的过程。因此，科学的统计方法将有利于提高采样的准确性。所谓代表性样品，是指具有下列特性的样品：代表该废物采样群体的性质与化学组成，具有与该废物采样群体相同的分布比率。

大多数废物都呈不均匀状态，因此不能以一个样品作为代表该废物整体性质的"代表性样品"。比较准确的方法是收集并分析一个以上的样品，多个样品所产生的代表性数据才可用以说明该废物的平均性质与组成。

一、统计分析常用名词

一般统计分析中常用名词有以下几种：

（一）算术平均值（x_m）

若 n 为测定次数，x_i 为第 i 次测定值，则：

$$x_m = \frac{1}{n}\sum_{i=1}^{n} x_i \tag{2—18}$$

（二）偏差（d_i）

$$d_i = x_i - x_m \tag{2—19}$$

（三）平均偏差（$\overline{d_i}$）

$$\overline{d_i} = \frac{1}{n}\sum_{i=1}^{n} d_i = \frac{1}{n}\sum_{i=1}^{n}(x_i - x_m) \qquad (2\text{—}20)$$

（四）平均偏差绝对值（$|\overline{d_i}|$）

$$|\overline{d_i}| = \frac{1}{n}\sum_{i=1}^{n}|d_i| = \frac{1}{n}\sum_{i=1}^{n}|x_i - x_m| \qquad (2\text{—}21)$$

（五）标准偏差（σ）

$$\sigma = \left[\frac{1}{n-1}\sum_{i=1}^{n}(x_i - x_m)^2\right]^{\frac{1}{2}} \qquad (2\text{—}22)$$

二、固体废物采样方法

欲取得高准确度的采样，有下列两种方法：

1. 从群体中取得适当数量的样品

样品标准偏差（σ）的计算公式如下：

$$\sigma = \left(\frac{\sum d_i^2}{n-1}\right)^{\frac{1}{2}} \qquad (2\text{—}23)$$

式中　d_i——偏差；

　　　n——采取样品量。

由式（2—23）可看出，当样品量（n）增加时，样品标准偏差（σ）降低，准确度增加。

2. 取得最大物理量（最大质量或体积）的样品

取得最大物理量的样品可降低样品间的差异，即降低样品标准偏差（σ），增加采样的数量和大小，可增加采样准确度。

根据废物储存方式与储存容器的不同，可使用不同的采样形态。制好的样品密封于容器中保存（容器应对样品不产生吸附，不使样品变质），贴上标签备用。标签上应注明编号、废物名称、采样地点、批量、采样人、制样人、时间。对于特殊样品，可采取冷冻或充惰性气体等方法保存。

制备好的样品，一般有效保存期为三个月，易变质的样品保存期更短。常用的采样方法包括：单一随机采样、分层随机采样、系统随机采样、阶段式采样、权威性采样、混合采样。以下分别说明几种不同采样类型的适用性及其优缺点。

（一）单一随机采样

1. 采样方法

将所有废物划分成相当数量的假想格子，依序连续编号，随机选出一组号码，再从这组号码所代表的格子中取出样品，再随机选择所要采集的样品。

2. 特性

废物中的任一点，都有同等的机会被取出，且以随机方式取出适量样品。

单一随机采样的优点是简单、准确度高。该法适用于化学性质呈现不规则的非均态且维持固定状态的废物，以及无任何或很少污染物分布资料的废物。

（二）分层随机采样

1. 采样方法

若废物的污染性质很明显地分割成数层，且层与层之间性质差异很大，而每一层内的差异性很小，并至少可取出 2~3 个样品时，则在每一层中，分别以单一随机采样法采集样品。若清楚了解每层的差异程度，则依其差异程度和各层废物量的分布比例大小，分别于各层中取出相当比例的样品量。

2. 特性

分层随机采样依据各层显著的差异性，根据其差异程度的大小，分别取出不同比例的样品数，能很准确地反应废物性质分布的状况。

该方法适合在以下两种情况下采用：一是明确了解废物中污染物的分布情形，且其分层现象很明显；二是经费不足，仅能取少数样品。

该方法的特点是，当对废物分布情况的估测准确时，其准确度和精确度都比单一取样更高，并且能了解各层废物的性质分布状况。但是，若废物分层现象不明显且估测错误，则会降低其准确度。

（三）系统随机采样

1. 采样方法

在废物中随机取出第一个样品，然后在一定空间或时间间隔下，依次取出其他样品，并将所有样品依次编号，设定固定间隔，每隔若干号抽取一号。样本数与母体数的关系根据间隔的划分而定，间隔大时样本数小，间隔小时样本数大。例如：每隔 20 个号码或时间取 1 个样品，则样本数为母体数的 5%；同样，每隔 100 个号码取 1 个样品，则样本数为母体数的 1%。若母体个数为 N，所要采样样本总数为 n 时，则 $I=n/N$ 称为抽样间隔（sampling interval）。若 I 不为整数，则用四舍五入法取整数。至于样本个体依次为 S、$2S$、$3S\cdots$，这些样本在全体中的位置可用下列公式求得：

$$K=（S-1）I+f \tag{2—24}$$

式中　K——样本个体在全体中的位置（在全部母体已依次编号的情况下）；

　　　S——等间隔的样品顺序位次；

　　　I——间隔大小；

　　　f——第一个抽取样品在全部母体中所占的位置。

2. 特性

第一个样本随机取出后，其余的样本则依一定规则取出。该方法适用于采样人员非常了解该废物的特性，确知该废物中的主要污染物质呈任意分布或只有缓和的层化现象的情况。

系统随机采样法易于确认和收集样品，有时可得到较高的精确度。若污染物质分布较均匀时，则准确度更高。若污染物质的分布呈现未知的趋势或循环周期时，则会降低其准确度。进行废物评估时，通常不采用此方法。

【例 2—1】　设某废物采样工作经评估后拟采用系统随机采样法，其第一次（每季采一次）取样是编号为 2 号的样品，若抽样间隔为 5，则第四次取样时（如以时间为间隔的第四季度）取样样品编号应是多少？

【解】 根据式 2—24，由题意可知：$I=5$，$f=2$，$S=4$，

则
$$K = (S-1)\ I+f$$
$$= (4-1)\ \times 5+2$$
$$=17$$

故第四次取样是编号第 17 号的样品。

（四）阶段式采样

1. 采样方法

阶段式采样是先由一个原始 N 个单位（一单位中含有多个样品）中抽取 n 个单位的随机样本，称为主要（或第一段）抽样单位，再从 n 个单位中的第 i 个被选的主要单位中选 m 个单位，称为次要（或第二段）抽样单位，而主要抽样单位当中皆含 M 个单位。若只进行至次要抽样单位分析，则称为二段式采样；若继续在次要抽样单位中抽取更小单位进行采样，则为三段式采样，而三段以上的采样，称为多段式采样。

2. 特性

阶段式采样法采样手续方便，可依需要分阶段实施采样工作。该法的缺点是误差较大，整理分析较繁杂。

（五）权威性采样

1. 采样方法

由对所采集废物的性质非常清楚的人员决定并选择样品。

2. 特性

整个采样过程完全由一个人决定，人为因素较强。因此，该法仅适用于采样人员对废物性质确实了解的情况。也正因为如此，权威性采样法虽然较简单、方便，但容易出现错误的判断，数据的有效性比较可疑。进行废物评估时，通常不采用此方法。

（六）混合采样

1. 采样方法

将由废物收集而来的一些随机样品混合成单一样品，再分析此单一混合样品的相关污染物，如常用的二分法、四分法与井字法。

（1）二分法

将废物堆等分，各等分取适量样品均混后再等分，再从各等分取适量样品，如此重复至适当的样品量。

（2）四分法

将废物堆十字均分为四小堆，取对角的两小堆，均混后再十字均分为四小堆，如此重复至适当的样品量。

（3）井字法

将废物堆井字均分为九小堆，各小堆等取适量样品，均混后再井字均分为九小堆，如此重复至适当的样品量。

2. 特性

混合采样法样品间的分散性较小，可减少样品采集数量。但由于一组样品仅产生一个分析数据，即 n 很小，而 σ 和 t 很大，这样容易降低废物中污染物的"代表性"。为弥补这种

情形，可以收集并分析较多数量的混合样品，从而使结果更具代表性，但这样做又抵消了混合采样节省经费的可能。

综合以上讨论（见表2—11）可知，当要采集废物样品时，若无任何或很少相关污染物分布的资料时，最好采用单一随机采样法；若有较详细相关资料时，则可考虑采用分层随机采样法或系统随机采样法。

表2—11　　　　　　　　　　各种采样方法优缺点比较

采样方法	优点	缺点
单一随机采样	（1）方法简单 （2）因易估算族群总值及采样误差，准确度、精确度高	（1）采样样品较为分散 （2）所需采样人力及经费较多
分层随机采样	（1）每层内差异度越小，越可得更高精确度（比单一随机采样要高） （2）可求得各层的估算值	（1）样品数据资料整理、推算工作会比单一随机采样复杂 （2）族群分布为未知倾向时会降低准确度及精确度
系统随机采样	（1）依随机方式只需采取一个，其余依序，故较方便 （2）污染物质分布均匀时，可得高准确度	（1）族群分布为未知倾向时会降低准确度 （2）若样本个体呈周期循环，而又与采样样品间隔相近时误差会较大
阶段式采样	（1）采样手续较方便 （2）可阶段实施采样工作	（1）误差较大 （2）整理分析较繁杂
权威性采样	简易、方便	由于错误的判断，误差可能很大，无法估算族群平均数及采样标准偏差
混合采样	综合了单一随机采样和阶段式采样的优点	为求更具代表性，需采集较多个别样品，人力、经费并没有显著节省

思考与练习

一、单项选择题

1. 国家规定燃点低于（　　）℃的废物即具有可燃性。
   A. 50　　　　　B. 55　　　　　C. 60　　　　　D. 65
2. 急性毒性通常用使一群试验动物出现（　　）死亡的剂量表示。
   A. 1/4　　　B. 1/3　　　C. 1/2　　　D. 2/3
3. 下列不属于危险废物的形式是（　　）。
   A. 固态　　　B. 部分液态　　　C. 半固态　　　D. 液态
4. 浸出毒性鉴别砷及其化合物的方法是（　　）。
   A. 原子吸收分光光度法　　　　　B. 气相色谱法
   C. 二苯碳酰二肼分光光度法　　　D. 二乙基二硫代氨基甲酸银分光光度法

5. 鉴别废物的易燃性主要是测定废弃物的（　　　　）。

    A. 燃点　　　　　B. 闪点　　　　　C. 沸点　　　　　D. 熔点

6. 我国 2016 年 8 月 1 日起施行的《国家危险废物名录》，共涉及（　　　）类废物。

    A. 45　　　　　　B. 47　　　　　　C. 49　　　　　　D. 50

7. 下列不属于《国家危险废物名录》中的废物类别是（　　　　）。

    A. 废乳化液　　　　　　　　　　B. 多氯联苯类废物

    C. 有机树脂类废物　　　　　　　D. 爆炸性废物

二、不定项选择题

1. 危险废物具有的特性包括（　　　　）。

    A. 毒性　　　　　B. 易燃性　　　　　C. 反应性　　　　　D. 腐蚀性

2. 按照规定，下列具有腐蚀性的物质是（　　　　）。

    A. 浸出液 pH≤2 的物质

    B. 浸出液 pH≥12.5 的物质

    C. 温度≥55℃，浸出液对规定的牌号钢材腐蚀速率大于 0.64 cm/a 的物质

    D. 温度≥65℃，浸出液对规定的牌号钢材腐蚀速率大于 0.64 cm/a 的物质

3. 下列属于反应性的是（　　　　）。

    A. 与水反应形成爆炸性混合物　　B. 产生有毒气体、蒸气、烟雾或臭气

    C. 在受热的条件下能爆炸　　　　D. 常温常压下即可发生爆炸

4. 危险废物的毒性表现为（　　　　）。

    A. 浸出毒性　　　　　　　　　　B. 急性毒性

    C. 水生生物毒性　　　　　　　　D. 遗传变异性

5. 按照摄入的方式，急性毒性可以分为（　　　　）。

    A. 口服毒性　　　　　　　　　　B. 吸入毒性

    C. 皮肤吸收毒性　　　　　　　　D. 器官吸收毒性

6. 危险废物的鉴别方法主要有（　　　　）。

    A. 危害特性鉴别法　　　　　　　B. 浸出毒性鉴别法

    C. 定义列表鉴别法　　　　　　　D. 表面观测法

三、讨论题

1. 据统计，某城市 2015 年的人口数量为 20 万，生活垃圾产生量平均为 200 t/d。根据该城市的经济发展和城市化进程，预计到 2020 年，该城市的人口数量会增加到 22 万。为控制生活垃圾的过分增加，规划垃圾的人均产生量在 2020 年为 1.8 kg/d。请选择合适的计算方法，预测该城市 2016—2025 年各年的人口规模、生活垃圾产生量及垃圾产率。

2. 请分别说明固体废物的水分、挥发分、固定碳、可燃分和灰分的含义及其相互间的关系。

第三章

固体废物的收集、运输及转运系统

本章学习目标

★ 了解固体废物收集、运输、储存的基本概念。

★ 了解固体废物的收集方式、收集容器、收集原则、收集方法。

★ 熟悉固体废物的收集、转运及操作原理。

★ 熟悉城市生活垃圾的转运及中转站设置。

★ 掌握拖曳容器系统和固定容器系统的基本流程。

★ 掌握垃圾收集线路的设计方法。

固体废物的收集与运输是连接发生源和处理、处置设施的重要环节，在固体废物管理体系中占有非常重要的地位。此工作不仅能简化后续处理的程序，减少处理设备的耗损（如延长焚烧处理的焚烧炉寿命），还能同时完成资源回收工作。但是，固体废物收集和清运工作的成本往往是整个处理工作总成本中最高的（对于处理城市垃圾，占了60%~80%），这项工作管理的优劣是决定废物清理成本高低的关键。因此，如何提高固体废物的收运效率，对于降低固体废物处理和处置成本、提高综合利用效率、减少最终处置的废物量，都具有重要意义。

废水和废气都具有流动性，其收集和运输相对比较简单。固体废物由于其固有的非均质特性，它的收集和运输要比废水和废气复杂和困难得多。另外，无论是工业废水还是城市污水，虽然由于成分的不同而导致处理方法的不同，但是其收集方式并没有根本的区别。而城市生活垃圾和工业固体废物，尤其是危险废物，无论是收集和运输方式、管理方法，还是处理、处置技术，都有着原则性的区别，需要分别加以研究。

根据《固体废物污染环境防治法》的定义，城市生活垃圾除包括居民生活垃圾外，还包括为城市居民生活服务的商业垃圾、建筑垃圾、园林垃圾、粪便等。这些垃圾的收集基本上属于集团活动，也就是说，分别由某一个部门专门将其作为经常性工作加以管理。商业垃圾和建筑垃圾由产生单位自行清运，园林垃圾和粪便则由环卫部门负责定期清运。而居民家庭产生的生活垃圾，由于发生源分散、总产生量大、成分复杂，收集工作十分困难。因此，生活垃圾的收集对世界上任何国家的城市管理来说，都是一个不可忽视的问题。

第一节　固体废物的收集

一、生活垃圾收集方式

固体废物的收集方式主要有混合收集和分类收集两种形式；根据收集的时间，又可以分为定期收集和随时收集。

（一）混合收集

混合收集是指统一收集未经任何处理的原生固体废物并混杂在一起的收集方式。这种收集方式历史悠久，应用也最广泛。混合收集的主要优点是收集费用低，比较简便易行。缺点是各种废物相互混杂，降低了废物中有用物质的纯度和再生利用的价值，增加了各类废物的处理难度，使处理费用增大，混合收集后再利用，浪费人力、物力、财力。从当前的趋势来看，这种方式正在逐渐被分类收集所取代。

（二）分类收集

分类收集是指根据城市废物的种类和组成成分分别进行收集的方式。分类收集的主要优点：一是可以提高回收物资中有用物质的纯度和数量，有利于废物的综合利用；二是可以减少需要后续处理处置的废物量，从而减少整个管理的费用和处理处置成本。

城市垃圾分类收集，为有效地实现废物的再利用和最大限度地进行废品回收提供了重要条件。发达国家已经不同程度上开始了垃圾分类收集。采用分类收集方式收集垃圾后，对垃圾收集设施及其规划提出了更高的要求。许多城市在垃圾站和其他场所设置了不同类型的有用物质和有毒垃圾分类收集容器，以满足城市垃圾分类收集和运输的需要。

对固体废物进行分类收集时，一般应遵循如下原则：

1. 工业废物与城市垃圾分开

由于工业废物和城市垃圾的产生量、性质以及发生源都有较大的差异，其管理和处理、处置方式也不尽相同。一般来说，工业废物的发生源集中、产生量大、可回收利用率高，而且危险废物也大都源自工业废物；而城市垃圾的发生源分散、产生量相对较少、污染成分以有机物为主。因此，对工业废物和城市垃圾实行分类，有利于大批量废物的集中管理和综合利用，可以提高废物管理、综合利用和处理、处置的效率。

2. 危险废物与一般废物分开

由于危险废物可能对环境和人类造成危害，一般需要对其进行特殊管理，对处理、处置设施的要求和设施建设费用、运行费用都比一般废物高得多。对危险废物和一般废物实行分类，可以大大减少需要特殊处理的危险废物量，从而降低废物管理成本，并能减少和避免因废物中混入有害物质而在处置过程中对环境产生的潜在危害。

3. 可回收利用物质与不可回收利用物质分开

固体废物作为人类对自然资源利用的产物，其中包含大量资源，这些资源可利用价值的大小，取决于它们的存在形态，即废物中资源的纯度。废物中资源的纯度越高，利用价值就越大。对废物中的可回收利用物质和不可回收利用物质实行分类，有利于固体废物资源化的实现。

4. 可燃性物质与不可燃性物质分开

固体废物是一种成分复杂的非均质体系，很难将其完全分离为若干单一的物质，一般情况下，将其分离为若干具有相同性质的混合物较为容易。对于大量产生的固体废物，如城市垃圾，常用的处理、处置方法有焚烧、堆肥和填埋等。将废物分为可燃物与不可燃物，有利于处理、处置方法的选择和处理效率的提高。不可燃物质可以直接填埋处置，可燃物质可以采取焚烧处理，或再将其中的可堆腐物质进行堆肥或消化产气处理。

（三）定期收集

定期收集是指按固定的时间周期对特定废物进行收集的垃圾处理方式。定期收集是常规收集的补充手段，其优点主要表现为：可以将暂存废物的危险性减小到最低程度，可以有计划地使用运输车辆，有利于处理、处置规划的制定。定期收集方式适用于危险废物和大型垃圾（如废旧家具、废旧家用电器等耐久消费品）的收集。

（四）随时收集

对于产生量无规律的固体废物，如采用非连续生产工艺或季节性生产的工厂产生的废物，通常采用随时收集的方式。

二、我国城市垃圾分类收集概况

近年来，我国许多城市已经开始了城市垃圾分类收集的试点工作，如北京、上海、深圳、广州等。这些城市在垃圾分类收集试点过程中，综合分析开展城市垃圾分类收集后，从垃圾分类收集到分类处理的系统配套问题，提出了不同垃圾分类收集处理方案。

我国属于发展中国家，具有勤俭节约的传统。城市垃圾中可再利用的物质一般由居民自行分类和集中存放后，出售给个体废物回收者并进入废物回收系统。目前，我国的废物回收行业已初具规模，相当一部分的城市垃圾经由废物回收系统得到资源化和减量化处理。但我国目前对废物回收行业缺乏有效的管理，无序竞争现象十分严重，个体废物回收者中夹杂着大量的闲杂人员，成为社会的不安定因素，引起城市居民的不满。因此，环卫管理部门应尽快制定相应的法规，加强对废物回收行业的管理，使其形成完善的资源回收系统，并实行资源回收经营许可证制度。

第二节 固体废物收运系统及其分析方法

一、废物收集系统分类

对固体废物的收集过程进行系统分析与优化，可以节省大量的人力、物力和运行费用。对收集系统的分析是通过研究不同收集方式所需要的车辆、工作人员数量和所需工作日数，建立一套数学模型，在积累的大量经验数据的基础上，推测在系统状况发生变化时，对于设备、人力和运转方式的需求程度。与固体废物收集有关的行为可以被分解为四个操作单元：收集、拖曳、卸载和非生产。

垃圾收集系统根据其操作模式可分为两种类型，即拖曳容器系统（HCS）和固定容器系统（SCS）。前者的废物存放容器被拖曳到处理地点，倒空，然后回拖到原来的地方或者其他地方；后者的废物存放容器常设置在路边或被固定在垃圾产生处。

下面分别按照拖曳容器系统和固定容器系统进行说明。

二、拖曳容器系统分析方法

拖曳容器系统操作程序如图3—1所示。比较传统的运转方式如图3—1a所示，用牵引车从收集点将已经装满废物的容器拖曳到转运站或处置场，清空后再将空容器送回至原收集点，然后牵引车开向第二个收集点并重复这一操作。显然，采用这种运转方式的牵引车的行程较长。经过改进的运转方式如图3—1b所示，牵引车在每个收集点都用空容器交换该点已经装满废物的容器。与前面的运转方式相比，这一运转方式消除了牵引车在两个收集点之间的空载运行。

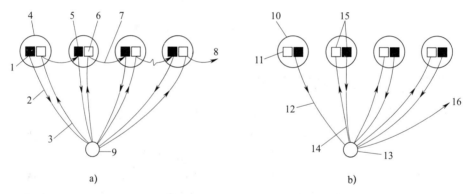

图3—1　拖曳容器系统操作程序

a）简便模式　b）交换模式

1—牵引车从调度站出发到此收集线路，一天的工作开始　2—拖曳装满垃圾的垃圾容器　3—空垃圾容器返回原放置点

4、10—垃圾容器放置点　5—提起装有垃圾的垃圾容器　6—放回空垃圾容器　7—开车至下一个垃圾容器放置点

8—牵引车回调度站　9、13—垃圾处置场或转运站加工场　11—从调度站带来的空垃圾容器，一天收集工作开始

12—从第一个垃圾容器放置点拖到处置场　14—空垃圾容器送到第二个垃圾容器放置点

15—放下空垃圾容器再提起装有垃圾的垃圾容器　16—牵引车带着空垃圾容器回调度站

（一）收集时间构成

收集成本的高低，主要取决于收集时间的长短。因此，对收集操作过程的不同单元时间进行分析，可以建立设计数据和关系式，求出某区域垃圾收集耗费的人力和物力，从而计算收集成本。收集操作过程可分为四个基本用时，即集装时间、运输时间、卸车时间和非生产时间（其他用时）。

1. 集装时间

集装时间取决于所选用的收集系统的类型。如果拖曳容器系统以常规方式操作，集装时间包括从一个容器被倒空后驾车到下一个容器所花费的时间，以及倒空的容器放到规定位置所花费的时间。

如果拖曳容器系统以交换容器模式操作，收集时间则包括抬起一个装有垃圾的容器，将其清空后，把它安置在下一个收集点所花费的时间。用公式表示为：

$$P_{hcs}=p_c+u_c+d_{bc} \tag{3—1}$$

式中　P_{hcs}——每次行程集装时间，h/次；

p_c——满容器装车时间，h/次；

u_c——空容器放回原处时间，h/次；

d_{bc}——容器间行驶时间，h/次。

如果容器间行驶时间未知，可用下面运输时间公式（3—2）估算。

2. 运输时间

运输时间指收集车从集装点行驶至终点所需时间，加上离开终点驶回原处或下一个集装点的时间，不包括停在终点的时间。运输时间也由所选用的收集系统的类型来决定。当装车和卸车时间相对恒定时，运输时间取决于运输距离和速度。从大量的不同收集车的运输数据分析，运输时间可以用下式近似表示：

$$h=a+bx \tag{3—2}$$

式中　h——运输时间，h/次；

a——经验常数，h/次；

b——经验常数，h/km；

x——往返运输距离，km/次。

其中，a 和 b 的数值大小与运输车辆的速度极限有关，称作车辆速度常数。它们的关系见表3—1。

表3—1　　　　　　　　　　　　　　垃圾清运车辆速度常数数值

速度极限/（km/h）	a/（h/次）	b/（h/km）	速度极限/（km/h）	a/（h/次）	b/（h/km）
88	0.016	0.011 2	40	0.050	0.025
72	0.022	0.014	24	0.060	0.042
56	0.034	0.018			

对于拖曳容器系统，运输时间是到达收集车辆上垃圾的倾倒地点［如转运站、废品回收站（MRF）或者垃圾堆置场］所必需的时间，即从一个装满垃圾的容器被装载到垃圾车上开始，并延续到垃圾车离开垃圾倾倒地和到达下一个放置已经倾空容器的地方所用的时间，不包括容器在垃圾收集地卸载的时间。

3. 卸车时间

卸车时间是指垃圾收集车在终点（转运站或处理处置场）逗留时间，包括把垃圾从容器或者收集车上卸载以及此前等待所花费的时间。每一行程的卸车时间用符号 S（h/次）表示。

4. 非生产时间

非生产时间是指在收集操作全过程中非生产性活动所花费的时间。从全面收集操作的观点看，很多与"离线"时间有关的操作行动是必要或者固有的。因此，花在"离线"行为的时间可能被分为必要的和不必要的两类。在实践中，必要和不必要的"离线"时间因为需要而被平等地分配在整个操作中，要求同时予以考虑。

必要的"离线"时间包括每天早晚登记报到和离开的时间、不可避免的交通阻塞时间以及设备维修保养的时间等。不必要的"离线"时间包括超时的午餐时间、违规的休息时间以及违规的亲朋好友聊天时间等。

（二）拖曳容器系统分析

一次收集清运操作行程所需时间（T_{hcs}）可用下式表示：

$$T_{hcs} = \frac{P_{hcs}+S+h}{1-w} \tag{3—3}$$

也可以用下式表示：

$$T_{hcs} = \frac{P_{hcs}+S+a+bx}{1-w} \tag{3—4}$$

式中　T_{hcs}——一次收集清运操作行程所需时间，h；

　　　S——卸车时间，是指垃圾收集车在终点（转运站或处理处置场）逗留时间，包括卸车及等待卸车时间，h/次；

　　　h——运输时间，h；

　　　w——非生产性时间因子，即非集装时间占总时间百分数（集装操作全过程中非生产性活动所花费的时间），其数值一般在 0.1~0.25 之间变化，通常取 0.15。

当求出 T_{hcs} 后，则每日每辆收集车的行程次数用下式表示：

$$N_d = \frac{H}{T_{hcs}} \tag{3—5}$$

式中　N_d——每天行程次数，次/d（取最大整数值）；

　　　H——每天工作时间，h/d；

　　　T_{hcs}——一次收集清运操作行程所需时间，h。

每周所需收集车的行程次数，即行程数，可根据收集范围的垃圾清除量和容器平均容量，用下式表示：

$$N_w = \frac{V_w}{cf} \tag{3—6}$$

式中　N_w——每周收集车的行程次数，即行程数，次/周（取最大整数值）；

　　　V_w——每周清运垃圾产量，m³/周；

　　　c——容器平均容量，m³/次；

　　　f——容器平均充填系数。

应用上述公式，即可计算出移动容器收集操作条件下的工作时间和收集车的行程次数，合理编制作业计划。各种不同收集系统中设备和人力需求的典型数据见表3—2。

表 3—2　　　　　　　　用在各种不同收集系统中计算设备和人力需求的典型数据

收集数据		压实比	抬起容器和放下空容器要求的时间/（h/次）	倾空容器中废物所需时间/（h/容器）	在现场时间/（h/次）
车辆	装载方式				
拖曳容器系统					
吊装式垃圾车	机械	—	0.067		0.053
自卸式垃圾车	机械	—	0.40		0.127
自卸式垃圾车	机械	2.0~4.0①	0.40		0.133
固定容器系统					
压缩式垃圾车	机械	2.0~2.5		0.008~0.050②	0.10
压缩式垃圾车	人工	2.0~2.5		—	0.10

注：①该容器可用于固定压缩机。

　　②所需的时间随容器尺寸变化。

【例 3—1】　拖曳容器系统分析。从一新建工业园区收集垃圾，根据经验从车库到第一容器放置点的时间 t_1 为 0.25 h，从最后一个容器放置点到车库的时间 t_2 为 0.33 h。假设容器放置点之间的平均行驶时间为 0.1 h，工业园到垃圾处置场的单程距离为 25 km（垃圾收集车最高行驶速度为 88 km/h），试计算每天能清运的垃圾容器的次数及实际工作时间（每天工作时间 8 h，非工作因子为 0.15）。

【解】（1）计算集装时间

$p_c + u_c = 0.4$ h/次，$d_{bc} = 0.1$ h/次，

$P_{hcs} = p_c + u_c + d_{bc} = 0.4 + 0.1 = 0.5$ h/次

（2）每趟运输时间

处置场停留时间 $S = 0.133$ h/次，$a = 0.016$ h/次，$b = 0.011\ 2$ h/km，

$T_{hcs} = (P_{hcs} + S + a + bx)/(1-w) = [0.5 + 0.133 + 0.016 + 0.011\ 2 \times (25 \times 2)]/(1-0.15) \approx 1.42$ h

（3）每天能够清运垃圾容器的次数

$N_d = H/T_{hcs} = [8 - (0.25 + 0.33)]/1.42 \approx 5.23$ 次/d，取 5 次/d。

（4）每天实际工作时间

根据 $N_d = H/T_{hcs}$，得 $H = N_d \cdot T_{hcs} = 5 \times 1.42 = 7.1$ h

注：在一些需要垃圾处理设备和人力的地方，应调查清楚大容器的用处和减少了的收集频率。如果没有离线行为发生在 t_1 和 t_2 的时间内，那么，理论上 5.23 次/d 这个值便可以应用，而且 5 次/d 只能用在实际操作中。但是，如果每天可以完成的次数是 5.8 次，那么，多付给司机工资使其延长工作时间来完成每天 6 次，这样的做法在经济上是可行的。

三、固定容器系统分析方法

固定容器系统操作程序如图 3—2 所示。这种运转方式是用大容积的运输车到各个收集点收集废物垃圾，容器倒空后放回原地，车装满后卸到转运站或处理处置场。由于运输车在各站间只需要单程行车，所以与拖曳容器系统相比，收集效率更高。但该方式对设备的要求较高。例如，由于在现场需要装卸废物，容易起尘，要求设备有较好的机械结构和密闭性。此外，为保证一次收集尽量多的垃圾容器放置点的垃圾，收集车的容积要足够大，并应配备

废物压缩装置。

（一）收集时间构成

1. 集装时间

对于固定容器系统，集装时间从停车装载第一个容器的废物开始计算，到最后一个容器里的废物被装载上车结束。具体收集操作时间取决于收集车的类型和所选用的收集方法。

2. 运输时间

对于固定容器系统，运输时间从公路上的最后一个固定容器被清空的时间或者收集车被填满的时间开始计算，并持续到垃圾车运至垃圾倾倒地点，再到下一个收集路段的第一个要被倾空的容器所在地。运输时间不包括收集车辆卸载所花费的时间。

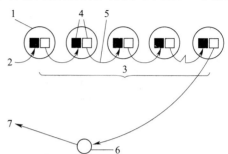

图 3—2　固定容器系统操作程序
1—垃圾容器放置点　2—垃圾车辆从调度站来，
开始收集垃圾　3—收集线路　4—放置点上
垃圾容器中的垃圾倒在垃圾车上　5—垃圾车驶往
下一个收集点　6—处置场或中继站、加工场
7—垃圾车回调度站

3. 卸车时间

同拖曳容器系统。

4. 非生产时间

同拖曳容器系统。

在固定容器收集法的一次行程中，装车时间是关键因素。因为装车有机械操作和人工操作之分，故计算方法也略有不同。

（二）机械装载收集车

每一收集行程时间用下式表示：

$$T_{scs} = \frac{P_{scs}+S+a+bx}{1-w} \tag{3—7}$$

式中　T_{scs}——固定容器收集法每一行程时间，h/次；

　　　P_{scs}——每次行程集装时间，h/次；

　　　其余符号含义同前。

此处，集装时间为：

$$P_{scs} = C_1 u_c + (N_p - 1) d_{bc} \tag{3—8}$$

式中　C_t——每次行程倒空的容器数，个/次（取最大整数值）；

　　　u_c——卸空一个容器的平均时间，h/个；

　　　N_p——每一行程经历的集装点数（N_p-1 表示垃圾收集车在集装点数之间往返的次数，它比集装点数少一次）；

　　　d_{bc}——每一行程各集装点之间平均行驶时间。

如果集装点平均行驶时间未知，也可用公式 $h = a + bx$ 进行估算，但以集装点间距离代替往返运输距离 x（km/次）。

每一行程能倒空的容器数与收集车容积、压缩比以及容器体积有关，其关系式为：

$$C_t = \frac{Vr}{cf} \tag{3—9}$$

式中　V——收集车容积，m^3/次；

r——收集车压缩比；

其余符号含义同前。

每周需要的行程次数可用下式求出：

$$N_{w} = \frac{V_{w}}{Vr} \qquad (3—10)$$

式中　N_{w}——每周行程次数，次/周（取最大整数值）；

其余符号含义同前。

由此，每周需要的收集时间为：

$$D_{w} = \frac{N_{w}P_{scs} + N_{w}\ (S+a+bx)}{(1-w)\ H} \qquad (3—11)$$

若单位是 h/周，则不用除以 H。

式中　D_{w}——每周收集时间，d/周；

其余符号同前。

（三）人工装载车

如果 H 表示每天的工作时间，而且每天完成的往返次数已知，那么，收集操作的有效时间可以用式（3—7）算出。一旦每次的收集时间已知，那么每次可被收集的垃圾收集点的数量可以用下式算出。

$$N_{p} = \frac{60P_{scs}n}{t_{p}} \qquad (3—12)$$

式中　N_{p}——每次清运的废物收集点数；

P_{scs}——装载时间，h；

n——工人数量；

t_{p}——每个废物收集点的平均收集时间，人次·min；

60——从 h 到 min 的换算系数，60 min/h。

每个收集点的收集时间 t_{p} 取决于在容器位置之间行驶要求的时间、每个收集点的容器数目以及分散收集点占总收集点的百分数，以式（3—14）表示。

$$t_{p} = d_{bc} + k_{1}C_{n} + k_{2}P_{RH} \qquad (3—13)$$

式中　t_{p}——每个废物收集点的平均收集时间，人次·min；

d_{bc}——两容器间的平均运输时间，h；

k_{1}——与每容器收集时间有关的常数，min；

C_{n}——在每个收集地点处的容器的平均数目；

k_{2}——与从住户分散点收集废物所需时间有关的常数，min；

P_{RH}——分散收集点的百分比例，%。

式（3—13）和表 3—3 的数据可以用来计算每个收集地点的收集时间，但是如果可能的话，还是提倡用地形实测的方法，因为住宅区收集操作颇具变化性。

当每次收集点数目已知，则可根据下式计算收集车的尺寸。

$$V = \frac{V_{p}N_{p}}{r} \qquad (3—14)$$

式中　V_p——每个收集点收集废物的量，m^3；

N_p——往返一次清运的废物收集点数；

r——垃圾车压缩系数。

表 3—3　　　　　　　一个工人工作时装载时间与收集点容器数量的关系

每个收集点服务容器数（或箱数）/个	每个收集点装载时间 t_p/（人次·min）
1~2	0.50~0.60
3 个以上	0.92

第三节　固体废物收集路线及规划设计

在城市垃圾收集操作方法、收集车辆类型、收集劳力、收集次数和作业时间确定以后，就可着手设计收集路线，以便有效地使用车辆和劳力。收集清运工作安排的科学性、经济性的关键就是合理的收集路线，国外对此十分重视，为了提高垃圾收运水平，不少国家都制定了垃圾车收集线路图。例如，德国的城市垃圾收集系统比较完善，各清扫局都有垃圾车收集运输路线图和道路清扫图，把全市分成若干个收集区，明确规定扫路机的清扫路线以及这个地区的垃圾收集日、收集容器的数量及其车辆行驶路线等。收集地区的容器数量和安放位置等在路线图上都有明确标记，司机只需按照路线图的标记，在规定的收集日按收集路线去收集垃圾或进行清扫作业即可。一般来说，收集线路的设计需要反复试算，没有能应用于所有情况的固定规则。

一、固体废物收集路线设计规划

1. 必须确定现行的有关收集点和收集频率的政策和法规。

2. 调整现行收集系统的运行参数，如工作人员的数量、收集装置的类型。

3. 在可能的情况下，须对收集路线进行规划，以便路线能在主干道开始和结束，用地形和物理的障碍物作为收集路线的边界。

4. 在山区，收集路线要在最高处开始，然后随着装载量的增加逐渐下山。

5. 收集路线应该设计成最后一个收集容器离处置点最近。

6. 交通拥挤处产生的垃圾必须在当天尽可能早地收集。

7. 产生大量垃圾的收集点必须当天第一时段收集。

8. 如果可能的话，那些垃圾产生量小且有相同收集频率的分散收集点应该在一趟或一天中收集，每个作业日每条路线限制在一个地区，尽可能紧凑，没有断续或重复的线路。

二、建立收集路线的步骤

1. 准备适当比例的地域地形图，图上标明垃圾清运区域边界、道口、车库和通往各个垃圾集装点的位置、容器数、收集次数等，如果使用固定容器收集法，应标注各集装点垃坂量。

2. 资料分析，将资料数据概要列为表格。

3. 初步设计收集路线，根据各种资料以及现有条件，设计多条收集路线。

4. 对初步设计的收集路线进行比较，通过反复试算，进一步均衡收集路线，使每周各个工作日收集的垃圾量、行驶路程、收集时间等大致相等，最后将确定的收集路线画在收集区域图上。

从本质上说所有类型收集系统的第 1 步都是一样的，而第 2、第 3 和第 4 步在拖曳容器收集系统和固定容器收集系统中的应用有所不同，所以每一步都应该分别讨论。

值得注意的是，在第 4 步中应将准备好的收集路线交给垃圾收集车司机，由他们在规定区域中实施，并根据在此区域中实施的经验，由他们修改收集路线，以适应本区域的情况。在大多数情况下，收集路线的设计主要依据在城市的某一区域长期工作所获得的运行经验。

第四节　固体废物的运输

一、运输方式

固体废物的运输方式主要有车辆运输、船舶运输、管道运输等。其中，历史最长、应用最广的运输方式是车辆运输，而管道运输则是近年来发展起来的运输方式，在一些工业发达国家已部分实现应用化。

（一）车辆运输

采用车辆运输方式时，要充分考虑车辆与收集容器的匹配、装卸的机械化、车身的密封、对废物的压缩方式、转运站类型、收集运输路线以及道路交通情况等。

以装车形式分，垃圾运输车大致可分为前装式、侧装式、后装式、顶装式、集装箱直接上车等形式。车辆大小以装载质量分，额定量为 10~30 t。

为了提高收集运输的效率，降低劳动强度，首先需要考虑收运过程的装卸机械化，而实现装卸机械化的前提是收运车辆与收集容器的匹配。车身的密封主要是为了防止运输过程中废物泄漏对环境造成污染，尤其是危险废物对密封的要求更高。废物的压缩主要与车辆的装卸效率有关。

车辆的装载效率（η）可以用下式表示：

$$\eta = 垃圾质量/空车质量 \tag{3—15}$$

影响车辆装载效率的因素主要有废物的种类（成分、含水率、密度、尺寸等）、车厢的容积与形状、容许装载负荷、压缩方式、压缩比。

η 随废物和车辆种类的不同而变化，因此，用 η 值评价车辆的装载效率时，必须限定相同废物和相同车型。显而易见，车辆的压缩能力越强，废物的减容率越高，装载量也就越多。但是，压缩装置本身的质量也会降低车辆原有的装载能力。废物的压缩比通常用 ξ 表示，以下式计算：

$$\xi = \gamma_f/\gamma_p \tag{3—16}$$

式中 γ_f——废物的自由容重，kg/m^3；

γ_p——压缩后的容重，kg/m^3。

其中，压缩后容重 γ_p 表示为：

$$\gamma_p = W/V \qquad (3-17)$$

式中 W——装载废物质量，kg；

V——车厢容积，m^3。

1. 收集车类型

根据当地的经济、交通、垃圾组成特点、垃圾收集系统的构成等实际情况，各国各城市都开发使用与其适应的各种类型垃圾运输车。尽管垃圾运输车种类不同，但都规定一律配置专用设备，以实现在不同情况下城市垃圾装卸车的机械化和自动化。

近年来，我国环卫部门引进配置了不少国外机械化、自动化程度较高的垃圾运输车，并研制了一些适合国内具体情况的专用垃圾运输车。目前，我国常使用的垃圾运输车有简易自卸式收集车、活动斗式收集车、侧装式密封收集车、后装式压缩收集车等。

（1）简易自卸式收集车

简易自卸式收集车适用于固定容器收集法作业，一般需配以叉车或铲车，便于在车厢上方机械装车。自卸式收集车常见的有两种形式：一是罩盖式自卸收集车，这种车辆为了防止运输途中垃圾飞散，使用防水帆布盖或框架式玻璃钢罩盖，后者可通过液压装置在装入垃圾前启动罩盖，密封程度较高；二是密封式自卸车，即车厢为带盖的整体容器，顶部开有数个垃圾投入口。

（2）活动斗式收集车

活动斗式收集车主要用于移动容器收集法作业，其车厢作为活动敞开式储存容器，平时放置在垃圾收集点。由于该车车厢贴地且容量大，适用于储存装载大件垃圾，因此被称为多功能车，目前在我国人多数城市使用广泛。

（3）侧装式密封收集车

侧装式密封收集车一般装有液压驱动提升装置，装载垃圾时，利用液压驱动提升装置将地面上配套的垃圾桶提升至车厢顶部，由倒入口倾翻，然后将空桶送回原处，完成收集过程。

这类车的机械化程度高，具有很高的工作效率，一个垃圾桶的卸料用时不到 10 s。另外，这类车提升架悬臂长、旋转角度大，可以在相当大的作业区内抓取垃圾桶，车辆不必对准垃圾桶停放，十分灵活方便。

（4）后装式压缩收集车

后装式压缩收集车是在车厢后部开设投入口，一般自带压缩推板装置，适用于体积大、密度小的垃圾收集工作，并且在一定程度上减轻了垃圾对环境造成二次污染的可能性。这种车的工作效率是手推车的 6 倍以上，大大减轻了环卫工人的劳动强度，缩短了工作时间。另外，为满足中老年人和小孩倒垃圾的需求，该车的垃圾投入口距地面较低，使用方便。

另外，为了收集狭小里弄、小巷内的垃圾，许多城市还配有大量人力手推车、人力三轮车和小型机动车作为辅助的垃圾清运工具。

2. 收集车数量配备

收集车数量的配备，直接影响到垃圾收集的效率和成本。在进行车辆配备时，应该考虑车辆的种类、满载量、垃圾输送量、输送距离、装卸自动化程度以及人员配备情况等因素。各类收集车辆配备数量可参照下列公式计算：

（1）简易自卸式收集车数 $= \dfrac{\text{垃圾日平均产生量}}{\text{车额定吨位} \times \text{日单班收集次数} \times \text{完好率}}$　　　（3—18）

式中，垃圾日平均产生量为服务范围内居住人口数、实测的垃圾单位产量、垃圾日产量不均匀系数的乘积，日单班收集次数按各地方环卫部门定额计算，完好率一般按85%计算。

（2）多功能车数 $= \dfrac{\text{垃圾日平均产生量}}{\text{车厢额定容量} \times \text{车厢容积利用率} \times \text{日单班收集次数} \times \text{完好率}}$　（3—19）

式中，车厢容积利用率按50%~70%计算，完好率按80%计算，其余同前。

（3）侧装式密封收集车数 =

$\dfrac{\text{垃圾日平均产生量}}{\text{桶额定容量} \times \text{桶容积利用率} \times \text{日单班装桶数定额} \times \text{日单班收集次数} \times \text{完好率}}$（3—20）

3. 收集车劳力配备

每辆收集车配备的收集工作人员，一般按照运输车辆的装载质量、机械化作业程度、垃圾容器放置地点与容器类型以及工人的业务能力和素质等情况而定。

一般情况下，除司机外，采用人力装车的3 t简易自卸式收集车配2名工作人员，5 t简易自卸式收集车配3~4名工作人员；侧装式密封收集车配2名工作人员；多功能车配1名工作人员。

此外，还应设立一定数量的备用工作人员，当工作量增大、人员生病或设备出现故障时，备用人员可以马上投入工作。另外，当遇到工作量、气候、雨雪、收集路线和其他因素变化时，劳力配备规模可以随实际需要而发生变动。

总之，应在充分考虑当地实际情况（如气候、垃圾产量与性质、收集方法、道路交通、居民生活习俗等）的前提下，科学合理地规划、确定城市垃圾的收集次数与时间。

（二）船舶运输

船舶运输适用于大容量的废物运输，在水路交通方便的地区应用较多。船舶运输由于装载量大、动力消耗小，其运输成本一般比车辆运输和管道运输低。但是，船舶运输一般要采用集装箱方式，所以，必须在中转码头和处置场码头配备集装箱装卸装置。另外，在船舶运输过程中，要特别注意防止废物泄漏对河流的污染，在废物装卸地点尤其需要注意。

（三）管道运输

管道运输分为空气输送和水力输送两种类型。与水力输送相比，空气输送的速度要大得多，但所需动力和对管道的磨损也较大，而且长距离输送时容易发生堵塞。水力输送在安全性和动力消耗方面优于空气输送，但主要问题是水源的保障和输送后水处理的费用。

管道输送的特点是：废物流与外界完全隔离，对环境的影响较小，属于无污染型输送方式，同时，受外界的影响也较小，可以实现全天候运行；输送管道专用，容易实现自动化，有利于提高废物运输的效率；由于是连续输送，有利于大容量长距离的输送；设备投资较大；灵活性小，一旦建成，不易改变其路线和长度；目前运行经验不足，可靠性尚待进一步验证。

1. 空气输送

空气输送分为真空输送和压送两种方式。真空输送有以下特点：

（1）适用于从多个产生源向一点的集中输送，最适用于城市垃圾的输送。

（2）产生源增加时，只需增加管道和排放口，不用增加收集站的设备。

（3）系统总体呈负压，废物和气体不会向外泄漏，投入端不需要特殊的设备。

（4）不利的方面是，由于负压的限度（实际上最大可达 -0.48 Pa），不适于长距离输送。

真空输送通常采用的条件是：管径为 400~600 mm，流速 20~30 m/s。真空输送的输送能力主要取决于管道和风机。对于每天垃圾产生量为 10~15 t 的住宅区，输送距离为 1.5~2.0 km。

压送适用于废物供应量一定、长距离、高效率的情况，多用于收集站到处理、处置设施之间的输送。与真空输送比较，接受端的分离储存装置可以简单化，但因为投入口和管道对气密性要求较高，所以系统总体的构造比较复杂。此外，由于距离较长，在实际运行中存在管道堵塞、停电后重新启动困难等问题。因此，为了保证输送的高效、安全，最好在输送前对废物进行破碎处理。

压送的运行条件是：当输送能力为 30~120 t/d 时，管径为 500~1 000 mm，输送距离最大可达 7 km。

2. 水力输送

水力输送的最大优势在于改善废物在管道中的流动条件，水的密度约为空气的 800 倍，可以实现低速、高浓度的输送，从而使输送成本大大降低。

水力输送的最大问题是废物中的有害物质溶解于水中，使得水的后续处理成为关键问题，其费用也对总体输送费用影响较大。另外，水力输送在技术上的可靠性和设计精度等方面也存在一定的问题，目前仍处于研究阶段，尚未实现实用化。

二、危险废物的收集与运输

由于危险废物固有的特性，其在收集、储存和转运期间会对人类或其他生物存在危害或潜在危害，必须进行不同于一般废物的管理。

（一）盛装容器

危险废物的产生部门、单位或个人，均必须有安全存放危险废物的装置，如钢桶、钢罐、塑料桶（袋）等。一旦危险废物产生出来，必须依照法律规定迅速将其妥善存放于装置内，并在容器或储罐外壁清楚标明内盛物的类别、数量、装进日期和危害说明。

除剧毒或某些特殊危险废物 ［如与水接触会发生剧烈反应或产生有毒气体和烟雾的废物，氰酸盐或硫化物含量超过 1% 的废物，腐蚀性废物，含有高浓度刺激性气味物质（如硫醇、硫化物等）或挥发性有机物（如丙烯酸、醛类、醚类、胺类等）的废物，含杀虫剂、除草剂等农药的废物，含可聚合性单体的废物，强氧化性废物等］须予以密封包装外，大部分危险废物可采用普通钢桶或储罐盛装。

危险废物产生者应妥善保管所有装满废物待运的容器或储罐，直到它们运出产地作进一步处理。

（二）危险废物的收集

危险废物产生者暂存的桶装或袋装的危险废物可由产生者直接运往收集中心或回收站，也可以通过主管部门配备的专用运输车辆按规定路线运往指定的地点储存或作进一步处理。

回收站一般由砖砌的防火墙及铺设有混凝土地面的若干库房式构筑物组成，储存废物的库房内应保证空气流通，以防止具有毒性和爆炸性的气体积聚而产生危险。收进的废物应详细登记其类型和数量，并按废物不同特性分别妥善存放。

转运站的位置宜选择在交通路网便利的场所或其附近，由设有隔离带或埋于地下的液态危险废物储罐、油分离系统及盛装废物的桶或罐的库房群组成。站内工作人员应负责办理废物交接手续，按时将所收存的危险废物如数装进运往处理场的运输车内，并责成运输者负责途中的安全。

（三）运输

危险废物的主要运输方式是公路运输，因而载重汽车的装卸作业是造成危险废物污染环境的重要环节。在该运输系统中，符合要求的控制方法有以下几种：

1. 危险废物的运输车辆需经过主管单位检查，并持有有关单位签发的许可证；负责运输的司机应通过培训，并持有证明文件。

2. 承载危险废物的车辆需有明显的标识或适当的危险符号，以引起关注。

3. 载有危险废物的车辆在公路上行驶时，需持有运输许可证，证上应注明废物来源、性质和运往地点。此外，必要时可由专门人员负责押运工作。

4. 组织危险废物运输的单位，事先需制订周密的运输计划和行驶路线，其中包括废物泄漏时的有效应急措施。

为保证危险废物运输的安全无误，可采用文件跟踪系统，并形成制度，即由废物产生者填写一份记录废物产地、类型、数量等情况的运货清单，经主管部门批准后，由废物运输承担者负责清点并填写装货日期、签名并随身携带，再按货单要求分送有关处所，最后将剩余的另一清单交由原主管检查，并存档保管。

第五节　固体废物转运系统

一、垃圾转运的定义

随着城市的发展，市区垃圾收集点附近已越来越难找到合适的地方来设立垃圾处理、处置场，因此垃圾转运成为必然趋势。在城市垃圾收集系统中，转运是指将从各分散收集点收集的垃圾从较小的收集车转载到大型运输车辆，并将其远距离运输至垃圾处理利用设施或处置场的过程。垃圾转运站就是为了减少垃圾清运过程的运输费用而在垃圾产地（或集中地点）至处理厂之间所设的垃圾中转站。

只要城市垃圾收集点距处理地点不远，用垃圾收集车直接运送垃圾是最常用、最经济的方法。从环保与环卫的角度看，垃圾处理点不宜离居民区和市区太近。

通常，当处置场远离收集路线时，是否设置转运系统往往取决于经济状况。一方面，应有助于垃圾收运总费用的降低，即长距离、大吨位运输比小车运输的成本低，收集车一旦取消长距离运输，就能够腾出时间更有效地收集；另一方面，对转运站、大型运输工具或其他必需的专用设备的大量投资会提高收运费用。

二、转运站的类型

转运站是一种将垃圾从小型收集车装载（转载）到大型专用运输车，以形成单车运输经济规模、提高运输效率的设施。国内外城市垃圾转运站的形式多种多样，根据转运规模、转运次数、运输工具的不同，转运站可分为多种类型。

（一）按转运规模分类

按转运站的设计日转运垃圾能力进行分类，转运站可划分为小型、中小型、中型和大型转运站。

（1）小型转运站：转运规模<50 t/d。

（2）中小型转运站：转运规模 50~150 t/d。

（3）中型转运站：转运规模 150~450 t/d。

（4）大型转运站：转运规模>450 t/d。

（二）按转运次数分类

1. 一次转运

一次转运是指垃圾收集后，经过转运站直接运往垃圾处理场的方式。这是目前使用最多的转运方式。

2. 二次转运

二次转运是指垃圾收集后经过小型转运站运往大、中型转运站或铁路、水路转运站进行二次转运后，再运往垃圾处理场的方式。

（三）按运输工具分类

1. 公路转运

公路转运车辆是最主要的运输工具，使用较多的公路转运车辆有半拖挂转运车、车厢一体式转运车、车厢可卸式转运车等。车厢可卸式转运车是目前国内外广泛采用的垃圾转运车，无论在山区还是在填埋场，它都表现出了优良和稳定的性能。这种转运车的垃圾集装箱轻巧灵活、有效容积大、净载率高、垃圾密封性好。这种转运车由于汽车底盘与垃圾集装箱可自由分离、组合，在压缩机向垃圾集装箱内压装垃圾时，司机和车辆不需要在站内停留等候，提高了转运车和司机的工作效率，因此设备投资和运行成本均较低，维修保养也较方便。

2. 铁路转运

当需要远距离大量输送城市垃圾时，铁路转运是最有效的方法。特别是在比较偏远的地区，公路运输困难，但却有铁路线，如果铁路附近有可供填埋的场地，铁路转运方式就比较实用。铁路转运城市垃圾常用的车辆有两种：一是设有专用卸车设备的普通车辆，有效负荷

10~15 t；二是大容量专用车辆，有效负荷 25~30 t。

3. 水路转运

通过水路可廉价运输大量垃圾，因此水路转运也受到人们的重视。水路垃圾转运站设在河流岸边，垃圾收集车可将垃圾直接卸入停靠在码头的驳船里。水路转运需要设计良好的装载和卸船的专用码头。

三、转运站选址及设计要求

（一）设置要求

固体废物可以从产生地直接运往处置场，也可以经过转运站运输。但是，为了避免或减少处理、处置过程对环境和人体健康造成危害，一般要求将固体废物处理、处置设施建立在与城市居民区或工业区有一定距离的地方。在这种情况下，将垃圾直接从分散的产生地点直接运输到处置场是不经济的，甚至是不可能的。因此，通常将收集到的垃圾先运到转运站，然后再集中运送到处置场。从这个意义上来说，转运是城市垃圾收集运输系统中的一个重要环节。

1. 转运站选址原则

对于城市垃圾来说，其转运站一般建在小型运输车的最佳运输距离之内。在选择转运站位置时，要注意以下几个问题：

（1）应符合城市总体规划和环境卫生专业规划的基本要求。

（2）应设置在生活垃圾收集服务区内人口密度大、垃圾排放量大、易形成转运站经济规模的地方。

（3）转运站选址不宜邻近广场、餐饮店等群众日常生活聚集场所。

（4）在具备铁路运输或水路运输条件且运距较远时，宜设置铁路或水路运输垃圾转运站。

2. 用地标准

通常在大、中城市设置多个垃圾转运站，每个转运站必须根据需要配置必要的主体工程设施及相关辅助设施，如称重计量系统、受料及供料系统、压缩转运系统、除尘脱臭系统、污水处理系统、自控及监控系统，以及道路、给排水、电气、控制系统等。

根据《城市环境卫生设施规划规范》（GB 50337—2003），设置转运站的要求与垃圾的运输方式（公路、铁路、水路）有关。

（1）公路转运站配置要求

城市垃圾转运站的设置数量和规模取决于收集车的类型、收集范围和垃圾转运量。一般每 0.7~1 km² 应设置一座中小型转运站，且应设置在靠近服务区域中心或生活垃圾产量多且交通运输方便的地方，其用地面积根据日转运规模确定，具体见表3—4。

（2）铁路转运站配置要求

当垃圾处理场距离市内垃圾收集点路程大于 50 km 时，可设置铁路运输转运站。铁路转运站必须设置装卸垃圾的专用站台和与铁路系统衔接的调度、通信、信号等系统。

（3）水路转运站配置要求

表 3—4　　　　　　　　　　　　城市垃圾转运站用地标准

日转运规模/（t/d）	用地面积/m²	与相邻建筑间距/m	绿化隔离带宽度/m
>450	>8 000	>30	≥15
150~450	2 500~10 000	≥15	≥8
50~150	800~3 000	≥10	≥5
<50	200~1 000	≥8	≥3

注：①表内用地面积不包括垃圾分类和堆放作业用地。
　　②用地面积中包含沿周边设置的绿化隔离带用地。
　　③城市垃圾转运站的转运量可按公式计算。
　　④当选用的用地指标为两个档次的重合部分时，可采用下一档次的绿化隔离带指标。
　　⑤二次转运站宜偏上限选用用地指标。

水路转运站配置要有供卸料、停泊、调挡等使用的岸线，岸线长度应根据装卸量、装卸生产率、船只吨位、河道允许船只停泊挡数等因素确定。码头岸线由停泊岸线和附加岸线组成，当日装卸量在 300 t 以内时，岸线长度的计算参照表 3—5。

表 3—5　　　　　　　　　　　　水路转运站岸线长度计算

船只吨位/t	停泊挡数	停泊岸线长度/m	附加岸线长度/m	岸线折算系数/（m/t）
30	二	110	15~18	0.37
30	三	90	15~18	0.30
30	四	70	15~18	0.24
50	二	70	18~20	0.24
50	三	50	18~20	0.17
50	四	60	18~20	0.17

注：作业制度按每日一班制，附加岸线系拖船的停泊岸线。

当日装卸量超过 300 t 时，水路转运站岸线长度按下式计算，并与表 3—5 结合使用。

$$L = Qq + I \tag{3—21}$$

式中　　L——水路转运站岸线计算长度，m；

　　　　Q——转运站垃圾日装卸量，t；

　　　　q——岸线折算系数，m/t，见表 3—5；

　　　　I——附加岸线长度，m，见表 3—5。

水路转运站综合用地，每米岸线应配备不少于 15~20 m² 的陆上作业场地，周边还应设置宽度不小于 5 m 的绿化隔离带。

水路转运站还应有陆上空地作为作业区，用以安排车道、大型装卸机械、仓储、管理等项目的用地。所需陆上面积按岸线规定长度配置，一般规定每米岸线配备不少于 40 m² 的陆上面积。

3. 设施

转运站内设施包括称重计量系统、除尘除臭系统、监控系统、生产生活辅助设施、通信设施等，各转运站根据规模大小和当地需求配置相应设施。

铁路及水路转运站应设置与铁路系统和航道系统相衔接的调度通信、信号系统。

4. 建筑和环境绿化

转运站应外形美观，封闭操作，力求设备先进；飘尘、噪声、臭气、排水等指标应符合环境监测标准；绿化面积应符合国家标准及当地政府的有关规定；转运站内建筑物、构筑物的布置应符合防火、卫生规范及安全要求，建筑设计和外部装修应与周围居民住房、公共建筑物及环境相协调。

（二）转运站工艺设计计算

1. 卸料台数量（A）

垃圾转运站每天的工作量可按下式计算：

$$E = \frac{MW_y k_1}{365} \tag{3—22}$$

式中　E——每天的工作量，t/d；

　　　M——服务区的居民人数，人；

　　　W_y——垃圾人均年产量，t/（人·y）；

　　　k_1——垃圾产量变化系数，参考值为 1.15。

一个卸料台工作量的计算公式为：

$$F = \frac{t_1}{t_2 k_t} \tag{3—23}$$

式中　F——卸料台 1 天接受的清运车辆，辆/d；

　　　t_1——转运站 1 天的工作时间，min/d；

　　　t_2——一辆清运车的卸料时间，min/辆；

　　　k_t——清运车到达时间的误差系数。

则所需卸料台数量为：

$$A = \frac{E}{WF} \tag{3—24}$$

式中　W——清运车的载重量，t/辆。

2. 压缩机数量（B）

$$B = A$$

3. 牵引车数量（C）

一个卸料台工作的牵引车数量按下式计算：

$$C_1 = \frac{t_3}{t_4} \tag{3—25}$$

式中　C_1——牵引车数量；

　　　t_3——大载重量运输车往返的时间；

　　　t_4——半拖挂车的装卸时间。

其中，半拖挂车的装卸时间的计算公式为：

$$t_4 = t_2 n k_t \tag{3—26}$$

式中　n——一辆半拖挂车装料的垃圾车数量。

因此，转运站所需的牵引车总数为：

$$C = C_1 A \qquad\qquad (3—27)$$

4. 半拖挂车数量（D）

半拖挂车是轮流作业，一辆车满载后，另一辆车装料，故半拖挂车的总数为：

$$D = （C_1 + 1）A \qquad\qquad (3—28)$$

实训：城市垃圾收集路线设计

在校园的地形图上设计一条高效率的收集垃圾路线，要求：

1. 了解你所在城市的生活垃圾收集方式。
2. 掌握垃圾收集操作方法，收集车辆、劳动力、收集次数和时间的确定方法。
3. 掌握垃圾运送路线设计的最佳方案。

思考与练习

一、单项选择题

1. 生活垃圾清运（　　）。

　　A. 主要目的是把城市内的生活垃圾及时清运出去

　　B. 指从居民家中到楼层或小区垃圾箱的转移过程

　　C. 其操作方式对储存影响很大

　　D. 是废物收运系统的次要环节

2. 整个垃圾收运管理系统的第一步是（　　）。

　　A. 收集　　　　　　B. 搬运　　　　　　C. 储存　　　　　　D. 处置

3. 垃圾清运中，垃圾收集成本的高低主要取决于（　　）。

　　A. 运输距离的远近　　　　　　　　B. 收集时间的长短

　　C. 垃圾量的多少　　　　　　　　　D. 垃圾质量的高低

4. 清运操作的固定容器收集操作法中，关键因素是（　　）。

　　A. 容器间距离　　　B. 容器样式　　　C. 装车时间　　　D. 卸车时间

5. 管道运输法（　　）。

　　A. 适用于底层住宅

　　B. 属于垃圾搬运的范畴

　　C. 相对于车辆收运法多了一步，故效率较低

　　D. 适用于多层和高层建筑中的垃圾排放管道

6. 收集清运工作安排的科学性、经济性关键是（　　）。

　　A. 装卸、储存设备选用的合理性　　　B. 合理的收运路线

　　C. 装卸人员环保意识的高低　　　　　D. 运输车次和装载量的大小

7. 收运路线设计的主要问题是（　　）。

A. 反复试算过程　　　　　　B. 单行线或双行线问题

C. 装载量和发车频率问题　　D. 使空载行程最小

8. 区域路线设计中，运输规则系统是（　　　）。

A. 非线性规划　　　　　　　B. 最适宜的最优化方案

C. 适用于实际路线设计　　　D. 目的是使目标函数最大化

9. 国内当前最常用的收集车是（　　　）。

A. 简易自卸式收集车　　　　B. 侧装式密封收集车

C. 活动斗式收集车　　　　　D. 后装式压缩收集车

10. 危险废物的转运站应选择在（　　　）。

A. 靠近产生源的位置　　　　B. 交通路网的附近

C. 靠近最终处置场的位置　　D. 在产生源和最终处置场中间的位置

二、不定项选择题

1. 生活垃圾收运中，消除空载行程的设计应注意（　　　）。

A. 交通量大的街道应避开高峰时间

B. 行驶路线不应重叠，而应紧凑、不零散

C. 环绕街区尽可能采用顺时针方向

D. 决不要用一条双行街道作为唯一的进出通路

2. 衡量一个垃圾收运系统的优劣，应从以下方面进行（　　　）。

A. 与系统前后环节的配合　　B. 对环境的影响

C. 劳动条件的改善　　　　　D. 经济性

3. 在用公路运输危险废物时，必须符合以下要求（　　　）。

A. 危险废物的运输车辆须经过主管单位检查，并持有相关单位签发的许可证，负责运输的司机应经过专门的培训，持有证明文件

B. 承载危险废物的车辆必须有明显的标识或适当的危险符号，以引起注意

C. 载有危险废物的车辆在公路上行驶时，需持有运输许可证，许可证上应注明废物来源、性质和运往地点，必要时要有专门人员负责押运工作

D. 组织危险废物运输的单位，事先应制订周密的运输计划和确定的行驶路线，其中包括废物泄漏时的有效应急措施

4. 是否设置转运站，其经济性取决于（　　　）。

A. 居民区产生垃圾总量的多少

B. 垃圾收运的总费用降低

C. 居民素质和当地经济发展水平的高低

D. 转运站、大型运输工具或其他必需的专用设备的大量投资

三、讨论题

1. 试述分类收集对垃圾产量的影响。

2. 对比拖曳容器操作方法和固定容器操作方法对收集车辆、人员配置的影响。

3. 危险废物的收集与运输应注意哪些问题？

4. 生活垃圾转运站有哪些类型？

第四章

固体废物的预处理技术

本章学习目标

- ★ 了解固体废物压实、破碎、分选等固体废物预处理技术的基本概念。
- ★ 了解固体废物预处理方法。
- ★ 熟悉破碎、分选对象的特性。
- ★ 熟悉各类分选设备的工作原理、工艺、应用条件和场合。
- ★ 掌握固体废物破碎的目的和方法，选择合理的破碎设备。
- ★ 掌握各种分选方法的原理和效果评价指标，选择合理的分选设备。

固体废物的预处理是指为了便于运输、储存、进一步利用或处置，对固体废物采取的初步简单处理，即采取物理、化学和生物的方法对其进行系统处理，通常以机械处理方法为主。常见的预处理方法包括压实、破碎、分选、增稠、脱水等。

固体废物的预处理是固体废物资源化、无害化、减量化和再生利用的第一步，也是为了减轻后续处理负担而必不可少的一步。

第一节　固体废物的压实技术

一、压实原理

（一）压实的概念

压实又称压缩，是一种采用机械方法将固体废物中的空气挤压出来，减少其空隙率，增加固体废物聚集程度的处理方法。

压实操作的目的一是为了减少体积、增加容重，以便于装卸和运输，降低运输成本，确保运输安全与卫生；二是为了制作高密度惰性块状材料，以便于储存、填埋或生产建筑材料。

大部分固体废物（焦油、污泥除外）都可以采用压实操作，但考虑到压缩比、成本等因素，压实操作主要适用于压缩性能大而复原性能小的物质，如废旧冰箱、洗衣机或中空性废物（纸箱、纸袋等）。对于城市生活垃圾，压实前容重通常在 0.1~0.6 t/m³，压实后容重可以达到 1.0 t/m³，体积为原来的 1/10~1/3，可有效节约空间。

（二）压实程度的度量

固体废物的压实程度可以用体积减小百分比、压缩比与压缩倍数表示。

1. 体积减小百分比

体积减小百分比通常用 R 表示，可以通过下式计算：

$$R = \left[(V_q - V_h) / V_q \right] \times 100\% \tag{4—1}$$

式中　R——体积减小百分比，%；

　　　V_q——原始状态下物料的体积，m³；

　　　V_h——压缩后的体积，m³。

2. 压缩比与压缩倍数

压缩比是固体废物经过压实处理后体积减小的程度，可定义为原始状态下物料的体积与压缩后体积的比值，通常用 r 表示：

$$r = V_h / V_q \tag{4—2}$$

式中　r——压缩比；

　　　V_q——原始状态下物料的体积，m³；

　　　V_h——压缩后的体积，m³。

压缩比越小，说明压实效果越好。

压缩倍数是固体废物压实处理后，体积压实的程度，通常用 n 表示：

$$n = V_q / V_h \tag{4—3}$$

式中　n——压缩倍数；

　　　V_q——原始状态下物料的体积，m³；

　　　V_h——压缩后的体积，m³。

n 与 r 互为倒数关系。n 越大，说明压实效果越好。在工程上，习惯使用压缩倍数来表示压实的效果。废物的压缩倍数取决于废物的种类和施加的压力大小，一般为 3~5，同时使用压实和破碎技术时可增加到 5~10。

二、压实机械

固体废物的压实设备称为压实器。根据操作情况，压实器可分为固定式和移动式两种。固定式压实器一般安装在废物转运站、高层住宅垃圾滑道的底部等场合。移动式压实器一般安装在收集垃圾车上，压实后送往处置场。固定式压实器和移动式压实器的工作原理大体相同，一般由容器单元和压实单元组成。容器单元容纳废物，压实单元在液压或气压的驱动下依靠压头将废物压实。

（一）水平压头压实器

水平压头压实器结构简单，效率高，是一种中密度的压实机械，常用于压实城市生活垃圾，压实密度小，经济实用，应用比较广泛，其结构如图 4—1 所示。

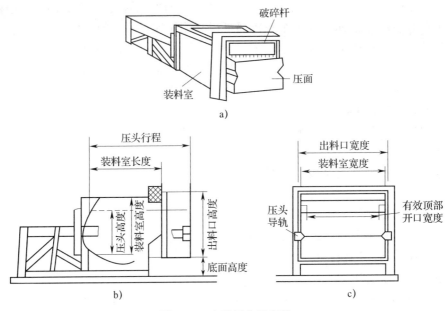

图 4—1　水平压头压实器

a）全视图　b）侧视图　c）主视图

（二）三向联合式压实器

三向联合式压实器是一种中密度压实器，适用于压实松散金属废物和松散垃圾。它依靠三个相互垂直的压缩构件依次往复运动，由液压驱动依次将物料压实，压实密度较大。将废物置于容器单元内，依次启动压头 1、压头 2、压头 3，逐渐使固体废物体积缩小，容重增大，最终达到一定的尺寸。压实后尺寸一般为 200~1 000 mm，如图 4—2 所示。

（三）回转式压实器

回转式压实器压缩比较小，适用于压缩体积小、质量小的固体废物。将废物装入容器单元后，先按照水平式压头 1 的方向压缩，然后旋动压头 2，使废物致密化，最后按水平压头 3 将废物压至一定尺寸排出，如图 4—3 所示。

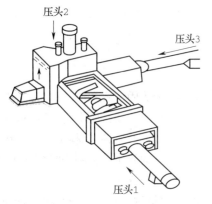

图 4—2　三向联合式压实器

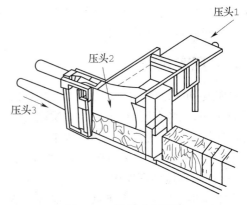

图 4—3　回转式压实器

三、压实器的选择

首先，要根据被压实物的性质选择压实器的种类；其次，应针对不同废物，采用不同的压实方式，选用不同的压实设备；再次，应注意压实过程中的具体情况（如压缩过程中是否出现水分、压实后是否会受热黏结等），针对不同废物采用不同的压实设备；最后，应结合压实过程与后续处理过程，综合考虑是否选用压实设备进行处理。在选用过程中，应考虑以下性能参数：

（一）装载面尺寸

装载面的尺寸应足够大，以便容纳最大件的固体废物。确定装料面尺寸大小的原则是使需压实的垃圾能够毫无困难地被容纳，并且压实器还必须与预计使用地点的结构相适应。

（二）循环时间

循环时间是指压头的压面从装料箱把废物压入容器，再回到原来完全缩回的位置，并准备接受下一次装载废物所需要的时间。循环时间变化范围很大，一般为 20 ~ 60 s。如果压实系统需要有很快接受垃圾的能力，则循环时间应较短，但这样往往得不到高的压实比。

（三）压面压力

压面压力通常由压实器的额定作用力来确定。额定作用力发生在压头的全部高度和全部宽度上，用来度量压实器产生的压力大小。

（四）压面的行程

压面的行程是指压面压入容器的深度。压头进入容器越深，装填就越有效。为了防止压实废物时反弹回装载区，要选择长行程的压实器，提高操作效率。

（五）体积排率

体积排率也称处理效率，是指压头每次压入容器的可压缩废物体积与每小时机器的循环次数的乘积，用来度量废物可被压入容器的速率，通常根据废物的生产率确定。

（六）压实器与容器匹配

压实器与容器要匹配，压实器要与容器相容，不能过大或过小，否则会影响压实效果。

第二节　固体废物的破碎技术

固体废物种类繁多，结构、形状、大小各不相同，为了便于对固体废物进行处理和处置，往往需要对其进行破碎处理。

利用人力或机械等外力作用破坏固体废物质点间的内聚力和分子间作用力，从而使大块固体废物破碎成小块的过程称为破碎；而使小块固体废物颗粒分裂成细粉的过程通常称为磨碎。

破碎是固体废物处理技术中最常用的预处理工艺。

一、概述

（一）破碎目的

固体废物经过破碎处理之后，消除了废物颗粒之间较大的空隙，使废物整体密度增加，废物的颗粒尺寸分布更均匀、混合更均匀，更符合各类后处理工序对形状、尺寸的要求。破碎的主要目的包括以下几点：

1. 固体废物破碎之后，粒度均匀，有助于固体废物的焚烧、堆肥和资源化利用。
2. 固体废物破碎之后，体积减小，容重增加，便于运输、压缩、储存和填埋利用。
3. 固体废物破碎之后，粒度达到要求，有助于不同组分的单体分选和回收利用。
4. 固体废物破碎之后，可以防止大块颗粒、锋利的固体废物破坏后续处理的机械设备。

（二）破碎方法

根据破碎废物所用的外力形式，破碎方法分为机械能破碎和非机械能破碎两种方法。机械能破碎是利用破碎工具对固体废物施力而将其破碎的方法。非机械能破碎是利用电能、热能等对固体废物进行破碎的方法，如低温破碎、湿式破碎、热力破碎、减压破碎、超声波破碎等。

1. 机械能破碎

机械能破碎方法主要包括压碎法、劈碎法、折断法、摩剥法、冲击破碎法等，主要通过压碎、劈碎、剪切、磨剥、冲击等作用方式达到破碎的目的，如图4—4所示。

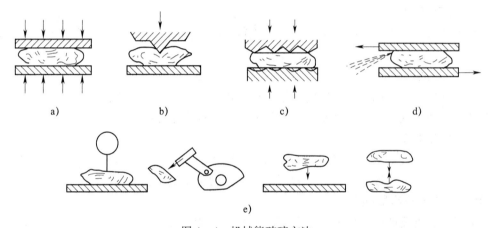

图4—4　机械能破碎方法

a）压碎法　b）劈碎法　c）折断法　d）磨剥法　e）冲击破碎

（1）压碎法

利用两破碎工作面逼进物料时加压，使物料破碎的方法。这种方法的特点是作用力逐渐加大，力的作用范围较大。

（2）劈碎法

利用尖齿楔入物料的劈力，使物料破碎的方法。其特点是力的作用范围较为集中，发生局部破裂。

（3）折断法

物料在破碎时，由于受到相对方向力量集中的弯曲力，使物料因折断而破碎的方法。这种方法的特点是除了外力作用点处受劈力外，还受到弯曲力的作用，因而易于使废物破碎。

（4）磨剥法

利用破碎工作面在物料上相对移动产生的对物料的剪切力而使物料破碎的方法。这种力是作用在废物表面上的，适用于对细小物料磨碎。

（5）冲击破碎

冲击破碎包括重力冲击破碎和动力冲击破碎。重力冲击破碎是物体落到另外一个坚硬表面上，在重力作用下被撞碎的过程。动力冲击破碎是指物体碰到一个比它硬的快速旋转的物体表面时破碎的过程。

2. 非机械能破碎

非机械能破碎通常包括低温破碎和湿式破碎。

（1）低温破碎

低温破碎是利用物料低温变脆的特性，对某些常温下难以破碎的固体废物（如汽车轮胎、包覆电线等）进行有效破碎的过程，也可以利用不同废物脆化温度的差异在低温下进行选择性破碎。

低温破碎一般利用液氮作为制冷剂。

相对于常温破碎，低温破碎具有需要动力小、破碎粒度均匀、噪声小、振动轻、便于筛分分离等优点。

（2）湿式破碎

湿式破碎是利用特制的破碎机械将投入机内的含纸垃圾和大量的水一起剧烈搅拌并破碎成浆液的过程，从而可以回收垃圾中的纤维类物质。

湿式破碎具有以下优点：能将含纸垃圾转变为浆状物，可以按照流体处理，节省动力消耗；不滋生蚊蝇，卫生条件好；不产生剧烈噪声，无爆炸危险；可以回收垃圾中的纸类、玻璃和金属材料。

（三）破碎比和破碎段

在破碎过程中，原废物粒度与破碎产物粒度的比值称为破碎比。破碎比表示废物被破碎的程度。破碎比与破碎机械的能量消耗和处理能力都有关系。

破碎比的计算方法有以下两种：

1. 用破碎前最大粒度与破碎后最大粒度的比值来确定破碎比：

$$i = D_{max} / d_{max} \tag{4—4}$$

式中　i——破碎比；

D_{max}——破碎前最大粒度；

d_{max}——破碎后最大粒度。

用这种方法确定的破碎比称为极限破碎比。在工程设计中，可以根据破碎前最大粒度来选择破碎机给料口的宽度。

2. 用破碎前平均粒度与破碎后平均粒度的比值来确定破碎比：

$$i = D_{cp} / d_{cp} \tag{4—5}$$

式中　i——破碎比；

D_{cp}——破碎前平均粒度；

d_{cp}——破碎后平均粒度。

用这种方法确定的破碎比称为真实破碎比，能够反映真实破碎程度，在科研及理论研究中常常被采用。一般破碎方法的平均破碎比为 3～30，磨碎法破碎比可以达到 40～400。

固体废物每经过一次破碎机称为一个破碎段。一般情况下，如果要求破碎比不大，一个破碎段即可满足要求。有些固体废物的分选工艺要求入料的粒度很小，破碎比很大，可以根据实际需要将破碎机进行串联使用。对固体废物进行多段破碎，总破碎比等于各段破碎比的乘积。

破碎段的段数主要取决于破碎废物的原始粒度和最终粒度。破碎段越多，破碎流程就越复杂，工程投资相应增加，因此应在允许的情况下尽量减少破碎段数。

（四）破碎流程

根据固体废物的性质、颗粒的大小、要求达到的破碎比和选用的破碎机类型，每段破碎流程可以有不同的组合方式，包括简单破碎流程、带预先筛分破碎流程、带检查筛分破碎流程、带预先筛分和检查筛分破碎流程等。

1. 简单破碎流程

简单破碎流程是将固体废物经过简单破碎而得到破碎产物的工艺流程，如图4—5所示。

2. 带预先筛分破碎流程

带预先筛分破碎流程是：固体废物先进入筛子进行筛分，筛下物粒度较小，不经过破碎即可符合粒度要求，筛上物进入破碎机械进行破碎，破碎后与筛下物混合成为破碎产物，如图4—6所示。

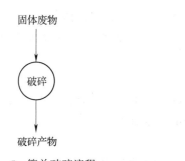

图4—5 简单破碎流程

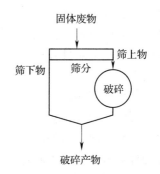

图4—6 带预先筛分破碎流程

3. 带检查筛分破碎流程

带检查筛分破碎流程是：固体废物经过破碎后进入筛子进行筛分，筛下物粒度符合要求，成为破碎产物，筛上物粒度大，重新返回破碎机械进行破碎，如图4—7所示。

4. 带预先筛分和检查筛分破碎流程

带预先筛分和检查筛分破碎流程是：固体废物首先进入筛分机械筛分，将筛下物作为破碎产物，筛上物进入破碎机械破碎，破碎后再进行筛分，将筛上物返回破碎机械重新破碎，如图4—8所示。

二、破碎设备

常用破碎机的类型有颚式破碎机、锤式破碎机、剪切式破碎机、辊式破碎机等。

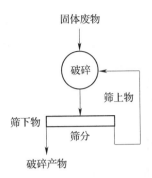

图4—7　带检查筛分破碎

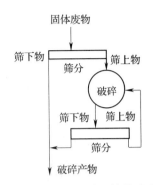

图4—8　带预先筛分和检查筛分破碎

（一）颚式破碎机

颚式破碎机是利用两颚板对物料的挤压和弯曲作用，粗碎或中碎各种硬度物料的破碎机械，具有结构简单、坚固、维护方便、工作可靠等优点，主要用于破碎强度及韧性高、腐蚀性强的废物。根据可动颚板的运动特性，颚式破碎机可分为简单摆动和复杂摆动两种类型。

1. 简单摆动型颚式破碎机

简单摆动型颚式破碎机由机架、工作机构、保险装置等部分组成，由固定颚和动颚构成破碎腔，动颚被转动的偏心轴带动往复摆动，送入破碎腔中的固体废物被挤压、弯曲和破碎。当动颚离开固定颚时，破碎腔内下部已破碎到尺寸小于排料口的物料依靠自身重力排出，如图4—9所示。

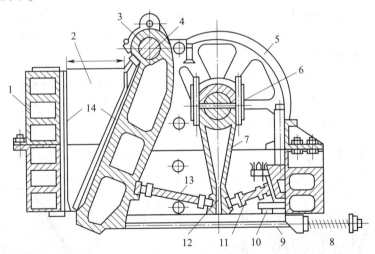

图4—9　简单摆动型颚式破碎机

1—机架　2—侧面衬板　3—可动颚板　4—心轴　5—飞轮　6—偏心轴　7—连杆　8—弹簧　9—拉杆
10—砌块　11—后推力板　12—肘板支座　13—前推力板　14—破碎齿板

2. 复杂摆动型颚式破碎机

与简单摆动型颚式破碎机相比，复杂摆动型颚式破碎机结构简单，缺少了一根偏心轴，动颚与连杆合为一个部件，没有垂直连杆，肘板也少了一块，但运动轨迹复杂。动颚上部行程较大，可以满足物料破碎时所需要的破碎量，如图4—10所示。

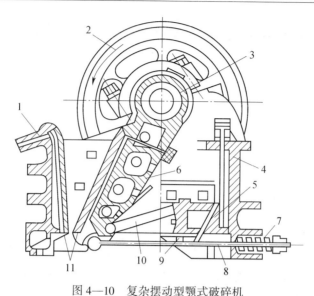

图 4—10　复杂摆动型颚式破碎机

1—固定颚板　2—飞轮　3—偏心转动轴　4—机架　5—调节楔　6—可动颚板　7—弹簧

8—水平拉杆　9—楔板　10—肘板　11—破碎齿板

（二）锤式破碎机

锤式破碎机可分为单转子锤式破碎机和双转子锤式破碎机两种。单转子锤式破碎机根据转子旋转方向不同，可分为可逆式和不可逆两种。目前，普遍采用单转子可逆式锤式破碎机。锤式破碎机是利用锤头高速冲击作用对物料进行中碎和细碎作业的破碎机械。固体废物从进料口进入机内，立即受到高速旋转的锤子的打击、冲击、剪切和研磨作用而破碎，如图4—11所示。

（三）剪切式破碎机

剪切式破碎机通过固定刀和可动刀之间的啮合作用，将固体废物切开或割裂成适宜的形状和尺寸，特别适合破碎低二氧化硅含量的松散物料。根据刀刃的运动方式，剪切式破碎机可分为往复式和回转式，如图4—12所示。

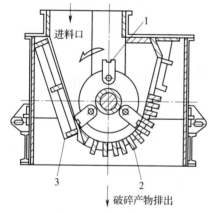

图 4—11　单转子锤式破碎机

1—锤头　2—筛板　3—破碎板

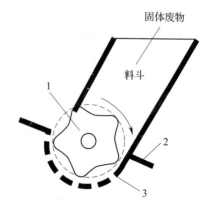

图 4—12　回转剪切式破碎机

1—旋转刀　2—固定刀　3—筛网

（四）辊式破碎机

根据辊子的特点，可将辊式破碎机分为光辊破碎机和齿辊破碎机。光辊破碎机可用于硬度较大的固体废物的中碎与细碎。齿辊破碎机可用于破碎脆性或黏性较大的废物，也可用于堆肥物料的破碎，如图4—13所示。

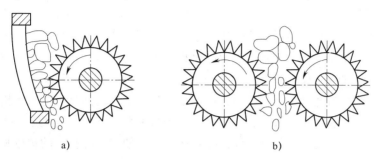

图4—13 齿辊破碎机
a）光辊破碎机 b）齿辊破碎机

第三节 固体废物的分选技术

固体废物分选简称废物分选，其目的是将废物中可回收利用或不利于后续处理、处置工艺要求的物料分离出来，是固体废物处理工程的一个重要环节。

一、分选的目的和方法

固体废物分选有很重要的意义。由于固体废物各种成分性质不一、回收操作方法多样，分选有利于固体废物的资源化、能源化、综合利用。分选的效果则由资源化物质的价值、是否可以进入市场、市场销路等重要因素决定。

（一）分选目的

分选的主要目的，一是回收有价值的物质，二是分离对后续处理有害的物质。

（二）分选方法

固体废物的分选方法可分为人工分选和机械分选两类。人工分选在分类收集的基础上，主要回收纸张、玻璃、塑料、橡胶等物品，分选的物品质量不能太大，不能含有太多水分，也不能对人体有危害。人工分选是最早采用的方法，适用于废物产源地、收集站、处理中心、转运站或处置场等。人工分选最大的优点是识别能力强，可以区分机械方法无法分开的固体物质，能够直接回收可再利用的物质。人工分选劳动强度大、卫生条件差，逐渐被机械分选所替代，但某些特殊场合仍然需要采用人工分选，以实现废物的有效分离。通常以机械分选为主，以人工分选为辅。

固体废物的组成复杂而不稳定，根据其粒度、密度、磁性、电性、光电性、摩擦性、弹性和表面润湿性等物理、化学性质的不同，可分别采用筛分、重力分选、磁力分选、电力分选、光电分选、摩擦及弹性分选、浮选等不同的分选技术进行分选。

二、筛分

筛分是根据固体废物尺寸大小进行分选的一种方法，在城市生活垃圾和工业固体废物的处理中广泛应用，主要包括湿式筛分和干式筛分两种类型。

（一）筛分原理

筛分又称筛选，是利用筛子将物料中小于筛孔的细粒物料透过筛面，大于筛孔的粗粒物料留在筛面上，从而完成粗、细物料分离的过程。筛分过程由物料分层和细粒透筛两个阶段组成。物料分层是完成分离的条件，细粒透筛是分离的目的。

为了使粗、细物料通过筛面而分离，必须使物料和筛面之间具有适当的相对运动，使筛面上的物料层处于松散状态，按颗粒大小分层，形成粗粒在上层、细粒在下层的规则排列，细粒达到筛面并通过筛孔。物料和筛面的相对运动还可使堵在筛孔上的颗粒脱离筛面，以利于细粒透过筛孔。不同颗粒尺寸的细粒通过筛孔的难易程度与其颗粒尺寸密切相关，粒度小于筛孔尺寸 3/4 的颗粒，很容易透过粗粒形成的间隙达到并通过筛面，称为"易筛粒"；粒度大于筛孔尺寸 3/4 的细粒，很难通过粗粒形成的间隙，称为"难筛粒"。粒度越接近筛孔尺寸，就越难通过筛面。

理论上，固体废物中凡是粒度小于筛孔尺寸的细粒都应该能通过筛孔而成为筛下产品，大于筛孔尺寸的粗粒则应全部留在筛面上而成为筛上产品。但实际上，由于筛分过程中受各种因素的影响，总会有一些小于筛孔的细粒留在筛上随粗粒一起排出，成为筛上产品。筛上产品中未透过筛孔的细粒越多，说明筛分效果越差。

（二）筛分效率

为了评定筛分设备的分离效率，引入筛分效率这一指标。筛分效率是指实际得到的筛下产品质量与入筛废物中所含小于筛孔尺寸的细粒物料质量之比，用百分数表示，即：

$$E = \frac{Q_1}{Qa} \times 100\% \tag{4—6}$$

式中　E——筛分效率，%；

　　　Q——入筛固体废物质量；

　　　Q_1——筛下产品质量；

　　　a——入筛固体废物中小于筛孔的细颗粒含量，%。

但是，在实际筛分过程中要测定 Q 和 Q_1 是比较困难的，筛分效率的测定往往按照下式计算：

$$E = \frac{\beta \ (\alpha - \theta)}{\alpha \ (\beta - \theta)} \times 100\% \tag{4—7}$$

式中　E——筛分效率，%；

　　　β——筛下产品中小于筛孔尺寸的细颗粒质量分数；

　　　α——入筛固体物料中小于筛孔的细颗粒的质量分数；

　　　θ——筛上产品中小于筛孔尺寸的细粒的质量分数。

筛分效率测定如图 4—14 所示。

（三）影响筛分效率的因素

一般情况下，筛分效率为 85%~95%。影响筛分效率的因素很多，主要包括筛分物料性质、筛分设备性能、筛子操作条件等。

1. 筛分物料性质

筛分物料性质主要是指固体废物的粒度、形状和含水率。

（1）固体废物的粒度和形状

固体废物的粒度组成对筛分效率影响较大。固体废物中"易筛粒"含量越多，筛分效率越高；而粒度接近筛孔尺寸的"难筛粒"越多，筛分效率则越低。

固体废物颗粒形状对筛分效率也有影响，一般球形、立方形、多边形颗粒筛分效率较高；而颗粒呈扁平状或长方块，用方形或圆形筛孔的筛子筛分时，筛分效率较低。

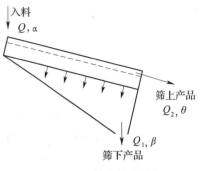

图 4—14　筛分效率测定

（2）固体废物的含水率

固体废物的含水率和含泥量对筛分效率也有一定的影响。废物外表水分会使细粒结团或附着在粗粒上而不易透筛。当筛孔较大、废物含水率较高时，反而造成颗粒活动性的提高，此时水分有促进细粒透筛作用，即湿式筛分法的筛分效率较高。水分影响还与含泥量有关，当废物中含泥量高时，稍有水分也能引起细粒结团。

2. 筛分设备性能

筛分设备的性能主要是指筛孔形状、筛子参数。

（1）筛孔形状

筛孔的形状包括正方形、长方形和圆形。编制筛网的筛孔形状为正方形，筛孔的边缘容易发生阻塞。粒度较小、颗粒间凝聚力较大的固体废物适合用圆形冲孔筛面筛分。片状颗粒或针形颗粒分离时，适合用长方形筛孔的棒条筛面筛分，并使筛孔的长轴方向与筛板的运动方向垂直。

（2）筛子参数

筛子参数包括筛网类型、筛网有效面积、筛面倾角。

常见的筛网类型有棒条筛面、钢板冲孔筛面和钢丝编织筛网三种。棒条筛面有效面积小，筛分效率低；编织筛网有效面积大，筛分效率高；钢板冲孔筛面则介于两者之间。

筛网有效面积由宽度和长度决定。宽度主要影响筛子的处理能力，长度则影响筛分效率。负荷相同时，过窄的筛面使废物层增厚而不利于细粒接近筛面，过宽的筛面则又使废物筛分时间太短。

筛面倾角是为了便于筛上产品的排出，倾角过小则起不到此作用。倾角过大时，废物过筛速度过快，筛分时间短，筛分效率也较低。一般情况下，筛面倾角以 15°~25°为宜。

3. 筛子操作条件

（1）连续均匀给料

在筛分操作中，连续均匀给料可使废物沿整个筛面宽度铺成一薄层，既充分利用筛面，又便于细粒透筛，从而可以提高筛子的处理能力和筛分效率。

（2）设备振动程度

筛子的运动方式对筛分效率有较大的影响，同一种固体废物采用不同类型的筛子进行筛分时，其筛分效率次序为固定筛<转筒筛<摇动筛<振动筛。即使是同一类型的筛子，筛分效率也因运动强度的不同而有所差别。筛子运动强度不足时，筛面上物料不易松散和分层，细粒不易透筛，筛分效率不高。运动强度过大时，废物很快就透过筛面排出，其筛分效率也较低。

4. 筛分设备

在固体废物处理中，最常用的筛分设备有固定筛、滚筒筛、振动筛和共振筛。

（1）固定筛

筛面由许多平行排列的筛条组成，可以水平安装或倾斜安装。固定筛有构造简单、不耗用动力、设备费用低和维修方便的优点，故在固体废物处理中被广泛应用。

固定筛有格筛和棒条筛两种。格筛一般安装在粗碎机之前，以保证入料块度适宜。棒条筛主要用于粗碎和中碎之前，安装倾角应大于废物对筛面的摩擦角，一般为30°～35°，以保证废物沿筛面下滑。棒条筛孔尺寸应为筛下粒度的11～12倍，一般筛孔尺寸不小于50 mm。筛条宽度应大于固体废物中最大块度的25倍。该筛适用于筛分粒度大于50 mm的粗粒废物。

（2）滚筒筛

滚筒筛又称转筒筛，是一种特制的筛，其结构如图4—15所示。滚筒筛的筛面为带孔的圆柱形筒体，在传动装置的带动下，筛筒绕轴缓缓旋转。筛筒的轴线应倾斜3°～5°安装，以保证废物在筒内沿轴线方向前进。固体废物由筛筒一端进入，被旋转的筒体带起，当达到一定高度后，因重力作用而自行落下，如此不断地做起落运动，使小于筛孔尺寸的细粒透筛，而筛上产品则逐渐移动到筛的另一端排出。

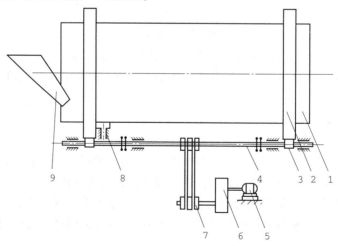

图4—15 滚筒筛结构示意图

1—滚筒 2—圆滚环 3—摩擦辊 4—传递杆 5—电动机 6—减速装置
7—皮带轮 8—轴向止推辊 9—进料斗

在城市生活垃圾分选过程中，可在普通滚筒筛的基础上增设一些分选或清理机构，使之适用于垃圾的筛选作业。这些机构主要有卧式旋转滚筒筛、立式滚筒筛、叶片式滚筒筛三种。

①卧式旋转滚筒筛实际上是一种半湿式的破碎兼分选装置，由两种孔径不同的旋转滚筒筛和对应的两种不同的旋转挠板组成。垃圾进入滚筒后，沙土和玻璃等被滚筒内的旋转挠板破碎，并经第一段筛网排出，剩余的垃圾随滚筒向前推进，被加湿后又被挠板冲打切断，其中加湿变软的纸类从第二段筛网排出，最后剩下的物质（主要是金属、塑料）从滚筒后端排出。

②立式滚筒筛的圆筒形机身内装有许多放射状的分选棒，分选棒不断旋转，将上部投入的垃圾中的大块物料打到另一物流槽中，以利于物料的筛分。

③叶片式滚筒筛的滚筒内装有大量叶片，叶片与滚筒按相同方向旋转，被破碎的垃圾在向下移动的过程中通过滚筒与滚筒的间隙和叶片与叶片的间隙，从而获得分选。如把粒度大的塑料制品和破布等截留在滚筒上，而颗粒较小的物料从筒下分离出来。这种机械的特点是不产生振动，也不发生堵塞，筛孔的大小靠调整滚筒与滚筒间的间隙来实现。

（3）振动筛

振动筛又称惯性振动筛，是通过由不平衡物体的旋转所产生的离心惯性力而使筛箱产生振动的一种筛子。筛网固定在筛箱上，筛箱安装在用多根弹簧组成的机座上，振动筛主轴通过滚动轴承支承在箱体上，主轴两端装有偏心轮，调节重块在偏心轮上的位置使主轴转动时产生不同的惯性力，从而调整筛子的振幅。电动机安装在基座上，并通过带轮带动主轴旋转，使整个系统产生振动，从而可将装在筛子上面的物料进行筛分。当电动机带动带轮做高速旋转时，配重轮上的重块就产生离心惯性力，其水平分力使弹簧作横向变形，因为弹簧横向刚度大，所以水平分力被横向刚度所吸收；垂直分力则垂直于筛面通过筛箱而作用于弹簧，强迫弹簧做拉伸及压缩运动。因此，筛箱的运动轨迹为椭圆形或近似于圆形。惯性振动筛适用于细粒废物的筛分，一般粒径范围为 0.1 ~ 15 mm，也可用于潮湿及黏性废物的筛分。

为了使物料能顺利落下，筛面应有一定的倾角，倾角应为 5° ~ 45°，加料越细，倾角越应选大些。振动筛的频率为 1 200 ~ 2 000 r/min，振幅一般为 0.5 ~ 15 mm。被筛分的物料越粗，所选振幅应越大。

（4）共振筛

共振筛利用连杆装有弹簧的曲柄连杆机构驱动，使筛子在共振状态下进行筛分，其构造如图 4—16 所示。

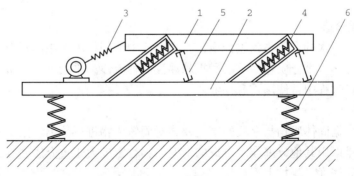

图 4—16　共振筛结构

1—上筛箱　2—下机体　3—传动装置　4—共振弹簧　5—板簧　6—支撑弹簧

当电动机带动装在下机体上的偏心轴转动时，偏心轴使连杆往复运动。连杆通过其端部的弹簧将作用力传给筛箱，与此同时，下机体也受到相反的作用力，使筛箱和下机体沿着倾斜方向振动。因它们的运动方向相反，所以达到动力平衡。筛箱、弹簧及下机体组成一个弹性系统，该弹性系统固有的振动频率与传动装置的强迫振动频率接近或相同时，使筛子在共振状态下进行筛分。当共振筛的筛箱因压缩弹簧而运动时，其运动速度和动能都逐渐减小，被压缩的弹簧所储存的势能却逐渐增加。当筛箱的运动速度和动能等于零时，弹簧被压缩到极限，它所储存的势能达到最大值。然后，筛箱向相反方向运动，弹簧释放出所储存的势能，转化为筛箱的动能，因而筛箱的运动速度增加。当筛箱的运动速度和动能达到最大值、弹簧伸长到极限时，储存的势能最小。因此，共振筛的工作过程是筛箱的动能和弹簧的势能相互转化的过程，在每次振动中，只需要补充克服阻尼的能量就能维持筛子的连续振动。所以，这种筛子虽大，但消耗的能量却很小。

共振筛的优点是处理能力强、筛分效率高、耗电少、结构紧凑，缺点是制造工艺复杂，机体笨重，橡胶弹簧易老化。共振筛的应用十分广泛，适用于废物中细粒的筛分，还可用于废物分选作业的脱水、脱重介质和脱泥筛分等。

三、重力分选

重力分选是根据固体废物在介质中的密度差而进行分选的一种方法，它利用不同物质颗粒间的密度差异，在运动介质中受到重力、介质动力和机械力的作用，使颗粒群产生松散分层和迁移分离，从而得到不同密度的产品。重力分选是在活动的或流动的介质中按照颗粒的相对密度或粒度进行颗粒混合物分选的过程。

重力分选的介质有空气、水、重液（密度大于水的液体）、重悬浮液等。按照分选介质的不同，固体废物的重力分选可分为重介质分选、风力分选、跳汰分选和摇床分选等。

各种重力分选过程虽然原理不同，但具有下述共同的工艺条件：

第一，固体废物中颗粒必须存在密度差异。

第二，分选过程都在运动介质中进行。

第三，在重力、介质动力及机械力的综合作用下，使颗粒群松散并按密度分层。

第四，分好层的物料在运动介质流的推动下互相迁移，彼此分离，并获得不同密度的最终产品。

（一）重介质分选

通常将密度大于水的介质称为重介质，在重介质中使固体废物中的颗粒群按密度分开的方法就是重介质分选。重介质包括重液和重悬浮液两种流体。重液价格昂贵，只在实验室中使用，在实际生产过程中常使用重悬浮液。

1. 基本原理

重介质分选根据固体废物与介质的密度差异对固体废物进行分离，主要适用于几种固体密度差别较小、难以用其他分离技术分选的情况。颗粒密度大于重介质密度，颗粒下沉；颗粒密度小于重介质密度，颗粒上浮。

为使分选过程有效地进行，重介质密度应介于固体废物中轻物料密度和重物料密度之间。颗粒密度大于重介质密度的重物料下沉，集中于分选设备底部，成为重产物；颗粒密度小于重介质密度的轻物料上浮，集中于分选设备的上部，成为轻产物。可见，在重介质分选过程中，重介质的性质是影响分选效果的重要因素。

重介质分选精度很高，入选物料颗粒粒度范围也可以很宽，适用于多种固体废物的分选。

2. 重介质

重液是可溶性高密度的盐溶液或高密度的有机液体，如氯化钙、氯化锌水溶液或四氯化碳、三溴甲烷等。重液不能根据需要迅速改变密度，成本较高，使用过程中损失较大。

重悬浮液是在水中添加高密度的固体颗粒而构成的固液两相分散体系，其密度可以随着固体颗粒的种类和含量而改变，在实际生产过程中应用比较灵活、广泛。

重介质具有密度高、黏度低、化学稳定性好（不与处理的废物发生化学反应）、无毒、无腐蚀性、易回收再生等特点。在重介质中加入的高密度固体颗粒起加大介质密度的作用，故称为加重质。加重质应具有密度足够高、在使用过程中不易泥化和氧化、来源丰富、价廉易得、便于制备和再生的特点。一般要求加重质的粒度小于 200 目，能够均匀地分散于水中，容积浓度一般为 10%~15%。最常用的加重质有硅铁、磁铁矿等。重悬浮液加重质的性质见表 4—1。

表 4—1　　　　　　　　　　　　　　重悬浮液加重质的性质

种类	密度/（g/m³）	重悬浮液密度/（g/m³）	磁性	回收方法
硅铁	6.8	3.8	强磁性	磁选
方铅矿	7.5	3.3	非磁性	浮选
磁铁矿	5.0	2.5	强磁性	磁选
黄铁矿	4.9~5.1	2.5	非磁性	浮选
毒砂	5.9~6.2	2.8	非磁性	浮选

3. 重介质分选设备

工业上使用的重介质分选设备一般为鼓形重介质分选机和深槽式、浅槽式、振动式、离心式分选机。目前，最常用的鼓形重介质分选机的构造如图 4—17 所示。该设备外形是一圆筒形转鼓，由四个辊轮支撑，通过圆筒腰间的大齿轮由传动装置带动旋转。在圆筒的内壁沿纵向设有扬板，用以提升重产物到溜槽内。圆筒水平安装，固体废物和重介质一起由圆筒一端送入，在向另一端流动过程中，密度大于重介质的颗粒沉于槽底，由扬板提升落入溜槽内，被排出槽外成为重产物，密度小于重介质的颗粒随重介质由圆筒溢流口排出，成为轻产物。鼓形重介质分选机适用于分离粒度较粗的固体废物，具有结构简单、紧凑、便于操作、

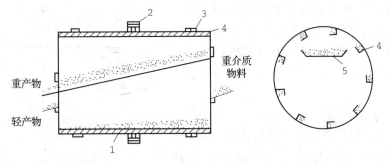

图 4—17　鼓形重介质分选机结构
1—圆筒形转鼓　2—大齿轮　3—辊轮　4—扬板　5—溜槽

动力消耗低、分选机内密度分布均匀等特点，缺点是轻重产物量调节不方便。

（二）风力分选

风力分选简称风选，又称气流分选，是以空气为分选介质，在气流作用下对固体废物颗粒按密度和粒度大小进行分选的过程。风力分选过程是以各种固体颗粒在空气中的沉降规律为基础的。

风力分选实质上包含两个分离过程：一是分离出具有低密度、空气阻力大的轻质部分和具有高密度、空气阻力小的重质部分；二是进一步将轻质颗粒从气流中分离出来。后一分离过程一般在旋流器内完成，与旋风除尘器除尘原理相似。

1. 风力分选原理

固体颗粒在静止的介质中的沉降速度主要取决于自身所受的重力和介质的阻力。重力指颗粒在介质中的重量；介质阻力指颗粒与介质相对运动时，介质作用于颗粒上并与颗粒相对运动相反的力。介质作用在颗粒上的介质阻力可分为惯性阻力和黏性阻力两种。当物料颗粒较大或以较大速度运动时，介质会形成紊流，产生惯性阻力；颗粒较小或以较慢速度运动时，介质会形成层流，产生黏性阻力。介质的惯性阻力跟物料颗粒与介质的相对运动速度的平方、颗粒粒度的平方及介质的密度成正比，与介质的黏度无关；介质的黏性阻力与粒度、相对速度和介质黏度成正比，与介质密度无关。

此外，颗粒在介质中沉降时所受介质阻力还与颗粒朝向地面的形状有关，因此，在阻力公式中需引入形状系数来体现颗粒形状对阻力的影响。不同密度、粒度和形状的颗粒在介质中运动时，所受阻力的大小是不同的，这导致不同颗粒在介质中自由下落的速度各不相同，而这正是重力分选的理论基础。计算出不同颗粒在各种介质中沉降的末速度，就可以判定不同颗粒在介质中沉降速度的差异。

颗粒的沉降末速度出现在重力和介质阻力的平衡状态，从而可求出在静止介质中的沉降末速度。在同一种介质中，颗粒的粒度及密度越大，沉降末速度就越大。如果粒度相同，则密度大的、形状系数大的颗粒的沉降末速度较大。粒度小、沉降速度小的颗粒，其沉降末速度还随介质黏度的不同而变化。在实际的重力分选过程中，介质是运动的，颗粒在沉降时会受到周围颗粒或器壁的干扰，因此，其实际沉降末速度通常都要小一些。

2. 风力分选分类

风力分选装置在国外的垃圾处理系统中已得到广泛应用，用于将城市垃圾中的有机物与无机物分离，以便分别回收利用或处置。各种风力分选装置的工作原理是相同的，按工作气流主流向的不同，可分为卧式风力分选机和立式风力分选机两种，其中立式风力分选机应用最为广泛。

（1）卧式风力分选机

卧式风力分选机构造简单，维修方便，但分选精度不高，一般很少单独使用，常与破碎、筛分、立式风力分选机组成联合处理工艺，其工作原理如图4—18所示。

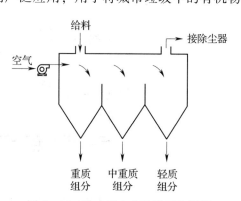

图4—18 卧式风力分选机工作原理

卧式风力分选机通过风机从侧面送风，固体废物经破碎机破碎和圆筒筛筛分达到粒度均匀后，定量送入机内。当废物在机内落下时，被鼓风机鼓入的水平气流吹散，固体废物中各种组分因密度差异沿着不同运动轨迹分别落入重质组分、中重质组分和轻质组分收集槽中。

分选城市垃圾时，水平气流速度为 5 m/s。回收的轻质组分中，废纸占 90%；重质组分主要为黑色金属；中重质组分主要是木块、硬塑料等。实践表明，卧式风力分选机的最佳风速为 20 m/s。

（2）立式风力分选机

根据旋流器安装位置的不同，立式风力分选机可以分为三种不同的结构形式，工作原理如图 4—19 所示。

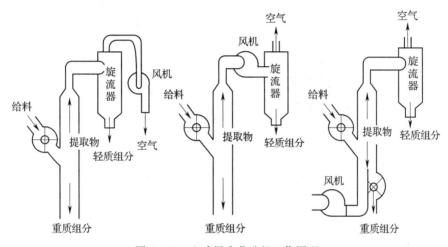

图 4—19　立式风力分选机工作原理

经破碎后的固体废物从中部送入风力分选机，在上升气流作用下，固体废物中各组分按密度进行分离，重质组分从底部排出，轻质组分从顶部进入旋流器并进行气固分离。与卧式风力分选机相比，立式风力分选机分选精度较高。

（三）跳汰分选

跳汰分选是在垂直变速介质流中按密度分选固体废物的一种方法。常见的分选介质是水，称为水力跳汰。

1. 跳汰分选原理

跳汰分选是指磨细的混合废物中的不同密度的粒子群在垂直脉动运动介质中按密度分层，密度小的颗粒群位于上层，密度大的颗粒群（重质组分）位于下层，从而实现物料分离。

跳汰分选的一个脉冲循环包括两个过程：床面先是浮起，然后被压紧。在浮起状态，轻颗粒加速较快，运动到床面物上面；在压紧状态，重颗粒比轻颗粒加速快，钻入床面物的下层中。通过脉冲作用使物料分层，密度大的重颗粒群集中于底层，密度小的轻物料进入上层，被水流带到机外，成为轻产物。

2. 跳汰分选设备

按推动水流运动方式，跳汰分选设备可分为隔膜跳汰机和无活塞跳汰机两种。颗粒在跳汰时的分层过程如图4—20所示。隔膜跳汰机是利用偏心连杆机构带动橡胶隔膜进行往复运动，借以推动水流在跳汰室内做脉冲运动，如图4—21a所示。无活塞跳汰机中推动水流运动的形式如图4—21b所示，采用压缩空气推动水流。

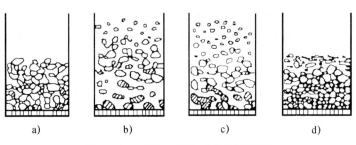

a)　　　　b)　　　　c)　　　　d)

图4—20　颗粒在跳汰时的分层过程

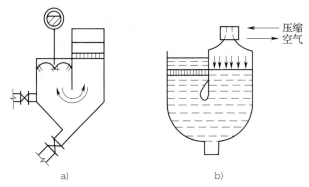

a)　　　　　　　　　b)

图4—21　跳汰机中推动水流运动的形式

a) 隔膜鼓动　b) 空气鼓动

（四）摇床分选

摇床分选是进行细粒固体物料分选时应用最为广泛的方法之一。

摇床分选是在一个倾斜的床面上，借助床面的不对称往复运动和薄层斜面水流的综合作用，使细粒固体废物按密度差异在床面上呈扇形分布，从而进行分选的一种方法。该分选法按密度不同分选颗粒，但粒度和形状也影响分选的精确性。

固体颗粒在摇床床面上进行两个方向的运动，一个是在洗水水流作用下沿床面倾斜方向的运动，另一个是在往复不对称运动作用下由传动端向重产物排出端的运动。颗粒的最终运动速度为上述两个方向的运动速度的向量和。

床面上的沟槽对摇床和分选起重要作用。颗粒在沟槽内呈多层分布，不仅使摇床的生产率提高，同时使呈多层分布的颗粒在摇动下产生离析，密度大而粒度小的颗粒钻过密度小而粒度大的颗粒间的空隙，沉入最底层。离析分层是摇床分选的重要特点。另外，水流在沟槽中形成涡流，对于冲洗出大密度颗粒层内的粒度小且密度小的颗粒是有利的。不同密度和不同粒度的颗粒在摇床上进行分选时，其分离的情况并不取决于颗粒在床面上运动速度的大小，而是取决于颗粒运动速度与摇床方向所呈的夹角（偏离角）β，且 $\tan\beta$ 等于颗粒运动速度在流水方向和摇动方向上两个分速度之比。不同颗粒在床面上的偏离角 β 相差越大，则颗粒分离越完全。摇床上颗粒分带情况如图 4—22 所示。

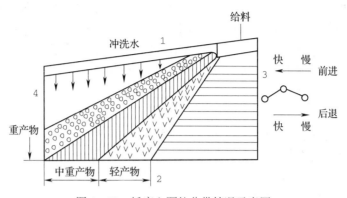

图 4—22　摇床上颗粒分带情况示意图

1—给料端　2—轻产物端　3—传动端　4—重产物端

因此，在横向水流和床面的不对称往复运动的作用下，由于惯性力、摩擦力和离析等的综合作用，不同密度的颗粒最终在床面上呈扇形分布，从而达到分选的目的。摇床分选可用于分选细粒和微粒物料。在固体废物处理中，目前主要用于从含硫铁矿较多的煤矸石中回收硫铁矿，这是一种分选精度很高的单元操作。在摇床分选设备中，最常用的是平面摇床。

摇床分选具有以下特点：

（1）床面的强烈摇动使松散分层和迁移分离得到加强，分选过程中离析分层占主导，使其按密度分选更加完善。

（2）摇床分选是斜面薄层水流分选的一种，因此，等降颗粒可因移动速度的不同而达到按密度分选的目的。

（3）不同性质颗粒的分离，主要取决于它们的合速度偏离摇床的角度，还受到纵向和横向移动速度的影响。

四、磁力分选

磁力分选简称磁选，通常用来分选或去除铁磁性物质。

磁选有两种类型：一种是传统磁选法，包括电磁和永磁磁选法，主要用于固体废物中磁性杂质的提纯、净化以及磁性物料的精选；另一种是磁流体分选法，主要用于城市垃圾焚烧厂烧灰以及堆肥厂产品中的铝、铁、铜、锌等金属的提取与回收。

（一）传统磁选法

1. 磁选原理

固体废物组分根据磁性强弱可分为强磁性、中磁性、弱磁性和非磁性组分。这些磁性不同的组分通过磁场时，磁性较强的颗粒（通常为黑色金属）就被吸附到产生磁场的磁选设备上，而磁性弱和非磁性的颗粒就被输送设备带走，或受自身重力、离心力的作用而掉落到预定的区域内，从而完成磁选过程。

颗粒在磁选机中的分离过程如图 4—23 所示。当固体废物输入磁选机后，磁性颗粒在不均匀磁场作用下被磁化，从而受磁场吸引力的作用吸在圆筒上，并随圆筒进入排料端排出；非磁性颗粒由于所受的磁场作用力很小，仍留在废物中而被排出。

固体废物颗粒通过磁选机的磁场时，同时受到磁力（$F_磁$）和机械力（$F_机$，包括重力、离心力、介质阻力、摩擦力等）的作用。磁性强的颗粒所受的磁力大于机械力，非磁性颗粒所受的磁力小于机械力。由于作用在各种颗粒上的磁力和机械力的合力不同，颗粒的运动轨迹也不同，从而实现分离。

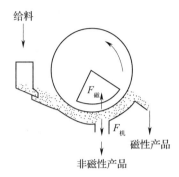

$$F_磁 > F_机 \tag{4—8}$$

磁选应用历史悠久，在许多工业部门，特别是矿业部门得到了广泛的应用。现在，磁选设备已发展较为完善。在固体废物处理中，磁选主要用于黑色金属的回收，因为废物的全部成分中只有铁质物质具有强烈的磁性，只需用磁场较弱、工作区长度较长的除铁器就能将其分离出来。

图4—23　颗粒在磁选机中的
分离过程

2. 磁选设备

磁选设备中使用的磁铁有电磁铁和永磁铁两类。根据磁场中磁铁的布置方式，可将常见的磁选设备分为磁力滚筒、永磁圆筒式磁选机和悬吊磁铁器等几种形式。

（1）磁力滚筒

磁力滚筒又称磁滑轮，有水磁和电磁两种。应用较多的是永磁磁力滚筒，如图4—24所示。这种设备的主要组成部分是一个回转的多极磁系和套在磁系外面的用不锈钢或铜、铝等非导磁材料制成的圆筒。一般磁系包角为360°。磁系与圆筒固定在同一个轴上，安装在皮带运输机头部（代替传动滚筒）。

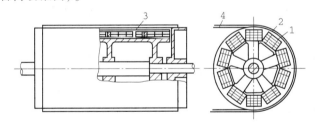

图4—24　永磁磁力滚筒（CT型）
1—多级磁系　2—圆筒　3—磁导板　4—皮带

将固体废物破碎成一定粒度后，均匀地输送到皮带运输机上。当废物经过磁力滚筒时，非磁性或磁性很弱的物质在离心力和重力作用下脱离皮带面。磁性较强的物质受磁力作用被吸在皮带上，并由皮带带到磁力滚筒的下部。当皮带离开磁力滚筒伸直时，由于磁场强度减弱，磁性较强的物质落入磁性物质收集槽中。

这种设备主要用于工业固体废物和城市垃圾的破碎设备或焚烧炉前，用于除去废物中的铁器，防止损坏破碎设备或焚烧炉。

（2）永磁圆筒式磁选机

永磁圆筒式磁选机的构造如图4—25所示，给料方向和圆筒旋转方向与磁性物质的移动方向相反。物料由给料箱直接进入圆筒的磁系下方，非磁性物质由磁系左边下方的底板上排料口排出。磁性物质随圆筒逆着给料方向移到磁性物质排料端，排入磁性物质收集槽中。

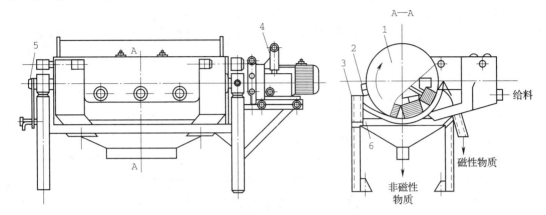

图4—25 永磁圆筒式磁选机（湿式 CTN 型）
1—圆筒 2—槽体 3—机架 4—传动部分 5—磁偏角调整部分 6—溢流堰

这种设备适用于粒度小于等于 0.6 mm 的强磁性颗粒的回收，可从钢铁冶炼排出的含铁尘泥和氧化铁皮中回收铁，也可回收重介质分选产品中的加重质。

（3）悬吊磁铁器

悬吊磁铁器主要用来去除固体废物中的铁器，保护破碎设备及其他设备免受损坏。悬吊磁铁器有一般式除铁器和带式除铁器两种。当铁物数量少时，采用一般式除铁器，当铁物数量多时，采用带式除铁器。一般式除铁器通过切断电磁铁的电流排除铁物，而带式除铁器则通过胶带装置排除铁物，其结构如图4—26所示。

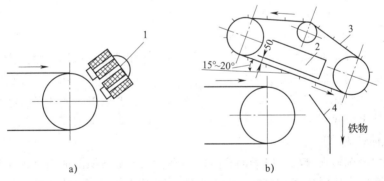

图4—26 悬吊磁铁器结构
a）一般式除铁器 b）带式除铁器
1—电磁铁 2—吸铁箱 3—胶带装置 4—接铁箱

3. 选择磁选装置时应考虑的因素

选择磁选装置时应考虑以下因素：供料传输带和产品传输带的位置关系；供料传输带的宽度、尺寸，以及整个传输带的宽度上是否有足够的磁场强度进行有效磁选；与磁性材料混杂在一起的非磁性材料的数量和形状；操作要求，如耗电量、空间要求、结构支撑要求、磁场强度、设备维护等。

（二）磁流体分选法

所谓磁流体，是指某种能够在磁场或磁场和电场的联合作用下磁化、呈现类似"加重"现象、对颗粒产生磁浮力作用的稳定分散液。磁流体通常采用强电解质溶液、顺磁性溶液和铁磁性胶体悬浮液。

1. 磁流体分选原理

磁流体分选是利用磁流体作为分选介质，在磁场或磁场和电场的联合作用下产生"加重"作用，按固体废物各组分的磁性和密度的差异或磁性、导电性和密度的差异，使不同组分分离。当固体废物中各组分间的磁性差异小而密度或导电性差异较大时，采用磁流体可以有效地对其进行分离。"加重"后的磁流体仍然具有液体原来的物理性质，如密度、流动性、黏滞性等。"加重"后的密度称为视在密度，它可以通过改变外磁场强度、磁场梯度或电场强度来调节。视在密度高于流体密度（真密度）数倍，流体真密度一般为 1 400~1 600 kg/m³，而加重后的流体视在密度可高达 19 000 kg/m³。因此，磁流体分选可以分离密度范围大的固体废物。

磁流体分选是一种重力分选和磁力分选联合作用的分选过程，各种物质在"加重"介质中按密度差异分离，这与重力分选相似；在磁场中按各种物质间磁性（或电性）差异分离，这又与磁选相似。因此，该方法不仅可以将磁性与非磁性物质分离，也可以将非磁性物质之间按密度差异分离。所以，磁流体分选在固体废物的处理和利用中占特殊地位。磁流体分选目前已获得广泛的应用，不仅可分选各种工业废物，而且还可从城市垃圾灰中分离出铝（Al）、铜（Cu）、锌（Zn）、铅（Pb）等金属。

2. 磁流体分选的种类

磁流体分选根据分离原理与介质的不同，可分为磁流体静力分选和磁流体动力分选两种。

（1）磁流体静力分选

磁流体静力分选是在非均匀磁场中，以顺磁性液体和铁磁性胶体悬浮液为分选介质，按固体废物中各组分间密度和比磁化率的差异进行分离。由于不加电场，不存在电场和磁场联合作用产生的特性涡流，故称为静力分选。其优点是视在密度高，介质黏度较小，分离精度高；缺点是分选设备较复杂，介质价格较高，回收困难，处理能力较小。

（2）磁流体动力分选

磁流体动力分选是在磁场与电场的联合作用下，以强电解质溶液为分选介质，按固体废物中各组分间密度、比磁化率和电导率的差异使不同组分分离。磁流体动力分选的研究历史较长，技术也较成熟。其分选介质为导电的电解质溶液，优点是来源广、价格便宜、黏度较低，分选设备简单，处理能力较强，处理粒度为 0.5~6 mm 的固体废物时，可达 50 t/h，最大可达 600 t/h；缺点是分选介质的视在密度较小，分离精度较低。

当对分选精度要求高时，采用静力分选；当固体废物中各组分间电导率差异大时，采用动力分选。

3. 分选介质

理想的分选介质应具有磁化率高、密度大、黏度低、稳定性好、无毒、无刺激味、无色透明、价廉易得等特点。常见的分选介质包括顺磁性盐溶液和铁磁性悬浮液两类。

（1）顺磁性盐溶液

顺磁性盐溶液有 30 多种，通常以锰（Mn）、铁（Fe）、镍（Ni）、钴（Co）等盐类的水溶液作为分选介质。这些溶液基本具有上述分选介质所要求的特点，是较理想的分选介质。

（2）铁磁性悬浮液

铁磁性悬浮液一般采用超细粒磁铁矿胶粒作分散质，用油酸、煤油等非极性液体作为介质，并添加表面活性剂作为分散剂，调制成铁磁性胶粒悬浮液。这种磁流体介质黏度高，稳定性差，介质回收再生困难。

五、电力分选

电力分选简称电选，是利用城市生活垃圾中各种组分在高压电场中电性的差异而实现分选的一种方法。一般物质大致可分为电的良导体、半导体和非导体，它们在高压电场中有着不同的运动轨迹，加上机械力的协同作用，即可将它们互相分开。电场分选对塑料、橡胶、纤维、废纸、合成皮革、树脂等与某些物料的分离，以及各种导体、半导体和绝缘体的分离，都十分简便、有效。

（一）电力分选原理

电选分离过程是在电选设备中进行的，废物颗粒在电晕静电复合电场电选设备中的分离过程如图 4—27 所示。废物由给料斗均匀地给入辊筒上，随着辊筒的旋转进入电晕电场区。在电场力的作用下，导体和非导体颗粒都获得负电荷。由于导体导电能力比非导体强，迅速将电荷传给辊筒（接地电极），而非导体放电较慢。

因此，当废物颗粒随辊筒旋转离开电晕电场区而进入静电场区时，导体颗粒的剩余电荷少，而非导体颗粒则因放电较慢而致使剩余电荷多。导体颗粒进入静电场后不再继续获得负电荷，但仍继续放电，直至放完全部负电荷，并从辊筒上得到正电荷而被辊筒排斥，在电力、离心力和重力分力的综合作用下，其运动轨迹偏离辊筒，在辊筒前方落下。非导体颗粒由于有较多的剩余负电荷，将与辊筒相吸，被吸附在辊筒下，带到辊筒后方，被毛刷强制刷下。半导体颗粒的运动轨迹则介于导体颗粒和非导体颗粒之间，在辊筒中间落下，从而完成电选分离过程。

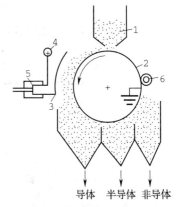

图 4—27　电选分离过程
1—给料斗　2—辊筒电极
3—电晕电极　4—偏向电极
5—高压绝缘子　6—毛刷

（二）电力分选设备

电力分选设备可分为静电分选机、高压电分选机等几种形式。

1. 静电分选机

静电分选机利用各种物质的导电率、热电效应及带电作用的差异进行物料分选，可用于各种塑料、橡胶和纤维纸、合成皮革、胶卷、玻璃与金属的分离。图 4—28 所示为一种获得美国专利的分离玻璃和铝粒的静电鼓式分选机，其分选颗粒的粒度为 20 mm 以下。

2. 高压电分选机

YD-4 型高压电分选机的构造如图 4—29 所示。该机的特点是具有较宽的电晕场区、特殊的下料装置和防积灰漏电措施，整机密封性能好，采用双筒并列式结构，结构合理紧凑，处理能力强，效率高，可作为粉煤灰分选专用设备。其工作原理是：将粉煤灰均匀地给到旋转接地辊筒上，带入电晕电场后，由于炭粒导电性能好，很快失去电荷，进入静电场后从辊筒电极获得同性电荷而被排斥，在离心力、重力及静电斥力的综合作用下落入集炭槽而成为精煤。灰粒由于导电性较差，能保持电荷，与带相反电荷的辊筒相吸，并牢固地吸附在辊筒上，最后被毛刷强制落入集灰槽，从而实现炭灰分离。粉煤灰经二级电选分离而成为脱炭灰，其含炭率小于8%，可作为建材原料。精煤含炭率大于50%，可作为型煤原料。

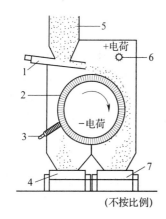

图4—28　静电鼓式分选机

1—振动给料器　2—转鼓　3—扫刷

4—玻璃输送带　5—供料斜槽（玻璃和铝）

6—电板　7—铝输送带

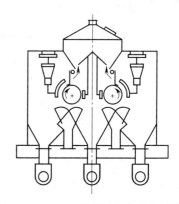

图4—29　YD-4型高压电分选机的构造

思考与练习

一、单项选择题

1. 分选作业之前的预处理（　　）。

　A. 包括破碎、压缩和各种固化方法等

　B. 其目的是使废物减容以利于运输、储存、焚烧或填埋等

　C. 其目的是更利于下一步工序的进行

　D. 主要包括破碎和粉磨等

2. 预处理操作技术主要运用（　　）。

　A. 物理方法　　　　　　　　　　B. 化学方法

　C. 物理和化学方法　　　　　　　D. 物理化学方法

3. 固体废物处理技术中最常用的预处理工艺是（　　）。

　A. 磨碎　　　　　B. 破碎　　　　　C. 研磨　　　　　D. 分选

4. 固体废物的机械强度是指（　　）。

A. 固体废物的抗冲击能力　　　　　B. 固体废物抗破碎的阻力

C. 固体废物的弹性力　　　　　　　D. 固体废物的表面张力

5. 固体废物的机械强度与废物颗粒的粒度，下列说法中正确的是（　　　）。

A. 粒度小的废物颗粒机械强度较高

B. 粒度大的废物颗粒机械强度较高

C. 废物颗粒粒度与颗粒机械强度无关

D. 废物颗粒粒度与颗粒机械强度非线性相关

6. 通常所说的破碎是指（　　　）。

A. 干式破碎　　　　B. 湿式破碎　　　　C. 半湿式破碎　　　　D. 三者全包括

7. 下列不属于破碎目的的是（　　　）。

A. 减少废物体积　　　　　　　　　B. 使废物粒度均匀，有助于焚烧

C. 减少填埋覆土工作量　　　　　　D. 使厌氧发酵产氢率提高

8. 筛分效率是指（　　　）。

A. 筛下产品与入筛产品质量的比值

B. 筛下产品与筛中所剩产品的比值

C. 筛下产品与入筛产品中小于筛孔尺寸物质质量的比值

D. 入筛产品中小于筛孔尺寸物质质量与筛下产品质量的比值

二、不定项选择题

1. 破碎机的基本技术指标有（　　　）。

A. 破碎比　　　　B. 单位能耗　　　　C. 功率　　　　D. 破碎效率

2. 破碎方法可分为（　　　）。

A. 干式　　　　B. 半干式　　　　C. 湿式　　　　D. 半湿式

3. 冲击作用有两种形式，分别是（　　　）。

A. 重力冲击　　　　B. 动冲击　　　　C. 静冲击　　　　D. 动力冲击

4. 粉磨的目的有（　　　）。

A. 使其中各种成分单体分离，为下一步分选创造条件

B. 对废物进行最后一段粉碎

C. 对多种废物原料进行粉磨，同时起到混合均匀的作用

D. 制造废物粉末，增加物料比表面积，加速物料化学反应的速度

5. 低温破碎的优点有（　　　）。

A. 所需动力较小　　　　　　　　　B. 噪声较小

C. 振动较轻　　　　　　　　　　　D. 设备简单，造价低

6. 固体废物通过分选可以达到的目的有（　　　）。

A. 回收有价值的物质　　　　　　　B. 去除堆肥中不可堆肥的物质

C. 去除焚烧前不可燃烧的物质　　　D. 去除填埋中的不可填埋物质

7. 物料在筛子中的运动状态有（　　　）。

A. 悬浮状态　　　　B. 离心状态　　　　C. 沉落状态　　　　D. 抛落状态

三、讨论题

1. 固体废物压实的目的及操作原理是什么？

2. 选择破碎机时应综合考虑哪些因素，为什么？

3. 怎样根据固体废物的性质选择破碎方法？

4. 怎样计算筛分设备的筛分效率？影响筛分效率的因素有哪些？

5. 什么是重力分选？怎样判断重力分选的难易程度？

6. 磁选可分为哪两类？各自的分选机理是什么？

第五章

固体废物的热处理技术

本章学习目标

★ 了解固体废物热处理技术中热解、焚烧的基本概念。

★ 了解焚烧设备、焚烧过程的环保标准。

★ 了解固体废物热解定义及其与焚烧的区别。

★ 熟悉热处理技术的种类和应用条件。

★ 熟悉热解原理、热解适用对象。

★ 掌握固体废物焚烧产物、焚烧过程计算。

★ 掌握典型的热解工艺、热解的产物。

第一节 概 述

一、热处理技术种类

固体废物的热处理是在高温下对固体废物进行焚烧、热解、熔融和湿空气氧化等的处理技术，其中焚烧和热解比较常见。

（一）焚烧

固体废物的焚烧处理就是将固体废物进行高温分解和深度氧化的过程，达到减容、去除毒性并回收能源的目的。焚烧过程具有强烈的放热效应，伴随着光辐射和热辐射。由于焚烧法处理固体废物具有减量化、无害化效果显著、彻底的优点，早已经成为城市生活垃圾和危险固体废物处理的基本方法，也越来越广泛地应用在对其他固体废物处理与处置的过程中。

（二）热解

热解是一种传统的生产工艺，是利用有机物的热不稳定性，在缺氧条件下加热，使相对分子质量大的有机物产生热裂解，转化为相对分子质量小的燃料气、液体（油、油脂等）、残渣等的过程。

随着现代工业的发展，热解技术的应用范围逐渐扩展，如重油裂解工艺、煤炭气化工艺等，都可以采用热解的方式得以实现。由于世界资源的减少及能源价格的上涨，热分解技术定将有更大的发展。

热解与焚烧不同，焚烧只能回收热能，而热解可从废物中回收可以储存、输送的能源（油、燃料气等），这是热解法的一大优点。但废物的种类多、成分复杂，废物要稳定、连续地进行热解，在技术和运转操作上要求都必须十分严格。

（三）熔融

熔融是指在温度升高时，分子的热运动能增大，导致结晶破坏，物质由晶相变为液相的过程。熔融是一级相转变，熔融有热焓、熵和体积的增大。发生熔融的温度叫熔点或熔融温度。小分子晶体的熔点温度范围很窄（一般小于1℃），而聚合物由于结晶不完全，其熔融温度往往在一个较宽的范围（一般为10~20℃）。常温下是固体的物质在达到一定温度后熔化，成为液态，称为熔融状态。

固体废物的熔融是利用固体废物熔点的差异，在一定温度下将某些固体废物转变为液态而分离的方法。一般情况下，熔融对塑料等物质的处理效果较好。

（四）湿空气氧化

湿空气氧化（WAO）是将待处理的物料置于密闭的容器中，在高温、高压条件下通入空气或纯度较高的氧作为氧化剂，按湿式燃烧原理使有机物降解的过程。该工艺最早由美国ZIM-PRO公司研制开发，最初应用于污水处理。湿空气氧化工艺虽然处理效率高，但由于其反应器终端温度很高，对反应器材质要求很严格，要求耐高温高压、耐腐蚀，设备投资大，因此限制了它的进一步推广。

二、热处理技术特点

与其他处理方法相比，热处理技术具有以下特点：

（一）优点

1. 减容效果好

焚烧处理可以使城市生活垃圾的体积减少80%~90%。

2. 消毒彻底

高温处理过程可以使废物中的有害成分得到完全分解，并能彻底杀灭病原菌，尤其对于可燃性致癌物、病毒性污染物、剧毒性有机物等，热处理几乎是唯一有效的处理方法。

3. 减轻或消除后续处置过程对环境的影响

采取热处理技术，可以大大降低填埋场浸出液的污染物浓度，释放气体中的可燃成分和恶臭成分。

4. 回收资源和能量

通过热化学处理，可以从废物中回收高附加值产品或能量，如热解生产燃料油、焚烧发电等。

（二）缺点

（1）投资和运行费用高。

（2）操作运行复杂，尤其是当废物成分变化较大时，对设备和运行条件要求严格，运行稳定性难以控制。

（3）二次污染与公众反应。大部分热化学处理过程都会产生各种大气污染物，如硫氧化物（SO_x）、氮氧化物（NO_x）、氯化氢（HCl）、飞灰和二噁英等，经常会引起附近居民的关注、担心甚至反对。

上述存在的问题随着技术的提高、设备的改进和管理的严格将逐步得到解决，设计、使用热处理技术时，都应对这些问题予以足够重视，保证热处理技术的作用在固体废物处理中得到有效发挥。

第二节　焚　烧　技　术

一、焚烧技术及应用现状

（一）焚烧技术的定义

焚烧技术是一种高温热处理技术，即以一定的过剩空气与被处理的有机废物在焚烧炉内进行氧化燃烧反应，废物中的有毒有害物质在高温下氧化、热解而被破坏，是一种可同时实现废物无害化、减量化、资源化的处理技术。

通过焚烧可以使可燃性固体废物氧化分解，达到减少体积、去除毒性、回收能量和副产品的目的。焚烧的主要目的是尽可能地焚毁废物，使被焚烧的物质变为无害物质，最大限度地减容，并尽量减少新污染物质的产生，避免造成二次污染。对于大、中型的废物焚烧厂来说，焚烧能同时实现使废物减量、彻底焚毁废物中的毒性物质、回收利用焚烧产生的废热这三个目的。

焚烧技术不但可以处理固体废物，还可以处理液体废物和气体废物；不但可以处理城市垃圾和一般工业废物，还可以处理危险废物。焚烧适合处理有机成分多、热值高的废物。当处理可燃有机物组分很少的废物时，需补加大量的燃料，这会使运行费用提高。

（二）焚烧技术的应用现状

固体废物焚烧技术在 100 多年间有了突飞猛进的发展。社会经济的迅速发展使垃圾焚烧业的发展有了雄厚的经济基础作为保证，而人民生活水平的大幅度提高使城市垃圾中的可燃物大量增加，为垃圾焚烧技术的应用推广提供了先决条件。垃圾焚烧技术的应用和建设运营实践使垃圾焚烧减量化、资源化的优势日益显露出来，得到越来越普遍的认可。垃圾焚烧技术的逐渐成熟，特别是二次污染防治技术水平的提高，使垃圾焚烧技术的应用有了先进、可靠的污染防治技术作为支撑。

现代固体废物焚烧技术，强化了焚烧效率和焚烧烟气的净化处理。固体废物焚烧系统中，在除尘理论基础上，进一步发展了洗涤、半湿式洗涤、袋式过滤、吸附等技术，对颗粒物和气态污染物进行处理。特别是 20 世纪 90 年代以来，一些焚烧烟气处理系统中增加了脱硝、脱硫设施，取得了非常好的效果。

垃圾焚烧设施正向综合性、多功能方向发展。垃圾焚烧设施不仅具有垃圾焚烧处理功能，还具有发电、供电、区域性供热、供气、制冷、区域性污水处理等功能，甚至还附带娱乐功能。垃圾焚烧设施已经不再是仅具有垃圾处理单一功能的设施，而是发展成为综合性、多功能的服务性设施。

二、焚烧技术的特点

（一）优点

1. 占用土地比较少

焚烧技术处理固体废物，设备工艺紧凑，减容减量率大，设施占地面积比较小，同样寿命期内处理同等固体废物总量时，焚烧处理设施占地仅为其他固体废物处理设施的 5%～10%。

2. 二次污染可以控制

焚烧处理固体废物过程中产生的烟气中含有大量污染成分，经过长期科学研究和工程实践，已经基本形成了一整套行之有效的固体废物焚烧烟气净化处理技术，可将烟气净化到符合任何排放标准。

3. 选址余地比较大

由于固体废物焚烧厂占地面积小，又可在供热、供电、公益设施方面为周边地区提供适当方便和优惠，因此选址余地比其他处理设施大，可以建在工业区、商业区、物流枢纽区，甚至居民住宅区。

4. 工艺设备运行不易受气候的直接影响

除了固体废物本身受气候影响的情况外，规范、高度工业化和自动化的焚烧处理工艺设备，在任何气候条件下都可以正常、高效地运行。

5. 回收与恢复比较容易

固体废物焚烧处理设施服务期满关闭时，大量设备金属本体可以回收利用，建筑物可以用作公众活动场所或拆毁后恢复使用土地，没有难以处理的残留物和难以拆除的构筑物，回收和恢复比较容易。

6. 经济效益比较高

固体废物焚烧过程中产生的热能可以发电、供热、制冷，金属组分可回收，具有很高的经济效益，在一定程度上可以抵消固体废物焚烧处理设施的投资和运行费用。

7. 可以比较全面地回收垃圾资源，保护不可再生的能源、资源

满足焚烧处理条件的每吨固体废物蕴含的能量相当于 0.1～0.3 t 标准煤。以城市生活垃圾为例，按全国每年清运处理 2 亿 t、其中一半以上满足焚烧处理条件推算，全面利用城市生活垃圾的能量可以节约 1 000 万～3 000 万 t 标准煤，减少、节约煤炭开采量 1 400 万～4 200 万 t，保护不可再生的能源资源，减少煤炭运输负荷。

8. 减少温室气体、恶臭物质和粉尘

固体废物在缓慢分解和回归自然环境的过程中，容易产生温室气体、恶臭物质和粉尘。焚烧处理固体废物，可使其在高温氧化环境中快速分解、燃烧，迅速达到稳定状态。整个过程均在可控条件下进行，二次污染成分的排放完全符合严格的环境排放标准和规范，可以有效抑制温室气体、恶臭物质和粉尘的产生。

固体废物焚烧处理技术实现了固体废物处理的工业化，并且还在不断发展、衍生出固体废物高效发电技术、固体废物热解和气化技术、固体废物熔融技术、固体废物衍生燃料制备和应用技术、特殊污染物质净化技术等新兴技术和研发方向，具有比较广阔的发展前景。

（二）存在的问题

1. 管理要求比较严格

固体废物焚烧处理工艺设备的专业性、系统性很强，建设和运作需要较高水平的管理人员、技术人员、作业人员，以及系统、先进的监管、运作制度。

2. 建设投资比较大

固体废物焚烧处理工艺与设备技术密集，机械化程度高，控制调节性能强，耐腐、耐热、耐磨要求高，部分关键设备和组件、部件需从国外进口，工艺设备和土建工程投资都比较大。

3. 二次污染处理技术比较复杂

固体废物焚烧形成的气态、固态产物非常复杂，含有多种污染成分。虽然目前许多工艺和设备能使其达到环保排放要求，但是这些工艺和设备比较复杂，研发与掌握这类复杂工艺和设备比较困难。

4. 二次污染处理设备运作费用比较昂贵

焚烧产物二次污染处理设备投资比较高，运作过程中需大量消耗石灰、活性炭、水、压缩空气、电能与热能以及各种零配件。运作中产生的大量飞灰和净化反应产物作为危险废物，需要进行安全填埋处置，费用相当昂贵。

5. 固体废物处理量允许变动范围较小

固体废物焚烧处理工艺和设备建成后，处理能力有限且基本固定，一般只允许在其额定处理量 70%～110% 的范围内变动。较小的变动范围不利于固体废物管理体系对突发性事件产生的超大增量固体废物的处理和消纳。

6. 对固体废物品质有一定要求

热值过低、水分过高、含灰量过大的固体废物难以依靠自身热量稳定维持焚烧处理必需的高温氧化环境，热能综合利用效益比较小，不宜用焚烧技术与工艺处理。

7. 对相关政策比较敏感

与固体废物焚烧处理有关的政策有许多，主要包括环卫行业、环保行业、热电行业、机电制造行业等行业政策，以及资源综合利用、财政与税务、经济与贸易、环保装备本土化、技术发展与分布等国家政策。固体废物焚烧处理技术、工艺、设备和设施快速发展的现实和用于社会公益事业的建设与运作目的，注定了其发展、应用比较依赖于政府政策的支持与引导。

三、固体废物焚烧的基本条件、产物与特性

（一）焚烧的基本条件

可燃物的燃烧必须具备以下四个条件：

1. 必须有适当的空气量

燃烧过程中，空气的影响起决定性作用。空气能够提供燃料燃烧所必需的助燃物——氧气，空气量的多少决定着燃烧能否完全彻底进行。当空气量不足时，燃烧不充分，形成化学

不完全燃烧或机械不完全燃烧，造成燃料的浪费；当空气过量时，由于空气中含有大量不可燃的氮气，会降低燃烧温度，烟气排放时也将带走大量热量，导致排烟热损失。

2. 必须有足够高的温度

着火温度是指在氧存在的条件下，可燃物质着火燃烧所必须达到的最低温度。可燃物质必须达到着火温度才能够燃烧，因此，燃烧过程必须具有足够高的温度。

3. 必须有足够的停留时间

燃烧通常都是在燃烧设备内进行的。可燃物质要完全燃烧，其在燃烧高温区停留的时间必须超过完全燃烧所需要的时间。

4. 燃料与空气必须充分混合均匀

燃料和空气的混合是完全燃烧的基本条件。如果混合不均匀，将导致燃料因局部氧气不足而发生不完全燃烧。

（二）焚烧产物

1. 完全燃烧的产物

城市生活垃圾燃烧产生的烟气成分、烟气量与生活垃圾的组分、燃烧方式、烟气处理设备等有关。城市生活垃圾的组分十分复杂，可燃的生活垃圾基本上是有机物，由大量的碳、氢、氧、氮、硫、磷、卤素等元素组成。这些元素在燃烧过程中与空气中的氧气发生化学反应，生成各种氧化物和部分元素的氢化物，从而成为垃圾燃烧烟气中的主要组成部分。

完全燃烧时，各种元素将发生如下转化过程：

（1）生活垃圾中的碳元素转化为二氧化碳。

（2）生活垃圾中的氢焚烧产物为水蒸气，当有氟、氯等存在时，也可能会生成卤化氢。

（3）生活垃圾中的硫焚烧产物为二氧化硫或三氧化硫。

（4）生活垃圾中的磷焚烧产物为五氧化二磷。

（5）生活垃圾中的氮化物焚烧产物为氮气和氮的氧化物。

（6）生活垃圾中的氟化物焚烧产物主要是氟化氢。如燃烧体系中氢含量不足以与所有的氟结合成氟化氢，则可能会生成四氟化碳或二氟化碳。

（7）生活垃圾中的氯化物焚烧产物为氯化氢。

（8）生活垃圾中的溴化物焚烧产物为溴化氢及少量的溴气。

（9）生活垃圾中的碘化物焚烧产物为碘化氢及少量的碘。

2. 燃烧过程污染物的产生

固体废物在燃烧过程中产生的污染物主要包括粉尘、无机有害气体、重金属和有机污染物。

（1）粉尘的产生和特性

粉尘是焚烧过程中产生的微小无机颗粒状物质。粉尘的产生主要包括三种过程：一是被空气和烟气吹起的小颗粒灰分，粒径一般大于 10 μm；二是未充分燃烧的炭等可燃物，粒径为 0.1~10 μm，由于颗粒微细，难以去除；三是因高温而挥发的盐类和重金属等在烟气冷却净化处理过程中凝缩或发生化学反应而产生的物质。

防止烟尘产生的主要途经包括以下四种：一是增加氧气浓度，保证废物燃烧完全（常采用通入二次空气的方法）；二是利用辅助燃料提高燃烧温度；在是采用恰当的炉膛尺寸和形状；四是对烟气进行洗涤和除尘等。

（2）无机有害气体的产生和特性

无机有害气体主要包括硫氧化物和氮氧化物两类，另外还有少量的氯化氢（HCl）、氟化氢（HF）等酸性气体。

硫氧化物的控制方法主要包括干法和湿法两类。干法是指消石灰粉末与酸性气体作用形成颗粒状产物，再经过除尘器去除。湿法是将消石灰的溶液喷入湿式洗涤塔中，对酸性气体进行吸收洗涤。

氮氧化物的控制方法主要包括改进燃烧形式、改善燃烧状态、控制燃烧温度、对烟气进行处理等几种方式。

（3）重金属的产生和特性

废物中所含的重金属物质经高温焚烧后，部分残留于灰渣中，其余则会在高温下气化挥发进入烟气。部分金属在炉中参与反应，生成氧化物或氯化物，比原金属元素更易气化挥发。这些氧化物或氯化物，因挥发、热解、还原、氧化等作用，可能进一步发生复杂的化学反应，最终产物包括元素态重金属、重金属氧化物、重金属氯化物等。元素态重金属、重金属氧化物及重金属氯化物在尾气中将以特定的平衡状态存在，且因其浓度各不相同，各自的饱和温度也不相同，遂构成了复杂的连锁关系。元素态重金属挥发与残留的比例与各种重金属物质的饱和温度有关，饱和温度越高则越易凝结，残留在灰渣内的比例也随之增高。

（4）有机污染物的产生和特性

废物焚烧过程中产生的有机污染物主要是毒性有机氯化物，包括多氯代二苯并–对–二噁英（PCDDs）和多氯代二苯并呋喃（PCDFs）等二噁英类物质。二噁英是目前发现的无意识合成的副产品中毒性最强的化合物，它的毒性相当于氰化钾的 1 000 倍以上。同时它是一种对人体非常有害的物质，即使在很微量的情况下，长期摄入也可引起癌症等顽症，国际癌症研究中心已将它列为人类一级致癌物。此外，二噁英还会引起人体皮肤痤疮、头痛、失聪、忧郁、失眠、新生儿畸形等，并可能具有长期效应，如导致染色体损伤、心力衰竭、内分泌失调等。

（三）焚烧特性

1. 固体废物的三组分

（1）水分

城市生活垃圾的含水率较高，一般含量为 30%～50%。因此，在固体废物焚烧之前，应对其进行干燥。固体废物在干燥过程中需要吸收很多热能，生活垃圾的含水量越大，干燥过程所需的热能就越多，所花的时间也越长，焚烧炉内的温度下降也就越快，对生活垃圾焚烧的影响也就越大，严重时会使生活垃圾的焚烧难以维持，必须从外界供给辅助燃料，以保证燃烧过程的顺利进行。

（2）可燃分

生活垃圾中的可燃固体一般由碳、氢、氧、氮、硫、氯等元素组成。这些物质的热分解包含多种反应，既有吸热反应，也有放热反应。通常固体废物中的有机可燃物的活化能越小、热解温度越高，其热分解速率也越快。

（3）灰分

灰分主要是一些不能参与燃烧反应的无机盐类物质。灰分含量的高低决定了燃烧产生的烟尘数量的多少。灰分含量越高，后续处理过程中除尘装置的负担就越大，运行费用就越高。

2. 固体废物的热值

固体废物的热值是指单位质量的固体废物燃烧释放出来的热量，以 kJ/kg 表示。固体废物的热值是焚烧过程中最重要的基础数据，热值的高低可作为热平衡和能量回收的主要依据。固体废物要想维持燃烧，就要求其燃烧释放出来的热量足以提供加热废物达到燃烧温度所需要的热量和发生燃烧反应所必需的能量。

国家规定，固体废物入炉垃圾最低热值标准为 4 184 kJ/kg，一般固体废物燃烧需要的热值为 3 360 kJ/kg。据统计，美国城市垃圾中可燃成分的总热值较大，能够维持正常燃烧，我国城市垃圾中可燃成分低，平均热值约为 2 510 kJ/kg，达不到维持燃烧的要求，需要添加辅助燃料才能燃烧。

3. 固体废物焚烧和燃烧的关系

通常把具有强烈放热效应、有基态和电子激发态的自由基出现、伴有光辐射的化学反应现象称为燃烧，人们所说的燃烧一般都是指有焰燃烧。生活垃圾和危险性固体废物的燃烧称为焚烧，是包括蒸发、挥发、分解、烧结、熔融和氧化还原的一系列复杂的物理变化和化学反应，以及相应的传质和传热的综合过程。

四、焚烧的技术指标和技术标准

（一）焚烧技术指标

在实际燃烧过程中，由于操作条件不能达到理想效果，可燃物不能充分燃烧，即燃烧不完全。不完全燃烧的程度反映了焚烧效果。评价焚烧效果的技术指标有减量比、热灼减量、燃烧效率、破坏去除效率、烟气排放浓度限制指标等。

1. 减量比

减量比是用于衡量焚烧处理废物减量化效果的指标，通常用 MRC 表示，可以通过下式计算：

$$MRC = \frac{m_b - m_a}{m_b - m_c} \times 100\% \qquad (5—1)$$

式中　MRC——减量比，%；

m_a——焚烧残渣的质量，kg；

m_b——投加废物的质量，kg；

m_c——残渣中不可燃物的质量，kg。

2. 热灼减量

热灼减量是指焚烧残渣在（600±25）℃下经过 3 h 的灼烧后减少的质量占原焚烧残渣质量的百分数，其计算方法如下：

$$Q_R = \frac{m_a - m_d}{m_a} \times 100\% \qquad (5—2)$$

式中　Q_R——热灼减量，%；

m_a——焚烧残渣在室温时的质量，kg；

m_d——焚烧残渣在（600±25）℃下经过 3 h 灼烧后冷却至室温的质量，kg。

3. 燃烧效率

在焚烧处理城市垃圾及一般工业废物时，多以燃烧效率作为评估是否可以达到预期处理要求的指标，燃烧效率一般通过下式计算：

$$CE = \frac{c_{CO_2}}{c_{CO_2} + c_{CO}} \times 100\% \qquad (5—3)$$

式中　CE——燃烧效率，%；

c_{CO_2}——烟气中二氧化碳的浓度，mg/m³；

c_{CO}——烟气中一氧化碳的浓度，mg/m³。

4. 破坏去除效率

对于危险性固体废物，特殊化学物质或有机性有害成分的破坏去除效率是验证焚烧是否达到预期处理要求的指标，其计算公式为：

$$DRE = \frac{W_{POHC进} - W_{POHC出}}{W_{POHC进}} \times 100\% \qquad (5—4)$$

式中　DRE——破坏去除效率，%；

$W_{POHC进}$——进入焚烧炉中的有机性有害成分的质量流率，mg/s；

$W_{POHC出}$——从焚烧炉流出的该种物质的质量流率，mg/s。

5. 烟气排放浓度限制指标

废物在焚烧过程中会产生一系列新污染物，有可能造成二次污染。焚烧设施排放的烟气排放浓度限制指标大致包括以下四个方面：

（1）烟尘：常将颗粒物、黑度、总碳量作为控制指标。

（2）有害气体：包括二氧化硫、氯化氢、氟化氢、一氧化碳和氮氧化物。

（3）重金属元素单质或其化合物：如汞、镉、铅、镍、铬、砷等。

（4）有机污染物：如二噁英，包括多氯代二苯并–对–二噁英（PCDDs）和多氯代二苯并呋喃（PCDFs）。

（二）焚烧技术标准

生活垃圾焚烧烟气净化后，仍含有少量污染物，这部分污染物排入大气时含量必须要达到排放标准。也就是说，排放烟气中各种污染物的浓度或排放量要小于排放标准中规定的排放限值。

我国的城市生活垃圾焚烧技术起步较晚，目前还缺乏系统的研究和成熟的工程经验。1996 年，我国颁布了《大气污染物综合排放标准》（GB 16297—1996）。根据我国现行排放标准体系的规定，在没有生活垃圾焚烧行业性大气污染排放标准的前提下，我国的生活垃圾焚烧烟气排放应执行《大气污染物综合排放标准》（GB 16297—1996）。随着经济的发展，国内部分经济较发达的城市开始筹建大规模的现代化生活垃圾焚烧厂，一些企业也开始开发焚烧设备，但都遇到没有国家或地方垃圾焚烧烟气排放标准的问题。为了推动国内焚烧技术的发展，原国家环保总局已于 2014 年 7 月 1 日发布了《生活垃圾焚烧污染控制标准》（GB 18485—2014）。我国生活垃圾焚烧烟气排放标准见表 5—1。

表 5—1   我国生活垃圾焚烧烟气排放标准

标准号	不同污染物的排放浓度限值/（mg/m³）								
	烟尘	林格曼黑度	HCl	HF	SO₂	NOₓ	CO	重金属	二噁英/（ng/Nm³）
GB 18485—2014	80	1	75	—	260	400	150	Hg: 0.2 Cd: 0.1 Pb: 1.6	1.0

标准号	不同污染物的排放浓度限值/（mg/m³）								
	烟尘	林格曼黑度	HCl	HF	SO_2	NO_x	CO	重金属	二噁英/（ng/Nm^3）
GB 18485—2014	80	1	75	—	260	400	150	Hg: 0.2 Cd: 0.1 Pb: 1.6	1.0

五、焚烧的主要参数及热平衡计算

（一）燃烧所需空气量计算

1. 理论空气量

空气中的氧气是助燃物质，通常固体废物焚烧过程中需要的氧气都是通过空气提供的。理论空气量是指废物（或燃料）完全燃烧时所需要的最低空气量，一般以 A_0 来表示。可根据可燃物料中碳、氢、氮、氧、硫等元素的含量，通过经验公式计算理论空气量，然后再通过空气过剩系数计算实际空气量。

假设 1 kg 液体或固体废物中的碳、氢、氮、氧、硫、灰分以及水分的质量分别为 C、H、N、O、S、Ash 及 W，则理论空气量可用式（5—5）和式（5—6）表示。

体积标准：

$$A_0 = \frac{1}{0.21} \left[1.867C + 5.6 \left(H - \frac{O}{8} \right) + 0.7S \right] \quad (\text{m}^3/\text{kg}) \tag{5—5}$$

质量标准：

$$A_0 = \frac{1}{0.231} (2.67C + 8H - O + S) \quad (\text{kg/kg}) \tag{5—6}$$

其中，$(H - O/8)$ 称为有效氢。因为燃料中的氢是以结合水的状态存在的，在燃烧中无法利用这些与氧结合生成水，故需要将其从全氢中减去。

2. 实际空气量

实际供给的空气量 A 与理论空气量 A_0 的关系为：

$$A = \alpha A_0 \tag{5—7}$$

式中 A——实际空气量，m^3/kg；

A_0——理论空气量，m^3/kg；

α——空气过剩系数。

α 为实际空气量和理论空气量的比值。在实际的燃烧系统中，氧气与可燃物质无法完全达到理想程度的混合及反应。因此，仅供给理论空气量很难使其完全燃烧，需要加上比理论空气量更多的助燃空气量，以使废物与空气能完全混合燃烧。空气量供应是否足够，将直接影响焚烧的完全程度。过剩空气率过低会使燃烧不完全，甚至冒黑烟，有害物质焚烧不彻底；过剩空气率过高，则会使燃烧温度降低，影响燃烧效率，造成燃烧系统的排气量和热损失增加。因此，控制适当的过剩空气量是很必要的。

工业锅炉和窑炉与焚烧炉所要求的过剩空气系数有较大不同。前者首要考虑燃料使用效率，过剩空气系数尽量维持在 1.5 以下；后者焚烧的首要目的则是完全摧毁废物中的可燃物质，过剩空气系数一般大于 1.5。

（二）燃烧烟气量计算

1. 烟气产生量

理论烟气量是指假定废物以理论空气量完全燃烧时产生的烟气量。计算焚烧产生的实际烟气量，常常是先根据烟气的成分和经验公式计算出理论烟气量，然后再通过空气过剩系数来计算实际烟气量。

$$V_{理烟} = V_{CO_2} + V_{SO_2} + V_{N_2} + V_{H_2O} \tag{5—8}$$

式中　$V_{理烟}$——理论烟气量，m^3/kg；

V_{CO_2}——烟气中二氧化碳的量，m^3/kg；

V_{SO_2}——烟气中二氧化硫的量，m^3/kg；

V_{N_2}——烟气中氮气的量，m^3/kg；

V_{H_2O}——烟气中水的量，m^3/kg。

实际烟气量与理论烟气量的关系：

$$V_{实烟} = V_{理烟} + (\alpha - 1) A_0 \tag{5—9}$$

式中　$V_{实烟}$——实际烟气量，m^3/kg；

$V_{理烟}$——理论烟气量，m^3/kg；

A_0——理论空气量，m^3/kg；

α——空气过剩系数。

2. 烟气组成

实际烟气是由燃烧产物和未参与燃烧组分两部分组成的。燃烧产物为燃料中可燃组分与氧气发生反应所得到的氧化物，其中 C 完全燃烧时转化为二氧化碳，不完全燃烧时部分转化为一氧化碳；S 转化为二氧化硫或三氧化硫；H 转化为水；另外，还包含少量的酸性气体，如氯化氢、氟化氢等。未参与燃烧组分为空气中不参加反应的氮气和剩余的氧气。

（三）热值计算

燃烧产生的热量用发热量来表示，发热量的常见表示形式有干基发热量、高位发热量与低位发热量三种。

干基发热量（H_d）：废物不包括含水分部分的实际发热量。

高位发热量（H_h）：又称总发热量，是指燃料在定压状态下完全燃烧，其中的水分在燃烧过程结束后以液态水形式存在时的燃料发热量。

低位发热量（H_l）：实际燃烧时，燃烧气体中的水分为蒸汽状态，蒸汽具有的凝缩潜热及凝缩水的显热无法利用，将之减去后即为低位发热量或净发热量，也称真发热量。

干基发热量、高位发热量与低位发热量之间的关系可用下式表示：

$$H_d = \frac{H_h}{1 - W} \tag{5—10}$$

式中　H_d——干基发热量，kJ/kg；

H_h——高位发热量，kJ/kg；

W——废物中水分的含量，%。

$$H_l = H_h - 2\ 500 \times (9H_d + W) \tag{5—11}$$

（四）废气停留时间

废气停留时间是指燃烧产生的废气在燃烧室内与空气接触的时间，通常可用积分式表示：

$$\theta = \int_0^V dV/q \tag{5—12}$$

式中　θ——气体平均停留时间，s；

　　　V——燃烧室内容积，m^3；

　　　q——气体在炉温状况下的风量，m^3/s。

（五）燃烧室容积热负荷

燃烧室容积热负荷（Q_v），是指在正常运转下，燃烧室单位容积在单位时间内由垃圾及辅助燃料所产生的低位发热量，是燃烧室单位时间、单位容积所承受的热量负荷。

（六）焚烧温度

从理论上而言，对于单一燃料的燃烧，可以根据化学反应式和各物料的定压比热，借助精细的化学反应平衡方程组推求各生成物平衡时的温度及浓度。但是焚烧处理的废物组成复杂，计算过程十分烦琐，所以工程上多采用较简便的经验法或半经验法推求焚烧温度。

六、固体废物焚烧系统

（一）垃圾接受系统

垃圾接受系统主要包括垃圾称重、卸料、储存及进料等。

1. 垃圾称重

垃圾称重是垃圾进入焚烧厂的第一道工序，主要是记录垃圾、灰渣等的进出厂情况。

运送垃圾的车辆进入厂区后，驶上地衡称重。记录好称重结果和车辆情况后，车辆驶下地衡，去垃圾卸料平台卸料。

垃圾焚烧厂一般至少有两个出入口，一个是人流出入口，为人员行政和生活车辆专用；另一个是物流出入口，为生产车辆专用。垃圾称重系统位于垃圾焚烧厂内侧、物流出入口附近。考虑到可能对垃圾焚烧厂区外交通的影响，有时称重系统设置在厂内距物流出入口一定距离处。

地衡安装在固定于水泥支座上的金属构架上，水泥支座应高出地平面，以防止雨水及污水流到称重设备里。地衡上方要有牢固的顶棚，以防止降水的影响。上下水泥支座的坡道必须是直线道路，并且是缓坡，以防止对设备产生破坏性冲击。水泥支座周围要有排污系统。

地衡旁设置控制房，里面配有和桥秤相连接的显示设备，该显示设备可以记录并打印驶上地衡的垃圾车的称重结果。

垃圾称重系统称重后应该提供一张清单，清单中至少应包括清单号、日期及时间、车辆牌照、车主（运输公司）、垃圾来源（何地区或何转运站）、毛重、净重（当车辆已有记载时，可直接扣除空车质量）等数据。

地衡与中央控制室和行政管理部门相连，可及时进行数据交换。发往中央控制室的信息是每日进厂垃圾总重和分时间段的统计数据。所有数据对于生产情况的统计和生产计划的安排都非常重要。

2. 垃圾卸料

运送垃圾的车辆经称量后，按指定路线和信号灯指示驶向垃圾卸料平台，垃圾从开启的卸料门处被推入垃圾储坑内。完成卸料的垃圾车驶离平台后返回称重系统对空车进行称重。垃圾靠自身重力卸入储坑的，储坑深度也不宜过深，垃圾卸料平台一般都高于地面。平台必须具有足够的长度和宽度，长度一般与垃圾储坑长度相等，宽度一般为最大可能车辆转弯半径的2~4倍，便于多辆垃圾车驶入、倒车、卸料、驶出和在平台上进行车辆的临时检修。

必须设置供车辆驶入和驶出平台的匝道，简称上车道和下车道。两个匝道可以相互独立，也可以合并成一条，但要求匝道具有足够的宽度。匝道的坡度应充分考虑到重载车辆的爬坡能力。考虑到降雨等因素的影响，平台通常应建在室内，也称"卸料大厅"，同时需要考虑平台的光照和通风。当平台建于室外时，要考虑在平台周围设置安全护栏和排水装置。

车辆是通过卸料门倾卸垃圾的，卸料门是连接平台和垃圾储坑的重要环节。卸料门平时是关闭的，以保证安全并防止垃圾储坑的灰尘及臭气向外泄漏。当车辆倾卸垃圾时，卸料门才开启。因此，卸料门必须具有密封性好、开关灵活方便、耐腐蚀、机械强度高等性能。

每一个卸料门前为一个卸料车位，卸料门的数量必须满足车辆进厂高峰时卸料的需要。

卸料门数量的确定与处理规模之间的关系见表5—2。当垃圾车辆进厂频率变化较大时，应考虑增加卸料门的数量。

表5—2　　　　　　　　　　卸料门数量的确定

处理规模/（t/d）	卸料门数量/个	处理规模/（t/d）	卸料门数量/个
100~150	3	300~400	6
150~200	4	400~600	8
200~300	5	大于600	大于8

3. 垃圾储存及进料

进厂的生活垃圾并不是直接送入垃圾焚烧炉，而是必须经过垃圾储存这道工序。垃圾储坑的作用，一是储存进厂垃圾，起到对垃圾数量的调节作用；二是对垃圾进行搅拌、混合、脱水等处理，起到对垃圾性质的调节作用。

垃圾储坑上部设有固体废物蕴藏火种消防监督和自动灭火装置，以防固体废物运输车辆卸入的废物中携带的火种引起垃圾储坑的消防安全问题。

垃圾储坑内固体废物的卸入位置、存放位置、混匀和排水操作由接收工序工作人员统一调配，并由设在垃圾储坑顶部的固体废物专用吊车运行实现。固体废物专用吊车一般应设置两台或两台以上，需确保良好的运行性能与较低的故障率。吊车操作、配电、检修平台常设在垃圾储坑长度方向的两端、垃圾储坑上部吊车以下的位置。

垃圾储坑顶部侧边还设有固体废物焚烧炉燃烧空气引入口，正常运行时从垃圾储坑抽吸大量含臭气成分的空气，保证垃圾储坑空间处于负压状态，以防臭气外泄。

焚烧设施检修期间，一般需清空垃圾储坑内的固体废物，若不能清空，则需在固体废物面上洒喷石灰，以防害虫滋生；并有必要设置抽风除臭装置，抽取垃圾池空气，除臭达标后排放。

（二）焚烧系统

焚烧系统是整个工艺的核心部分，是固体废物进行蒸发、干燥、热分解和燃烧的场所。焚烧系统的核心装置是焚烧炉。焚烧炉有固定炉排炉、水平链条炉排炉、倾斜机械炉排炉、回转焚烧炉、流化床焚烧炉、立式焚烧炉、催化焚烧炉等多种类型。在现代生活垃圾焚烧工艺中，应用最多的是水平链条炉排炉和倾斜机械炉排炉。

现代生活垃圾焚烧工艺的焚烧炉火焰温度一般为 $850 \sim 1\,050 ℃$，焚烧炉排的机械负荷和热负荷分别为 $150 \sim 400\ kg/(m^2 \cdot h)$ 和 $(1.25 \sim 3.75) \times 10^6\ kJ/(m^2 \cdot h)$，焚烧炉允许的负荷变化范围一般为 $60\% \sim 110\%$，焚烧室出口烟气 CO 浓度小于 $60\ mg/m^3$，燃烧室出口烟气 O_2 体积分数为 $8\% \sim 16\%$。

（三）助燃空气系统

1. 助燃空气系统的构成

助燃空气包括炉排下送入的一次助燃空气、二次燃烧室喷入的二次助燃空气、辅助燃油所需的空气以及炉墙密封冷却空气等。

助燃空气系统的设备包括送风机、空气预热器和各种管道、阀门等。

辅助燃油燃烧系统由位于炉体及炉壁的辅助燃烧器、储油罐及空气管线等组成，其作用是提供在开机、停机过程中所需辅助的热量，以及在垃圾热值过低时，为维持炉内的最低燃烧温度而需补充的热量。

2. 助燃空气送风方式

（1）分离方式和分流方式

垃圾焚烧炉内送入的空气，可以分为从炉排底下进入的一次助燃空气和为促使炉内可燃气体充分燃烧而送入燃烧室的二次助燃空气。

一次、二次助燃空气由一台送风机送风的方式为分流方式，由两台送风机独立送风的方式称为分离方式，如图 5—1 所示。

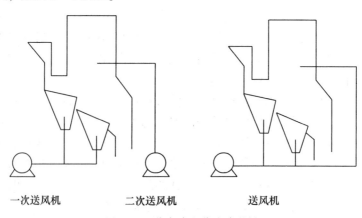

一次送风机　　　　二次送风机　　　　　送风机

图 5—1　分离式和分流式送风

在垃圾焚烧厂中，两种送风方式都可采用。分离方式（又称独立送风方式）的优点是可以根据一、二次送风所需的不同风量、温度等条件单独控制，操作较为灵活；缺点是设备成本相对较高。分流方式的优缺点正好与分离方式相反。

（2）一次助燃空气送风方式

一次助燃空气送风方式主要有统仓送风和分仓送风两种。垃圾在炉排上的燃烧是分阶段、分区进行的，因此沿炉排长度方向所需的空气量并不相同。燃烬段空气需求量少，燃烧段空气需求量大，燃烧旺盛区空气需求量最大。而统仓送风会使后燃烧段空气过剩，燃烧段空气不足。合理的办法是采用分仓送风，将炉排下分成几个区域，互相隔开，即分成不同的风室，可以单独调节通过每个风室送入炉排的风量。

不同性质的垃圾在炉排上的燃烧过程是相似的，区别在于每个燃烧阶段的长度和所需的空气量不同，所以采用分仓送风还可以对不同性质的垃圾按实际需要调节炉排各段的送风量。

（3）二次助燃空气送风方式

二次助燃空气送风又称二次风，就是将燃烧所需要的一部分空气用某种方法从炉排上部送入炉膛中，用以搅拌炉内气体，使之与氧气混合。合理地配置二次风，能使炉内的氧与不完全燃烧产物充分混合，使化学不完全燃烧损失和炉膛过剩空气系数降低。同时，由于二次风在炉膛内会造成旋涡，可以延长悬浮的未燃颗粒和未燃气体在炉膛中的行程，使飞灰不完全燃烧损失降低。

采用二次风主要目的是搅拌烟气，加强炉膛中气体的扰动。所以二次风可以是空气，也可以是其他介质，如蒸汽等。用空气做二次风最普遍，因为它既能促进混合，又可以补充燃烧所需的空气，但是往往需要配备一台压力较高的风机。利用蒸汽作"二次风"主要目的是使炉膛内产生旋涡，使可燃气体与过剩氧混合，改变炉膛内气体的不均匀状况，达到完全燃烧，减少未完全燃烧损失。用蒸汽作二次风时所需设备简单，炉膛过量空气系数不会太高，有利于保持炉温和保持一定的燃烧效率，但蒸汽消耗量大，运行费用较高。采用二次风的效果和喷嘴布置形式有很大关系，一般将喷嘴装在前墙或后墙上，也可前后墙都有。

二次风机的压头约为 3 000~4 000 Pa，一般喷嘴出口速度为 50 m/s 以上，蒸汽引射二次风和蒸汽二次风的风速更高。可根据炉室大小选取二次风的射程，一般为 1.5~2.5 m。

（四）余热利用系统

焚烧生活垃圾，在减容的同时释放出焚烧余热。对垃圾焚烧余热通过能量再转换等形式加以回收利用，不仅能满足垃圾焚烧厂自身设备运转的需要，降低运行成本，还能向外界提供热能和动力，以获得比较可观的经济效益。常见的余热利用方式包括直接利用热能、余热发电、热电联供和蒸汽及冷凝水系统等。

1. 直接利用热能

直接利用热能是将垃圾焚烧产生的烟气余热转换为蒸汽、热水和热空气等。通过设置在垃圾焚烧炉后的余热锅炉或其他热交换器，将烟气热量转换成一定压力和温度的热水、蒸汽以及一定温度的助燃空气，向外界直接供热。这种形式热利用率高、设备投资小，尤其适用于小规模垃圾焚烧设备和垃圾热值较低的小型垃圾焚烧厂。典型的直接热能利用系统如图5—2所示。

2. 余热发电

随着垃圾量和垃圾热值的提高，将其转化为电能是最有效的利用途径之一。将热能转换

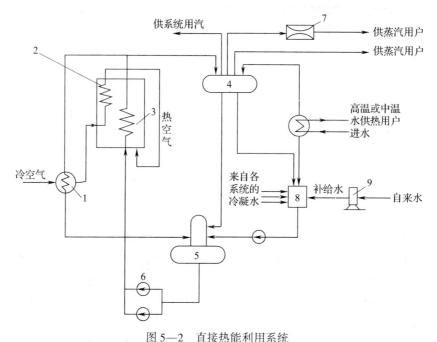

图5—2　直接热能利用系统

1—空气加热器　2—烟气空气预热器　3—多余热锅炉　4—集汽箱　5—除氧器
6—给水泵　7—减温减压器　8—冷凝水箱　9—化学水处理站

为高品位的电能，不仅能远距离传输，而且提供量基本可以不受用户需求量的限制，垃圾焚烧厂建设也可以相对集中，可以向大规模、大型化方面发展。从提高整个设备利用率和降低投资额来说都是有好处的。余热发电系统如图5—3所示。

3. 热电联供

在热能转变为电能的过程中，热能损失多少取决于垃圾热值、余热锅炉热效率以及汽轮发电机组的热效率。垃圾焚烧厂热效率仅有13%～22.5%，甚至更低。若有条件采用热电联供，将发电—区域性供热和发电—工业供热等结合起来，则垃圾焚烧厂的热利用率会大大提高。该利用率与供电和供热比例有关，一般在50%左右，甚至可达70%以上。

常见的热电联供方式有三种，即发电+区域性供热（或供冷）、发电+工业和农业供热、发电+区域性供热+工业供热（或供冷）。

4. 蒸汽及冷凝水系统

蒸汽及冷凝水系统主要作用是回收热能和使烟气降温。

（五）烟气净化系统

焚烧炉烟气是固体废物焚烧系统的主要污染源，烟气中含有大量颗粒状污染物和气态污染物。烟气净化系统的目的就是除去污染物质，使之达到国家有关的排放标准要求，最终排入大气。

为了防止垃圾焚烧处理过程对环境产生二次污染，必须采取严格的措施，利用烟气净化系统控制垃圾焚烧烟气的排放。研究和实践表明，"低温控制"和"高效颗粒物捕集"是烟气净化系统成功运行的关键因素。所以，在垃圾焚烧烟气净化过程中，必须将温度控制得尽

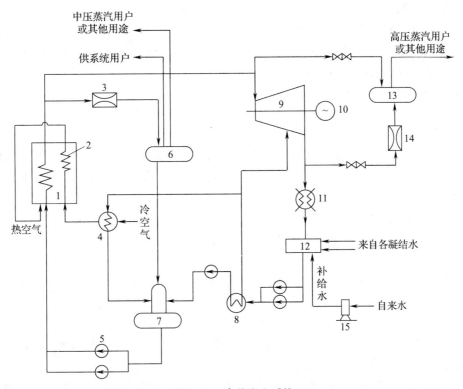

图5—3　余热发电系统

1—余热锅炉　2—烟气空气预热器　3、14—减温减压器　4—空气加热器　5—给水泵　6—中压集汽箱

7—除氧器　8—低压给水加热器　9—汽轮机　10—发电机　11—凝汽器　12—冷凝水箱

13—高压集汽箱　15—化学水处理站

可能低（露点以上），同时应采用高效除尘器。烟气净化工艺形式较多，按其系统中是否有废水排出，可分为湿法、半干法和干法三种。每种工艺都有多种组合形式，也各有优缺点。

（六）灰渣处理系统

　　灰渣处理系统主要包括灰渣的收集、冷却、加湿处理、储运、处理处置和资源化等。灰渣处理的主要设备和设施是灰渣漏斗、渣池、排渣机械、滑槽、水池或喷水器、抓提设备、输送机械、磁选机械等。灰渣处理系统工艺流程如图5—4所示。

炉渣 → 漏斗 → 排出装置 → 冷却设备 → 输送装置 → 灰渣储坑 → 吊车与抓斗 → 运出

图5—4　灰渣处理系统工艺流程

　　灰渣漏斗或滑槽可使从炉排缝隙漏出的灰渣顺利落下，且具有阻止"架桥"等阻塞现象形成的构造。灰渣冷却设备具有足够的容量，可以将排出的灰渣充分冷却，同时也具有遮断炉内烟气及火焰的功能。灰渣输送装置具有充足的容量，同时具有不使灰渣散落的功能。灰渣储坑具有两日以上的储存量，位于灰渣卡车容易接近的位置，在其底部也设有排水设施。吊车与抓斗具备适当的容量及速度，以利于储坑内灰渣的移出。

　　对于焚烧炉体产生的底灰和废气处理单元产生的飞灰，可以采用合并收集方式，也可以采用分开收集方式。国外一些焚烧厂将飞灰进一步固化或熔融后，再合并底灰送到灰渣填埋场处置，以防止吸附在飞灰上的重金属或有机毒物产生二次污染。

为使在烟道、锅炉、除尘器捕集的飞灰顺利移出并获得适当的处理，必须设置漏斗或滑槽、排出装置、输送装置、润湿装置、储存斗等设备。其一般的工艺流程如下：飞灰→漏斗→排出装置→输送装置→润湿装置→储存斗→运出。

七、固体废物焚烧设备

固体废物焚烧设备的核心是焚烧炉。焚烧炉的结构型式与废物的种类、性质、燃烧形态等因素有关。不同的焚烧方式有相应的焚烧炉与之相配合，焚烧炉主要有炉排型焚烧炉、流化床焚烧炉和回转窑焚烧炉三种类型。

（一）炉排型焚烧炉

炉排型焚烧炉可以分为固定炉排焚烧炉和活动炉排焚烧炉两种形式。

1. 固定炉排焚烧炉

固定炉排焚烧炉只能手工操作、间歇运行，劳动条件差、效率低，拨料不充分时易导致焚烧不彻底。

2. 活动炉排焚烧炉

活动炉排焚烧炉，也称机械炉排焚烧炉，可使焚烧操作连续化、自动化，是目前在处理城市生活垃圾中使用最为广泛的焚烧炉。

炉排是活动炉排焚烧炉的心脏部分，其性能直接影响垃圾的焚烧处理效果，按炉排构造不同，可分为链条式、阶梯往复式、多段滚动式等。我国目前制造的大部分中小型垃圾焚烧炉为链条式和阶梯往复式炉排焚烧炉，功能较差。大部分功能较好的机械炉排均为专利炉排。

活动炉排焚烧炉燃烧室内设有一系列机械炉排，通常按其功能分为干燥段、燃烧段和后燃烧段。垃圾经由添料装置进入机械炉排焚烧炉后，在机械式炉排的往复运动下，逐步被导入燃烧室内炉排上，垃圾在由炉排下方送入的助燃空气和炉排运动的机械力的共同推动、翻滚下，向前运动过程中水分不断蒸发，通常在落到水平燃烧炉排时已完全干燥并开始燃烧。燃烧炉排运动速度的选择原则是保证垃圾达到炉排尾端时已完全燃尽成灰渣。灰渣从后燃烧段炉排上落下并进入灰斗。

产生的废气流上升并进入二次燃烧室内，与由炉排上方导入的助燃空气充分混合并完全燃烧后，废气被导入燃烧室上方的废热回收锅炉并进行热交换。机械炉排焚烧炉的一次燃烧室和二次燃烧室并无明显可分的界限，垃圾燃烧产生的废气流在二次燃烧室的停留时间是指烟气从最后的空气喷口或燃烧器出口到换热面的停留时间。

（二）流化床焚烧炉

流化床焚烧炉是一种近年发展起来的高效焚烧炉，利用炉底分布板吹出的热风将废物悬浮起来呈沸腾状进行燃烧。一般常采用中间媒体（沙子）对废物进行流化，再将其加入流化床，并与高温的沙子接触、传热进而燃烧。由于介质之间孔道狭小，无法接纳较大的颗粒，因此，若处理固体废弃物，则必须先将其破碎成小颗粒，以利于反应的进行。

向上气流的流速控制着颗粒流体化的程度，气流流速过大时，上升气流会将介质带入空气污染控制系统，可外装旋风集尘器，将大颗粒的介质捕集再返送回炉膛内。空气污染控制系统通常只要装静电集尘器或滤袋集尘器对悬浮微粒进行去除即可。在进料口加一些石灰粉或其他碱性物质即可在流化床内直接去除酸性气体，此为流化床的另一优点。

流化床焚烧炉的特点是：颗粒与气体之间的传热和传质速率大，单位面积炉床处理能力强；物料在床层内呈现完全混合状态，能够迅速分散均匀，保持床层温度均匀，床层温度容易控制；炉子结构简单，造价便宜，无机械传动零件，不容易发生故障。流化床焚烧炉不适合处理黏附性高的半流动污泥，废气中粉尘比其他焚烧炉多。

（三）回转窑焚烧炉

回转窑焚烧炉的炉床是可动的，可使废物在炉床上变得松散和可移动，以改善焚烧条件，进行自动加料和出灰操作。垃圾在回转窑中随窑身的滚动而翻转、前进，直至燃尽。按锅炉系统布局的不同，回转窑焚烧炉可分为前转窑和后转窑。

各种焚烧炉的综合性能对比见表5—3。

表5—3　　　　　　　　　　各种焚烧炉的综合性能对比

炉型	优点	缺点
固定炉排焚烧炉	结构简单，操作方便	只能手工操作、间歇运行，劳动条件差、效率低
活动炉排焚烧炉	对垃圾的热值及水分含量适应性大，适用于热值和水分含量高的垃圾；成形经验多，国内外都有长期成功运行的先例；垃圾无须破碎和筛选，可以直接送入炉内进行高温燃烧，余热利用效率高	燃尽率难以控制
流化床焚烧炉	燃烧床层热容量较大，有利于燃烧；燃尽率较高	需要添加辅助燃料，运行成本增加；需要破碎等预处理；飞灰产量大，炉体容易磨损，处理能力有限
回转窑焚烧炉	焚烧处理前无须进行破碎和筛选	传动装置复杂，耐火材料容易破损，炉子热效率低，处理能力有限

第三节　固体废物热解技术

废物热分解技术发展历史较短，主要是从20世纪60年代以后，美、日、德、法、荷兰等国进行了大量研究，塑料、轮胎等有机废物的热解技术逐渐进入实用阶段。随着世界资源的减少、能源价格的上涨，热分解技术定将有更大的发展。固体废物热解流程如图5—5所示。

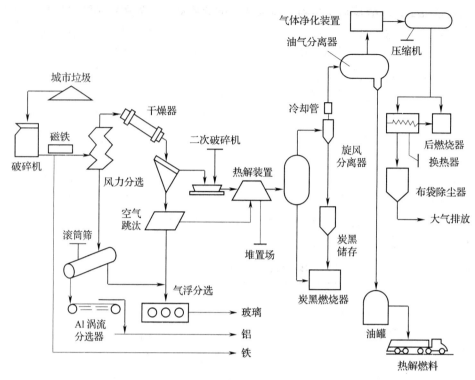

图 5—5 固体废物热解流程

一、热解原理和特点

（一）热解原理

热解是利用垃圾中有机物的热不稳定性，在无氧或缺氧条件下对其进行加热蒸馏，使有机物发生热裂解，经冷凝后形成各种新的气体、液体和固体，从中提取燃料油、油脂和燃料气的过程。

热解与焚烧的区别：焚烧是需氧氧化反应过程，热解是无氧或缺氧反应过程；焚烧是放热反应，热解是吸热反应；焚烧的主要产物是二氧化碳和水，热解的主要产物是低分子化合物；焚烧产生的热能一般可以就近直接利用，热解的产物可以储存及远距离运输。

（二）热解特点

1. 热解的产物是可燃性低分子化合物，可以以燃料气、燃料油、炭黑等形式储存能源，提高了固体废物资源化的程度。

2. 热解氧化过程在无氧或缺氧状态下进行，保持还原条件，三价铬不会转化为六价铬，硫氧化物与氮氧化物产量也减少，有利于减轻对大气环境的污染。

3. 热解是吸热过程，操作更简便、安全，便于控制。

4. 固体废物热解后，减容量大，残余炭渣较少，固体废物中重金属等有害成分大部分被固定在炭黑中，可以方便分离并回收有价值的金属，防止重金属污染，实现无害化处理。

（三）热解过程

固体废物的热解是一个非常复杂的化学反应过程，包含了大分子键的断裂、异构化和小分子的聚合等反应，最后生成小分子产物。热解的过程可以通过下式描述：

有机固体废物$\xrightarrow{\triangle}$气体（H_2、CH_4、CO、CO_2）+有机液体（有机酸、芳烃、焦油）+固体（炭黑、灰渣）

热解反应所需的能量取决于各种产物的生成比，而生成比又与加热的速度、温度及原料的粒度有关。低温—低速加热条件下，有机物分子有足够时间在其最薄弱的接点处分解，重新结合为热稳定性固体而难以进一步分解，固体产率增加。高温—高速加热条件下，有机物分子结构发生全面裂解，生成大范围的低分子有机物，产物中气体组分增加。对于粒度较大的有机原料，要达到均匀的温度分布需要较长的传热时间，其中心附近的加热速度低于表面的加热速度，热解产生的气体和液体也要通过较长的传质过程，这期间将会发生许多二次反应。

固体废物热解后能否获得高能量的产物，取决于废物中的氢转化为可燃气体与水的比例。不同的固体燃料及废物中的$C_6H_xO_y$见表5—4。

表5—4　　　　　　　　各种固体燃料$C_6H_xO_y$组成以及氢碳比

固体燃料	$C_6H_xO_y$	$H_2+1/2O_2\rightarrow H_2O$ 完全反应后的 H/C	固体燃料	$C_6H_xO_y$	$H_2+1/2O_2\rightarrow H_2O$ 完全反应后的 H/C
纤维素	$C_6H_{10}O_5$	$0/6=0$	半无烟煤	$C_6H_{2.3}O_{0.14}$	$2/6\approx0.33$
木材	$C_6H_{8.6}O_4$	$0.6/6=0.1$	无烟煤	$C_6H_{1.5}O_{0.07}$	$1.4/6\approx0.23$
泥炭	$C_6H_{7.2}O_{2.6}$	$2/6\approx0.33$	城市垃圾	$C_6H_{9.64}O_{3.25}$	$2.14/6\approx0.36$
褐煤	$C_6H_{6.7}O_2$	$2.7/6=0.45$	新闻纸	$C_6H_{9.12}O_{3.93}$	$1.2/6=0.2$
半烟煤	$C_6H_{5.7}O_{1.1}$	$3/6=0.5$	塑料薄膜	$C_6H_{10.4}O_{1.06}$	$8.28/6\approx1.4$
烟煤	$C_6H_4O_{0.53}$	$2.94/6=0.49$	厨余物	$C_6H_{9.93}O_{2.97}$	$4/6\approx0.67$

废物热解是一个非常复杂的物理化学反应过程，不同温度区间进行的反应过程有所不同，生成的产物组成也不相同。在这个反应过程中出现有机物断链、异构化等反应。热解的中间产物，一方面进行大分子裂解成小分子的过程，另一方面又进行小分子聚合成大分子的过程。

（四）热解产物

热解的产物主要包括可燃性气体、有机液体和固体残渣三部分。

1. 可燃性气体

热解产生的气体主要是氢气、一氧化碳、甲烷等以低分子碳氢化合物为主的可燃性气体。

2. 有机液体

在常温下，热解产生的液体包括乙酸、丙酮、甲醇、乙醛等有机化合物以及焦油、溶剂油等。

3. 固体残渣

热解产生的固体残渣主要是纯炭与玻璃、金属、土砂等混合形成的炭黑、焦炭等。

二、热解工艺分类及其影响因素

（一）热解工艺分类

一个完整的热解工艺由进料系统、反应器、回收净化系统、控制系统等几部分组成，其中反应器是整个工艺的核心，热解过程主要在反应器中进行。反应器类型往往决定整个热解反应的方式以及热解产物的成分。由于热解过程供热方式、产品状态、热解炉结构等方面的不同，热解方式也有较大的差别。

1. 按供热方式分类

按照供热方式的不同，热解可以分为直接加热法和间接加热法两种形式。

（1）直接加热法

直接加热法是供给被热解物（所处理的废物）的热量是被热解物部分直接燃烧或者向热解反应器提供补充燃料时所产生的热。由于燃烧需提供氧气，因此二氧化碳、水等混在热解可燃气中，稀释了可燃气，降低了热解产气的热值。采用的氧化剂不同（如纯氧、富氧或空气），热解可燃气的热质也不同。氧化剂为空气时，热解可燃气中不仅有二氧化碳和水，还有大量氮气，稀释了可燃气，使热解气的热值大大降低。

直接加热法所用的设备简单，处理量和产气率较高，但产气的热值不高，还不能作为单一燃料直接利用。

（2）间接加热法

间接加热法是利用直接供热介质将被热解的物料在热解反应器（或热解炉）中分离开来的方法，可利用墙式导热或中间介质（如热砂料或熔化的某种金属床层）传热。由于墙式导热方式热阻大，熔渣可能会出现包覆传热壁面、腐蚀及不能采用更高的热解温度等问题。采用中间介质传热，虽然可能出现固体传热、物料与中间介质分离等问题，但二者综合比较起来，中间介质传热要好一些。

间接加热法优点是产品品位较高，但每千克物料产生的燃气量和产气率都大大低于直接加热法，这延长了物料在反应器里的停留时间，其生产率低于直接加热法。

2. 按热解温度分类

（1）高温热解

高温热解温度一般都在 1 000℃以上，高温热解采用的几乎都是直接加热法。

（2）中温热解

中温热解温度一般为 600~700℃，主要用在比较单一的物料回收工艺上，如废轮胎、废塑料转换成类重油物质的工艺。得到的类重油物质既可作能源，也可作化工初级原料。

（3）低温热解

低温热解温度一般在 600℃以下，主要用于以农业、林业产品加工后的废物生产低硫、低灰的炭。生产出的炭根据原料和加工深度的不同，可作为不同等级的活性炭和水煤气原料。

（二）影响热解的主要因素

1. 温度

反应器的关键控制变量是热解温度。热解产品的产量和成分可由反应器温度有效控制。热解的整个过程，有机物都处在复杂的热裂解过程中，温度区间不同，反应过程不同，产出物的组成也不同。

2. 湿度

湿度的影响主要表现为影响产气的产量和成分、热解的内部化学过程以及整个系统的能量平衡。另外，湿度对热解的影响还与热解方式及具体的反应器结构相关。

3. 反应时间

反应时间是指反应物料完成反应在炉内停留的时间，它与物料尺寸、物料分子结构特性、反应器内的温度水平、热解方式等因素有关，并会影响热解产物的成分和总量。物料尺寸越小，反应时间越短；物料分子结构越复杂，反应时间越长；反应温度越高，反应物颗粒内外温度梯度越大，物料被加热的速度越快，反应时间越短。反应物的浓度与反应时间也有关系。

4. 加热速率

加热速率对生成产品成分的比例影响较大。随着加热速率的增大，产品中水分和有机液体的含量逐渐减少。

三、热解工艺设备

应用热解技术处理城市垃圾的主要工艺设备有：固定床型热解系统、流化床型热解系统、回转窑式热解系统等多种方式。

（一）固定床型热解系统

典型的固定床反应器如图5—6所示。经过选择和破碎的固体废物从反应器的顶部加入。反应器中物料与气体界面温度为93~315℃。物料通过燃烧床向下移动，燃烧床由炉箅支持。在反应器底部引入预热空气或氧气。这种反应器的产物包括底部的熔渣、灰渣和顶部的烟气，顶部烟气中含有焦油、木醋油等成分，经过冷却洗涤后可以作为燃气使用。

在固定床反应器中，维持反应进行的热量由部分废物燃烧提供。由于采用逆流式物流方向，物料在反应器中滞留时间长，保证了物料最大限度地转化为燃料。同时，由于反应器中气体流速相对较低，产生的气体中夹带的颗粒物也比较少。固体物质损失少，燃料转化率高，使未气化的燃料损失减到最少，并且减少了对空气污染的潜在影响。

固定床反应器的缺点是黏性的燃料或污泥等湿物料需要进行预处理才能进入反应器。这种情况下，预处理过程一般包括烘干、进一步粉碎等。另外，由于反应器内气流未上行，温度低，含有焦油等成分，物料容易堵塞部分气化管道。

（二）流化床型热解系统

在流化床中，气体与燃料同流向接触。由于反应器中气体流速很快，可以使固体废物颗粒处于悬浮状态，因此废物颗粒反应性能好，速度快。流化床反应器要求物料颗粒本身可燃性好，因此，应严格控制反应温度，以防灰渣熔融结块。流化床反应器如图5—7所示。

流化床适用于含水量高或含水量波动大的废物燃料，设备尺寸比固定床小，但反应器热损失大，气体不仅带走大量热量，而且也带走很多未反应的固体燃料粉末。

（三）回转窑式热解系统

回转窑是一种间接加热的高温热解反应器，主要设备是一个微倾斜的圆筒，它可以慢慢旋转，使废物移动通过蒸馏容器并到达卸料口。一部分分解反应产生的气体在蒸馏容器外壁与燃烧室内壁之间的空间燃烧，用来加热废料。这类反应器产生的可燃气体热值较高，可燃性好。

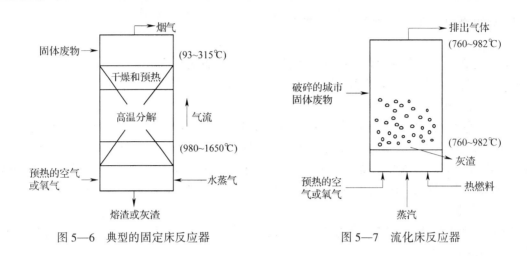

图 5—6　典型的固定床反应器　　　　图 5—7　流化床反应器

实训：垃圾焚烧发电公司实训

一、实训题目

垃圾焚烧发电公司实训。

二、实训任务

到垃圾焚烧发电公司进行生产实习，主要掌握垃圾焚烧发电工艺流程和设备装置，熟悉在生产过程中常见事故的处理方法，了解固体废物发电过程中废气的控制途径。

三、实训要求

1. 严格遵守公司管理和安全方面的各项规定。

2. 未经允许，严禁触碰各种机械、开关。

3. 按班级人数分成4~6组，选出小组负责人。负责人组织本组学生参观实习，认真统计出勤情况。

4. 以小组为单位完成实训报告，要求绘制工艺流程图。

四、实训时间

1~3 d。

五、实训流程

1. 实训动员，布置任务，提出要求，强调纪律，准备实训室和制图工具。

2. 查阅文献，了解垃圾焚烧发电工艺原理及工艺流程。

3. 到垃圾焚烧发电公司参观实习。

4. 完成实训报告及流程图绘制。

思考与练习

一、单项选择题

1. 在用焚烧法处理固体废物时，为使废物中有毒有害物质通过氧化、热解而被破坏，其焚烧温度一般维持在（　　）℃。

 A. 800~1 200   B. 600   C. 800   D. 1 100~1 500

2. 目前，垃圾焚烧技术以（　　）最具有代表性。

 A. 美国   B. 西欧

 C. 日本和欧美   D. 美国和日本

3. 对于城市生活垃圾而言，具有较好的适应性的炉型是（　　）。

 A. 机械炉排焚烧炉与流化床焚烧炉 B. 机械炉排焚烧炉

 C. 流化床焚烧炉   D. 回转窑焚烧炉

4. 对于危险废物，具有较好的适应性的炉型是（　　）。

 A. 机械炉排焚烧炉与流化床焚烧炉 B. 机械炉排焚烧炉

 C. 流化床焚烧炉   D. 回转窑焚烧炉

5. 经过焚烧，垃圾中的可燃成分被高温分解后一般可减容、减量，分别达到（　　）。

 A. 80%、90%   B. 90%、80%

 C. 60%、80%   D. 80%、60%

6. 废物完全燃烧的主要产物有（　　）。

 A. CO_2、HCl、N_2、SO_2、H_2O B. CO_2、HCl、N_2、H_2O

 C. CO_2、HCl、N_2、SO_2 D. CO_2、HCl、SO_2

7. 垃圾中存在含氟有机物，为避免其生成四氟化碳或二氟化碳，应向垃圾中添加辅助燃料，以增加元素（　　），用以保证氟元素尽可能转化为氟化氢。

 A. 氢   B. 氧   C. 碳   D. 其他

8. 垃圾焚烧过程中产生的污染物质包括（　　）。

 A. 烟尘、有害气体、重金属、有机污染物

 B. 飞灰、有害气体、有机污染物

 C. 灰渣、有害气体、重金属、有机污染物

 D. 灰渣、重金属、有机污染物

9. 粉尘的产生量与（　　）有关。

 A. 垃圾性质和燃烧方式   B. 垃圾性质和燃烧时间

 C. 垃圾组分和搅拌强度   D. 焚烧温度和气体停留时间

10. 影响垃圾焚烧的四大因素是（　　）。

 A. 焚烧温度、搅拌混合程度、气体停留时间和过剩空气率

 B. 焚烧温度、搅拌混合程度、气体停留时间和燃烧室负荷

 C. 焚烧垃圾性质、搅拌混合程度、气体停留时间和过剩空气率

D. 焚烧温度、搅拌混合程度、传质传热速率和过剩空气率

二、不定项选择题

1. 焚烧法可以处理的废物包括（   ）。

    A. 固体废物   B. 液体废物   C. 气体废物   D. 建筑废物

2. 焚烧法适宜处理（   ）的废物。

    A. 有机成分多   B. 热值高

    C. 有机成分少   D. 热值低

3. 制约我国推广垃圾焚烧技术的主要因素是（   ）。

    A. 大部分城市生活垃圾的低位热值较低

    B. 生活垃圾中灰渣含量高

    C. 国内缺乏关于焚烧的可靠技术支撑

    D. 焚烧厂成本高、筹资难

4. 目前，广泛应用的垃圾焚烧炉主要有（   ）。

    A. 炉排炉   B. 流化床式焚烧炉

    C. 回转窑式焚烧炉   D. 控气式焚烧炉

5. 垃圾焚烧在炉室中产生的无机烟尘包括（   ）。

    A. 由燃烧空气卷起的不燃物、可燃灰分

    B. 高温燃烧区域中低沸点物质气化

    C. 有害气体（HCl、SO_2）去除时，投入的 $CaCO_3$ 粉末引起的反应生成物和未反应物

    D. 不完全燃烧引起的未燃碳分

三、讨论题

1. 采用焚烧处理的固体废物，需要达到的基本要求是什么？焚烧处理具有什么特点？

2. 影响固体废物焚烧的主要因素有哪些？实际控制因素是什么？

3. 简述热解与焚烧的区别。

4. 热解工艺有哪几种？各自的主要处理对象是什么？

第六章

固体废物的生物处理技术

本章学习目标

★ 了解生物处理的垃圾种类，了解好氧堆肥和厌氧发酵的定义。

★ 了解污泥的种类、污泥中的水分及其分离方法。

★ 熟悉污泥浓缩与脱水的基本原理。

★ 熟悉好氧及厌氧堆肥的基本原理及工艺。

★ 掌握各种脱水机械设备的工作原理、结构、适用范围。

★ 掌握堆肥需氧量及其他成分的计算。

　　固体废物的生物处理技术是指依靠微生物的作用，通过生物转化过程，将固体废物中易于生物降解的有机物分解转化为腐殖肥料、沼气或其他转化产品，如饲料蛋白、乙醇、糖类等，从而实现固体废物稳定化、无害化和资源化的一种处理方法。目前常用的转化方法主要包括好氧堆肥技术和厌氧发酵技术等。

　　固体废物的生物处理可以直接或间接利用生物体的机能，对固体废物的某些组分进行转化，进而高效净化环境污染。固体废物的生物处理技术与焚烧、热解处理技术相比，可以将固体废物直接转化为有用的资源，如成为堆肥产品，同时减少环境污染，更大限度地造福人类。

第一节　固体废物生物处理技术概述

一、定义和分类

（一）堆肥与堆肥化

堆肥是以各种植物残体（作物秸秆、杂草、树叶、泥炭、垃圾以及其他废弃物等）为主要原料，混合人畜粪尿经堆制腐解而成的有机肥料。由于它的堆制材料、堆制原理和其肥分的组成及性质与厩肥相类似，堆肥又称人工厩肥。堆肥作为一种有机肥料，所含营养物质比较丰富，且肥效长而稳定，同时有利于促进土壤固粒结构的形成，能增加土壤保水、保温、透气、保肥的能力。化肥所含养分单一，长期单一使用化肥会使土壤板结，保水、保肥性能减退，堆肥与化肥混合使用则可弥补以上缺陷。

堆肥化就是在一定的人工控制条件下，利用自然界广泛分布的细菌、真菌、放线菌等微生物，促进可被生物降解的有机物向稳定的腐殖质转化的生物化学过程。

堆肥技术起源于中国，它最初是一种原始朴素的经验，后不断发展，可以科学地揭示有机物的矿化及腐殖化过程与微生物、水分、温度、氧气量和碳、氮等生态因子间的相互关系，并对这些因子进行科学调控，从而缩短堆肥时间，提高堆肥质量。

（二）分类

根据堆肥过程微生物对氧的需求，可简单将其分为厌氧和好氧两种类型。

1. 厌氧堆肥

厌氧堆肥通常以农作物秸秆及人畜粪便为原料堆沤还田，依靠厌氧微生物的分解作用，完成有机物的矿化及腐殖化过程。其特点是堆肥时间长；厌氧分解温度低，堆内有害病菌不能被全部杀死；分解时产生浓烈臭味；堆肥规模小，仅限于以家庭为单元的堆肥。然而，厌氧堆肥操作简单，在分解过程中有机碳及元素氮保留较多，在农村应用广泛。

2. 好氧堆肥

好氧堆肥是在一定供氧条件下，利用好氧微生物的分解作用，最终将有机物分解成二氧化碳和水，同时放出热量。根据堆肥过程供氧方式的不同，可进一步将好氧堆肥分成静态和动态两种类型。

（1）静态堆肥

机械化程度低，周期长，需要 2~3 个月的时间。

（2）动态堆肥

机械化程度高，堆肥时间短，一般需要 3~5 d。

二、生物处理的原料

可以进行生物处理的原料种类很多，包括城市垃圾、禽畜粪便、污泥、农林废物、泔脚和食品废物等。

（一）城市垃圾

城市垃圾主要产自居民家庭、餐饮业、旅馆业、旅游业、服务业、市政环卫业、交通运输业、文教卫生业和行政事业单位、工业企业单位，还包括水处理污泥等。它的主要特点是成分复杂，有机物质含量丰富，可为堆肥微生物提供赖以生存、繁殖的物质条件，是良好的堆肥原料。垃圾堆肥化处理技术是将垃圾露天堆积，表面用土壤覆盖，在厌氧或自然通风的条件下进行发酵，得到的产品经简单筛分后用于农肥。这种堆肥法虽然存在设备简陋、发酵周期长、产品腐熟度和均匀性较差等缺点，但投资省，操作简单，可以有效地吸纳垃圾。

（二）禽畜粪便

禽畜粪便是禽畜动物中未被吸收的食物残渣部分。未被吸收的残渣部分，经消化道通过大肠，从肛门以粪便形式排出体外。粪便中含有食物中不消化的纤维素、结缔组织、上消化道的分泌物（如黏液、胆色素、黏蛋白、消化液、消化道黏膜脱落的残片）、上皮细胞和细菌。

禽畜粪便也是一种重要的生物质能源。除在牧区有少量的直接燃烧外，禽畜粪便主要作为沼气的发酵原料以及堆肥的原料。我国主要的禽畜是鸡、猪和牛，根据这些禽畜品种、体重、粪便排泄量等因素，可以估算出粪便资源量。根据计算，目前我国禽畜粪便资源总量约为 8.5 亿 t，约折合 7 840 万 t 标准煤，其中牛粪为 5.78 亿 t，约折合 4 890 万 t 标准煤；猪粪为 2.59 亿 t，折合 2 230 万 t 标准煤；鸡粪为 0.14 亿 t，折合 717 万 t 标准煤。

在粪便资源中，大中型养殖场的粪便更便于集中开发和规模化利用。我国目前大中型牛、猪、鸡场约 6 000 多家，每天产生的粪尿及冲洗污水约 80 万 t，全国每年粪便污水资源量约为 1.6 亿 t，折合 1 156.5 万 t 标准煤。

（三）污泥

污泥由水和污水处理过程所产生的固体沉淀物质组成。由于各类污泥的性质不同，分类是非常必要的，其处理和处置也不尽相同。根据其来源，可以将污泥划分为市政污泥、管网污泥、河湖淤泥和工业污泥等。

在非特指环境下，污泥一般指市政排水污泥。污泥的特性是有机物含量高，容易腐化发臭，颗粒较细，相对密度较小，含水率高且不易脱水。污泥是呈胶状结构的亲水性物质，便于用管道输送，如初沉池与二沉池排出的污泥。

（四）农林废物

农林废物是农业生产、农产品加工、畜禽养殖业和农村居民生活排放的废弃物的总称。它主要包括农田和果园残留物（如秸秆、杂草、枯枝落叶、果壳果核等）、牲畜和家禽的排泄物及畜栏垫料、农产品加工的废弃物和污水、人粪尿和生活废弃物。

如果任意排放农业废弃物，不仅造成农村生活环境的污染，而且会污染农业水源，影响农业产品的品质，危害农业生产，传染疾病，影响居民健康。

（五）泔脚和食品废物

泔脚有机质含量非常高，含水率高，油脂多，盐分含量高，不可堆腐的惰性物质和其他杂质少，极易因发酵而变臭。

食品废物是人们在买卖、储藏、加工和食用各种食品的过程中所产生的易腐烂的垃圾，是城市生活垃圾的主要成分。

随着人们生活水平的提高，食品消费的种类和数量越来越多，餐饮业迅猛发展，导致食品垃圾产生量迅速增加。据统计，我国的垃圾产生量以每年约 10% 的速度递增，年新增食品垃圾产生量达 500 万 t。食品垃圾不仅量多、增长迅速，更重要的是它含水量大，易腐烂发臭和传播病菌，因此将厨余物从混合垃圾中分离出来单独处理，具有十分重要的意义。

泔脚和食品废物的共同特点是有机成分含量高，含有丰富的氮、磷以及植物生长所必需的微量元素，是优质的堆肥原料。

第二节　固体废物好氧堆肥

一、好氧堆肥原理

（一）基本原理

好氧堆肥过程是有机物在有氧的条件下，利用好氧微生物所分泌的外酶将有机固体废物分解为溶解性有机物质，再渗入细胞中。微生物通过代谢活动，把其中一部分有机物氧化成简单的无机物，为生物生命活动提供所需的能量，另一部分有机物转化为生物体所必需的营养物质，形成新的细胞体，使微生物不断增殖，其基本原理如图6—1所示。

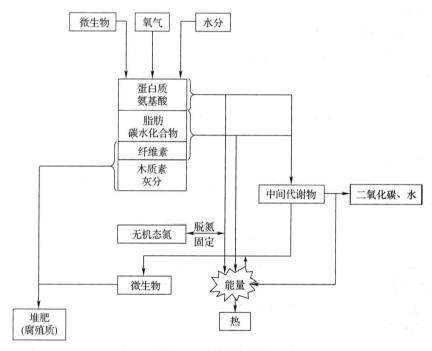

图6—1　好氧堆肥原理

堆肥反应是利用微生物使有机物分解、稳定化的过程，因此微生物在堆肥过程中起着十分重要的作用。堆肥微生物可以来自自然界，也可利用经过人工筛选出的特殊菌种进行接种，以提高堆肥反应速度。堆肥微生物主要有细菌、真菌和放线菌等，而在堆肥过程中堆肥微生物的数量和种群不断发生变化。

（二）好氧堆肥过程温度变化规律

好氧堆肥过程是一系列微生物活动的复杂变化过程，包含着堆肥原料矿化和腐殖化过程。在好氧堆肥过程中，在有机物质的不同降解阶段，微生物种类不同，堆肥温度也在不断变化，具体变化情况如图6—2所示。

按照好氧堆肥过程中温度变化关系，好氧堆肥过程大致可以分成中温阶段、高温阶段和降温阶段三个阶段。

1. 中温阶段

中温阶段又称升温阶段或产热阶段，堆肥初期常温细菌（或称中温菌）分解有机物中易分解的糖类、淀粉和蛋白质等产生能量，使堆层温度迅速上升。此阶段堆肥层温度为 15～45℃，细菌和丝状真菌等中温菌生命力旺盛。

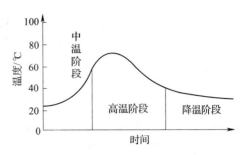

图 6—2　好氧堆肥过程中温度变化情况

2. 高温阶段

当温度超过 45℃时，常温菌受到抑制，活性逐渐降低，呈孢子状态或死亡，此时嗜热微生物逐渐代替常温微生物。有机物中易分解的有机质除继续被分解外，大分子的半纤维素、纤维素等也开始分解，温度可高达 60～70℃，称为高温阶段。在温度上升过程中，嗜热微生物的类群和种群是互相接替的。通常在 50℃左右，最活跃的是嗜热真菌和放线菌；当温度升高到 60℃时，真菌几乎完全停止活动，仅有嗜热放线菌和细菌活动；当温度上升到 70℃以上时，大多数嗜热微生物已经不再适应，微生物大量死亡或进入休眠状态。

3. 降温阶段

堆肥过程在高温持续一段时间后，易分解的或较易分解的有机物已大部分被分解，剩下的是难分解的有机物和新形成的腐殖质。此时，微生物活动减弱，产生的热量减少，温度逐渐下降，常温微生物又成为优势菌种，残余物质进一步被分解，堆肥进入降温阶段。

（三）好氧堆肥微生物

好氧堆肥过程中的微生物来自有机固体废物和人工加入菌种两种途径。

1. 来自有机固体废物的微生物

有机固体废物（如城市生活垃圾、食品废物、禽畜粪便）含有大量天然微生物，主要包括细菌、真菌、放线菌等。这些微生物以有机固体废物为食，利用固体废物降解过程中释放出的能量供自身成长，是堆肥过程中的主要微生物种群。但是由于固体废物成分复杂，微生物种类和数量分布不均匀，此类微生物在堆肥过程中不能起到主导作用，往往需要进行驯化。

2. 人工加入的菌种

为了使堆肥过程顺利进行，减少堆肥时间，提高堆肥的效率，往往在堆肥过程中加入经过人工驯化后的特殊菌种。

（1）细菌

在好氧堆肥过程中，细菌凭借强大的比表面积，可以快速将可溶性废物吸收到细胞中，进行细胞内代谢。细菌的数量要比真菌和放线菌多。在不同的环境中分离的细菌在分类上具有多样性，主要包括假单胞菌属、克雷伯氏菌属以及芽孢菌属等。随着堆肥温度的上升，常温菌受到抑制，嗜温细菌活跃；当温度升至高温阶段时，只有少量嗜热细菌可以活动；高温期过后，随着有机成分的减少，堆体温度下降，常温细菌又开始活跃，使细菌总数上升。在整个好氧降解过程中，嗜温细菌是堆肥系统中最重要的微生物。

（2）放线菌

放线菌具有多细胞菌丝，可以分解一些纤维素，并溶解木质素等。相较真菌，放线菌能够忍受高温和 pH 的影响，在固体废物生物降解的高温阶段是分解木质素、纤维素的优势菌群。在好氧堆肥中，诺卡氏菌、链霉菌、高温放线菌和单孢子菌占有优势。

（3）真菌

在生物降解过程中，真菌对固体废物有机成分的分解和稳定化起着重要作用。真菌不仅能够分泌胞外酶，水解有机物质，而且由于其菌丝的机械穿插作用，还对物料起着一定的物理破坏作用，促进生化反应的进行。堆肥过程中，随着温度的升高，真菌的数量逐渐减少。在温度为 64℃ 左右时，嗜热真菌几乎完全消失。

二、堆肥化的影响因素及其控制

好氧堆肥过程是利用好氧微生物分解有机物的过程，所以影响好氧微生物生长、繁殖的因素都会影响堆肥的过程，归纳起来主要包括物理因素、化学因素和生物因素等几方面。

（一）物理因素

影响堆肥过程的物理因素主要包括温度、颗粒尺寸以及固体废物含水率。

1. 温度

温度是堆肥过程中很重要的工艺指标。温度主要影响堆肥过程中微生物的种群和数量。不同的温度条件下，会有不同种属、不同数量的微生物，它们对各种有机物的分解能力也不同。每一种微生物都有其适宜的温度范围，温度直接影响微生物分解有机物的速度。堆肥最适宜温度为 55~60℃，温度越低，微生物的活性越低。40℃ 左右时，微生物的活性只有最适温度活性的 2/3 左右；而 70℃ 以上时，微生物呈孢子状态或死亡，活性则急速降低。

堆肥初期，堆体温度一般与环境温度一致，但是随着微生物分解有机物过程的进行，堆体温度逐渐上升。温度升高，一方面加速有机物的分解过程；另一方面也可以杀死虫卵、致病菌以及杂草籽等，使堆肥产品质量提高，能够更安全地应用于农业生产。与堆肥有关的病原菌及其杀灭条件见表 6—1。如果堆肥过程能维持在 60℃ 以上一昼夜时间，所有的致病菌等将被杀灭，达到无害化要求。

表 6—1　　　　　　　　　　与堆肥有关的病原菌及其杀灭条件

微生物	杀灭条件	
	温度/℃	时间/min
伤寒杆菌	55~60	30
沙门氏菌属	56	60
志贺氏菌属	55	60
大肠杆菌	55	60
金黄色葡萄球菌	55	30
化脓性链球菌	54	10
结核杆菌	65	15~20
白喉杆菌	55	45

续表

微生物	杀灭条件	
	温度/℃	时间/min
布氏杆菌	55	60
旋毛虫幼虫	60	1
无钩绦虫	71	5
美洲钩虫	45	50

2. 颗粒尺寸

固体废物的颗粒尺寸对堆肥过程也会产生影响。颗粒尺寸的影响主要体现在对通风供氧的影响，因为堆肥过程中供给的氧气是通过颗粒之间的空隙分布到物料内部的。堆肥的固体废物颗粒尺寸应该尽可能小，才能使空气与固体颗粒有较大的接触面积，使好氧微生物更快分解有机物。但是如果颗粒尺寸过小，容易造成厌氧条件，不利于好氧微生物的生长繁殖。在堆肥前应对固体废物进行破碎和分选操作，去除不可堆肥的物质，使固体废物的颗粒尺寸均匀化。

3. 含水率

微生物只能吸收、利用溶解性养料，若离开水将无法生存。水分是维持微生物生长的基本条件之一，水分含量也直接影响堆肥发酵速度和腐熟程度，是影响好氧堆肥的关键因素。

在理论上，水分越高越有利于微生物的代谢活动。但是水分过多，发酵物料的空隙间将充满水，空隙率大大减小，空气不能渗透到堆积层内部，供氧量减少，甚至达到厌氧状态，发酵速度和温度会降低。当含水率高于70%时，堆肥温度难以上升，有机物分解速度降低，堆肥体通风困难，迅速造成厌氧状态。相反，水分过少也会妨碍微生物的活性及增殖，使分解速度变低。当含水率低于40%时，微生物的活性开始下降；当含水率低于20%时，微生物的生命活动基本停止。因此，水分过多或过少对堆肥过程都是不利的，堆肥原料的适当含水率一般为50%~65%。

合适的堆肥原料的含水率与原料的组成有关。一般可以根据物料中各种成分的极限含水率计算出堆肥物料的极限含水率，再估算该物料的堆肥适宜含水率。物料主要成分的极限含水率见表6—2。

表6—2　　　　　　　　　　物料主要成分的极限含水率

种类	煤渣	菜皮	厚纸板	报纸	破布	碎砖瓦	玻璃	塑料	金属
极限含水率/%	45.1	92.0	65.6	74.4	74.3	15.9	1.1	5.7	1.1

极限含水率是指固体颗粒本身所能持有的最大含水率，不包括堆层颗粒与颗粒之间空隙中的水分。有机物堆肥的含水率控制在物料极限含水率的60%~80%为最适宜。

（二）化学因素

影响堆肥过程的化学因素主要包括碳氮比（C/N）、供氧量、营养平衡和pH。

1. 碳氮比

堆肥原料中的碳氮比是影响堆肥微生物对有机物分解的重要因素之一。碳是堆肥化反应的能量来源，是组成细胞蛋白质的骨架，又是组成细胞多糖、荚膜及储藏物质的原料，也是微生物所需能量的来源。氮是组成细胞蛋白质、核酸等物质的重要成分，是微生物的主要营养来源，也是控制生物合成的重要因素。微生物体的碳、氮元素比率是 5~10，平均为 5~6。

一般将堆肥原料的碳氮比控制在 25~30。如碳氮比过大，微生物增殖将由于氮的不足而受限制，有机物分解速度变慢，堆肥需要更长的时间。碳氮比过低，氮过量，堆肥过程将产生氨气，不仅影响环境，而且造成肥效成分氮的损失。

调整碳氮比的方法是加入人粪尿、牲畜粪尿以及城市污泥等，或者在碳氮比高的物料中掺杂一些碳氮比低的物料，使碳氮比控制在适当的范围内。常见有机废物的碳氮比见表 6—3，在实际过程中可参考选用。

表 6—3　　　　　　　　　　　　　常见有机废物的碳氮比

物质	碳氮比	物质	碳氮比	物质	碳氮比
稻草、麦秆	70~100	牛粪	8~26	杂草	12~19
木屑	200~1 700	猪粪	7~15	厨余	20~25
稻壳	70~100	鸡粪	5~10		
树皮	100~350	污泥	6~12		

2. 供氧量（O_2）

在堆肥化过程中氧的供应是限制发酵速度的主要因素，因此通风是堆肥工艺系统设计的中心问题。常用两种方法来保证氧的供应：第一种方法是通过定期搅动来更新堆肥物料间的孔隙，允许空气自然通过，以满足好氧微生物的需氧量；第二种是采用强制通入空气的方法，通过采用鼓风或者堆肥物料的引风方式为好氧微生物提供氧气。研究结果表明，普遍认为发酵温度在 55℃ 时，氧气浓度以 5%~15% 为宜，而强制通风量应控制在 1.5~2.0 m^3/（min·t）（干泥），而在堆肥后期还要增加通风量，以减少臭气，尽快降低堆肥的温度。

堆肥的不同阶段，供气的目的不同。堆肥初期易分解的有机物含量高，有机物氧化分解激烈，因此必须大量供气，提供微生物所需的氧。但通风量过大，水分散失过快，温度、水分过低反而使生物降解速度下降。当有机物分解激烈时，堆层温度可上升到 70℃ 以上，为保持生物良好的生存环境，此时可加大通气量，带走更多的热量，使堆层温度不致升得太高。当有机物基本被分解后，通风主要是为了减少堆肥产品的水分，使产品便于储存。

3. 营养平衡

营养物质平衡对微生物的生长有直接的影响。通常情况下氮、磷含量及比例非常关键。磷是微生物必需的营养元素，是磷酸和细胞核的重要元素，也是生物能核苷三磷酸（ATP）的重要组成部分。一般要求堆肥原料的碳磷比为 75~150。

4. pH

pH 是微生物生长的一个重要环境条件。堆肥有机物原料的 pH 一般为 5~8，不会对堆肥过程产生影响。在堆肥过程中，堆肥物料的 pH 会随发酵阶段的不同而变化，但其自身有调节 pH 的能力，能够使 pH 稳定在可以保证好氧分解的酸碱度水平，因此堆肥物料一般不需调节 pH。而用石灰脱水的污水厂污泥因 pH 为 11~12，呈强碱性，直接堆肥时会发生问题，有时掺入成品堆肥，使其 pH 下降后再堆肥。但不论堆肥的原料如何，堆肥结束时的 pH 几乎都在 8.5 左右，所以也有人以 pH 作为堆肥完成与否的标志。

三、堆肥工艺流程

现代化的堆肥过程一般是好氧堆肥过程。好氧堆肥工艺由前处理、一次发酵、二次发酵、后处理、脱臭及储存等工序组成。

（一）前处理

堆肥处理的废物多种多样，除适宜于堆肥的有机组分外，可能还含有微生物不能降解的无机组分、对堆肥微生物或对堆肥产品质量有影响的有毒物质及重金属成分，因此必须通过筛分、破碎、分选等手段预先加以去除。通过破碎、筛分、分选还可使堆肥原料及其含水率达到一定程度的均匀性，使原料的表面积增大，便于微生物繁殖，从而提高发酵速度。原料破碎的粒径越小，表面积越大，但并不是粒径越小越好，在考虑表面积的同时，还要考虑破碎的能量消耗及原料的孔隙率，即堆层的通气性，以保持良好的供氧条件。此外，堆肥原料还要求有一定的水分和适宜的碳氮比，因此在堆肥发酵处理之前，必须通过预处理来进行调整。

（二）一次发酵

一次发酵又称主发酵，既可以在露天堆积，通过翻堆或强制通风等形式向堆层内供给空气，也可以在发酵仓内，通过强制通风和翻堆搅拌来供给空气。在有氧存在的情况下，好氧微生物首先分解易分解物质，产生二氧化碳和水，同时产生能量，使堆层温度上升。这时微生物摄取有机物的碳、氮等营养成分合成细胞物质，自身繁殖的同时将细胞中摄取的物质分解而释放能量。

一次发酵时间的长短因堆肥原料和发酵装置不同而不同，城市垃圾一般为 3~8 d。好氧堆肥过程主要包括碳水化合物、纤维素、蛋白质、脂肪等复杂有机物的分解过程。

（三）二次发酵

二次发酵又称后发酵或熟化。未腐熟的堆肥如使用于农田，会对植物生长产生阻碍作用。经一次发酵的堆肥有必要进一步进行熟化，使一次发酵尚未分解的易分解及较难分解的有机物进一步分解，变成腐殖酸、氨基酸等比较稳定的有机物，得到完全腐熟的堆肥。

二次发酵一般是把物料堆积到 1~2 m 高，靠自然通风、翻堆或适当通风以供给空气。因二次发酵较一次发酵所需空气少，因此通风量或通风次数比一次发酵大大减少，二次发酵的时间依主发酵和使用情况而异，通常在 20 d 以上。

（四）后处理

经过一次发酵或二次发酵后，得到比较稳定的有机物，颗粒进一步变小，便于分离出在前处理中未被分出的塑料、玻璃、金属、砖石等在堆肥中不能分解的废物，提高堆肥产品质量。此外，为了满足作为肥料的要求，还需对堆肥进一步粉碎，以达到堆肥对颗粒大小的要求。还可根据土壤的情况，在散装堆肥中加入含氮、磷、钾等的添加剂后生产复合肥。

（五）脱臭

在堆肥工艺过程中，微生物的分解会有臭味产生，所以要进行脱臭。常见的产生臭味的物质有氨气、硫化氢、甲基硫醇、胺类等。去除臭气的方法有化学除臭剂除臭法，碱水和水溶液过滤法，熟堆肥或活性炭、沸石等吸附剂吸附法等。其中，经济而实用的方法是熟堆肥吸附的生物除臭法。

（六）储存

农业对堆肥的需求有季节性，堆肥一般在春、秋两季使用，在夏、冬两季储存，因此为了保证工厂生产的连续性，对堆肥产品需有一次储存的场所。一般的堆肥化工厂应设置至少能容纳6个月产量的储存设备。储存方式：可直接堆存在发酵池中或装袋，要求干燥透气，闭气和受潮会影响堆肥产品的质量。

第三节　固体废物厌氧发酵

一、厌氧发酵的定义和特点

（一）厌氧发酵的定义

在微生物生理学中，厌氧发酵是在没有外加氧化剂的条件下，被分解的有机物作为还原剂被氧化，而另一部分有机物作为氧化剂被还原的生物学过程。现代工业则把利用微生物生产菌体、酶或各种代谢产物的过程（不论这些过程是在厌氧条件或有氧条件下发生的）都称为发酵（或消化）。从环境污染治理的角度来说，发酵技术是指以废水或固体废弃物中的有机污染物为营养源，创造有利于微生物生长繁殖的良好环境，利用微生物的异化分解和同化合成的生理功能，使得这些有机污染物转化为无机物质和自身的细胞物质，从而达到消除污染、净化环境的目的。

厌氧发酵是普遍存在于自然界的微生物过程，有机物经厌氧分解产生甲烷、二氧化碳和硫化氢等气体。一般最常发生厌氧发酵过程的地方有沼泽淤泥，海底、湖底和江湾的沉积物，污泥和粪坑，牛及其他一些反刍动物的胃，废水、污泥及固体废弃物（主要是生活垃圾）的厌氧发酵构筑物。

（二）厌氧发酵的特点

厌氧发酵具有以下特点：

（1）厌氧发酵生产全过程封闭、可控制；

（2）可以将固体废物有效资源化，将生物能量转化为沼气而进行利用；

（3）不需要通风，设施简单，运行成本低；

（4）经过厌氧发酵后的废物基本上得到稳定，可以作为农肥、饲料或堆肥化的原料，产物可以再利用；

（5）可杀死传染性病原菌；

（6）厌氧发酵过程中会产生少量的硫化氢等恶臭性气体；

（7）厌氧微生物生长速率低，常规方法处理效率低，设备体积庞大，占地面积大。

二、厌氧发酵原理

（一）基本原理

有机物厌氧发酵的生物化学反应过程非常复杂，中间反应及中间产物有数百种之多，每种反应都是在酶或其他物质的催化作用下进行的，总的反应式为：

$$\text{有机物} + H_2O + \text{营养物质} \xrightarrow{\text{厌氧微生物}} \text{细胞物质} + CH_4\uparrow + CO_2\uparrow + NH_3\uparrow + H_2\uparrow + H_2S\uparrow + \text{抗性物质} + \text{热量}$$

厌氧发酵过程可以划分为液化阶段、产酸阶段和产甲烷阶段，每个阶段都有独特的微生物菌群起作用。液化阶段起作用的细菌称为发酵细菌，包括纤维素分解菌、蛋白质水解菌；产酸阶段起作用的细菌是醋酸分解菌；产甲烷阶段起作用的是产甲烷细菌。有机物的厌氧发酵过程如图6—3所示。

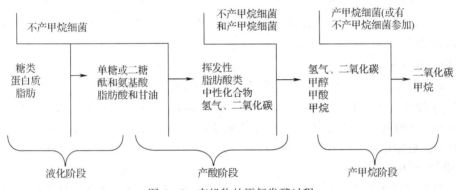

图6—3　有机物的厌氧发酵过程

1. 液化阶段

液化阶段也称为水解阶段，不溶性大分子有机物（如蛋白质、纤维素、淀粉、脂肪等）经水解酶的作用，在溶液中分解为水溶性的小分子有机物（如氨基酸、脂肪酸、葡萄糖、甘油等）。随后，这些水解产物被发酵细菌摄入细胞内，经过一系列生化反应，将代谢产物排出体外。由于发酵细菌种群不一，代谢途径各异，故代谢产物也各不相同。

高分子有机物的水解速率很低，它取决于物料的性质、微生物的浓度以及温度、pH等环境条件。纤维素、淀粉等水解为单糖。蛋白质水解为氨基酸，再经过脱氨基作用形成有机酸和氨。脂肪水解后形成甘油和脂肪酸。

2. 产酸阶段

在液化阶段产生的代谢产物大多数不能被产甲烷细菌直接利用，需要通过产氢和产酸细菌将长链脂肪酸分解为乙酸和氢气才能被产甲烷细菌利用。

3. 产甲烷阶段

在产甲烷阶段，产甲烷细菌以氢气、二氧化碳、乙酸、甲醇、甲胺等化合物为基质，将其转化为甲烷，其中氢气、二氧化碳和乙酸是主要基质。产甲烷阶段的生化反应相当复杂，其中约72%的甲烷来自于乙酸，二氧化碳和氢气也能够产生一部分甲烷，少量的甲烷来自于其他物质的转化。产甲烷细菌活性的大小取决于在水解和产酸阶段所提供的营养物质的含量。

对于可溶性有机物而言，产甲烷细菌的生长速率低，对于环境和底物的要求十分苛刻，产甲烷阶段是整个厌氧发酵过程的控制步骤。对于以不溶性高分子有机物为主的污泥、固体废物而言，水解阶段是整个过程的控制步骤。

（二）厌氧发酵过程中的微生物群落

1. 发酵细菌的种类及分类

发酵细菌是一个相当复杂而又庞大的细菌群，主要包括纤维素分解菌、半纤维素分解菌、淀粉分解菌、蛋白质分解菌等。

根据厌氧发酵的不同阶段，又可将厌氧微生物划分为两大类群：产酸细菌和产甲烷细菌。产酸细菌类群包括发酵细菌、产氢产乙酸细菌和同型产乙酸细菌，其共同特点是都产酸。产甲烷细菌类群则只有产甲烷细菌，其特点是产生甲烷。但在两相厌氧发酵系统中，生活在酸发酵罐中的主要是发酵细菌，而生活在甲烷发酵罐中的主要是互营共生的产氢产乙酸细菌、同型产乙酸细菌和产甲烷细菌。另外，还可把厌氧发酵微生物区分为不产甲烷细菌群和产甲烷细菌群。

2. 发酵细菌的功能

在厌氧发酵系统中，发酵细菌的功能主要有以下两方面的内容：

（1）将大分子不溶性有机物水解成小分子的水溶性有机物。水解作用是在水解酶的催化下完成的。水解酶是一种胞外酶，因此水解过程是在细菌细胞的表面或周围介质中完成的。发酵细菌群中仅有一部分细菌种属具有分泌水解酶的功能，而水解产物却一般可被其他的发酵细菌群所吸收利用。

（2）发酵细菌将水解产物吸收进细胞内，经细胞内复杂的酶系统的催化转化，将一部分供能源使用的有机物转化为代谢产物，排入细胞外的水溶液里，成为参与下一阶段生化反应的细菌群（主要是产氢产乙酸细菌）吸收利用的基质（主要是有机酸、醇、酮等）。

3. 产甲烷细菌

产甲烷细菌是专性严格厌氧菌，对氧非常敏感，遇氧后会立即受到抑制，不能生长、繁殖，有的还会死亡。产甲烷细菌生长可利用的底物很少，只能利用很简单的物质，如二氧化碳、氢气、甲酸、乙酸和甲基胺等。这些简单物质必须由其他发酵性细菌把复杂有机物分解后提供给产甲烷细菌，所以产甲烷细菌一定要等到其他细菌都大量生长后才能生长。同时，产甲烷细菌世代时间长，有的细菌 20 min 繁殖一代，产甲烷细菌需几天乃至几十天才能繁殖一代。因此，产甲烷细菌生长很缓慢，在人工培养条件下需经过十几天甚至几十天才能长出菌落。菌落也相当小，特别是甲烷八叠球菌菌落更小，如果不仔细观察很容易遗漏。菌落一般为圆形、透明，边缘整齐，在荧光显微镜下发出强的荧光。

产甲烷细菌培养分离较困难。产甲烷细菌要求严格厌氧条件，一般培养方法很难达到厌氧，培养分离往往失败。又因为产甲烷细菌和伴生菌生活在一起，菌体大小、形态都十分相似，在一般光学显微镜下不好判明。产甲烷细菌在自然界中分布极为广泛，在与氧气隔绝的环境都有产甲烷细菌生长，海底沉积物、河湖淤泥、沼泽地、水稻田以及人和动物的肠道、反刍动物瘤胃，甚至在植物体内都有产甲烷细菌存在。

产甲烷细菌利用乙酸、氢气和二氧化碳合成甲烷，也消耗了酸和二氧化碳。产甲烷细菌及其伴生菌共同作用使 pH 稳定在一个适宜范围内，不会使发酵液中的 pH 出现对沼气发酵不利的情况。但如果发酵条件控制不好，如温度、进料及原料中的碳氮比、pH 等控制不当，可能会出现酸化或液料过碱。前者较为多见，会严重影响产甲烷细菌的活动，甚至使发酵中断。

三、厌氧发酵的影响因素

厌氧发酵过程十分复杂，影响厌氧发酵过程的因素很多，归纳起来主要包括温度、发酵细菌的营养及营养物比例、混合均匀程度、添加剂和有毒物质、酸碱度、pH 及生物固体停留时间等几个方面。

（一）温度

温度是影响产气量的重要因素，厌氧消化可以在较宽的温度范围内进行。温度影响有机物的分解速度，通常在一定温度范围内，温度高时，微生物活跃，分解速度快，产气量增加。但温度过高，微生物处于休眠状态，不利于厌氧发酵。温度过低，厌氧发酵的速率低，产气量低，不易于达到卫生上杀菌的目的。

厌氧发酵可分为自然发酵（无加温式低温）、中温发酵和高温发酵三种类型。自然发酵，温度随气候变化，大多处于 20℃ 以下，反应速度低，产气量不高；中温发酵，温度为 30~39℃；高温发酵，温度为 50~55℃，反应速度快，产气量多。

（二）发酵细菌的营养及营养物比例

厌氧发酵的原料必须含有厌氧细菌生存和增殖所必需的碳、氮、磷等养分，为了有效地进行厌氧发酵，碳氮比和碳磷比成为重要的因素。大量的研究表明，厌氧发酵时碳氮比以 20∶1~30∶1 为宜。碳氮比过小，碳不足，菌体增殖量降低，氮不能被充分利用，过剩的氮变成游离氨气，抑制了产甲烷细菌的活动。碳氮比过高，反应速度降低，碳氮比为 35∶1 时，产气量明显下降。

（三）混合均匀程度

物料混合的均匀程度对厌氧发酵过程有很大的影响，通常采用搅拌的方式使物料混合均匀。搅拌的目的一是使槽内温度均匀；二是使进入的原料与槽内熟料完全混合，让原料与厌氧微生物密切接触；三是防止局部出现酸积累；四是使生物反应生成的硫化氢、甲烷等抑制厌氧菌活动的气体迅速排出；五是使产生的浮渣被充分破碎。因此，搅拌是促进厌氧发酵所不可缺少的。常见的搅拌方式有机械搅拌、气体搅拌、泵循环三种。机械搅拌通常采用提升式、叶桨式等搅拌机械。气体搅拌是将厌氧池内的沼气抽出，然后再从池底通入，产生较强的搅拌。泵循环是利用泵使厌氧槽发酵液产生较强的液体回流。

（四）添加剂和有毒物质

在发酵过程中添加少量的硫酸锌、磷矿粉、碳酸钙以及炉灰等添加剂，有助于促进厌氧发酵，提高产气量和原料的利用率，其中以添加磷矿粉效果最佳，添加少量的钾、钠、镁、锌等元素也能提高产气率。但也有些化学元素对发酵过程有抑制作用，例如，当原料中蛋白质、氨基酸、尿素等含氮化合物过多时，会产生铵盐，抑制甲烷发酵。铜、锌、铬等重金属以及氰化物含量过高时，也会不同程度地抑制厌氧发酵过程，应尽量避免这些物质进入厌氧发酵过程。

（五）酸碱度、pH 和发酵液的缓冲作用

厌氧发酵经历产酸和产气两个阶段。酸性发酵和产气发酵分别有最适的 pH，酸性发酵最适 pH 为 5.8，而甲烷发酵最适 pH 为 6.8。酸性发酵是多种兼性厌氧菌的菌群对基质的分解，pH 的允许范围较宽，即使在低 pH 范围，酸生成菌仍是活跃的。而产气发酵过程中仅是产甲烷细菌单一菌群，易受 pH 的影响，产甲烷细菌需要绝对碱性环境，最适 pH 范围为 6.3~8。

对于产甲烷细菌来说，维持弱碱性环境是十分必要的。当 pH 低于 6.2 时，产甲烷细菌就会失去活性。为了提高系统对 pH 的缓冲能力，可以通过投加石灰石或含氮物料的办法来进行调节。

（六）生物固体停留时间（污泥龄）与负荷

生物固体停留时间也称为污泥龄，是指在反应系统内，微生物从其生成到排出系统的平均停留时间，也就是反应系统内的微生物全部更新一次所需的时间。污泥龄能说明活性污泥微生物的状况，世代时间长于污泥龄的微生物在曝气池内不可能繁衍成优势种属。例如，在 20℃时，硝化细菌的世代时间为 3 d，当污泥龄小于 3 d 时，其不可能在曝气池内大量繁殖，不能成为优势种属。

四、厌氧发酵设备

厌氧发酵设备可分为传统发酵系统和现代大型工业化沼气发酵设备两类。

（一）传统发酵系统

传统的发酵系统是主要用于间歇性、低容量、小型的农业或半工业化人工制取沼气的最基本设备。传统的发酵系统一般称为沼气发酵池、沼气发生器或厌氧消化器。其中发酵罐是整套发酵装置的核心部分。除了发酵罐外，发酵系统的其他附属设备有气压表、导气管、出料机、预处理装置（粉碎、升温、预处理池等）、搅拌器、加热管等。附属设备的作用在于进行原料的处理，产气的控制、监测，以提高沼气的质量。

传统发酵系统中，发酵池可以采用炉渣、碎石、卵石、石灰、砖、水泥、混凝土、三合土、钢板、镀锌管件等作为建造材料。发酵池的种类很多，按发酵间的结构形式可以分为圆形池、长方形池、扁球池等；按储气方式可分为气袋式、水压式和浮罩式；按埋设方式可分为地下式、半埋式和地上式等。

1. 立式圆形水压式沼气池

我国农村多采用立式圆形水压式沼气池，它是一种埋设在地下的立式圆筒形发酵池，采用水压式储气方式储存气体。该发酵池的发酵间为圆形，两侧带有进出料口，容积为 6 m^3、8 m^3、10 m^3、12 m^3。池顶有活动盖板，便于出池检修以防中毒。池盖和池底是具有一定曲率半径的壳体，主要结构包括加料管、发酵间、出料管、水压间、导气管几个部分。

水压式储气池的优点是结构比较简单，造价低，施工方便。缺点是气压不稳定，对产气不利；池温低，不能保持升温，严重影响产气量，原料利用率低（仅 10%~20%）；大换料不方便；存在密封问题；产气率低；对防渗措施的要求较高，给燃烧器的设计带来一定困难。

通常这种池主要建在靠近厕所、牲畜圈的位置，使粪便自动流入池内，便于进料，方便

管理，有利于保持池温，提高产气率，改善环境卫生。

图6—4a是启动前状态。新料加入沼气池中，尚未产生沼气。发酵间与水压间的液面在同一水平面。发酵间液面为O—O液面，处于初始工作状态。此时发酵间的空间为储气部分。

图6—4b是启动后状态。发酵池开始产气，发酵间内的气压随着产气量的增加而增大，水压间液面逐渐高于发酵间液面。当储气量达到最大值时，发酵间液面降至A—A液面，达到最低，水压间液面升至B—B液面，达到最高点。此时的工作状态称为极限工作状态。极限工作状态下两个液面的差值最大，称为极限沼气压强。

$$\Delta H = H_1 + H_2 \tag{6—1}$$

式中　H_1——发酵间液面下降最大值；

　　　H_2——水压间液面上升最大值；

　　　ΔH——沼气池最大液面差值。

图6—4c是沼气使用时的状态。发酵间压力逐渐减小，液面渐渐回升，产气又继续进行，水压间液面降低。如此不断地产气和利用，发酵间和水压间液面总是在初始状态和极限状态之间不断上升或下降，使得厌氧发酵顺利进行。

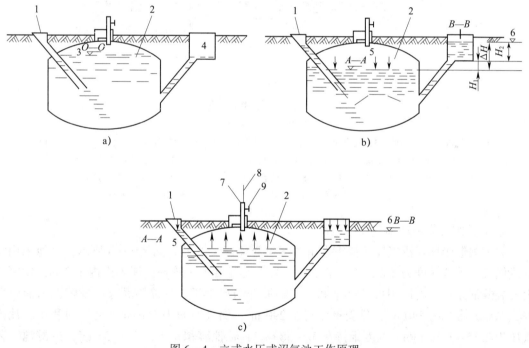

图6—4　立式水压式沼气池工作原理

a) 启动前状态　b) 启动后状态　c) 沼气使用时状态

1—加料管　2—发酵间（储气部分）　3—池内液面　4—水压间液面　5—池内料液面A—A

6—水压间液面B—B　7—导气管　8—沼气输气管　9—控制阀

2. 立式圆形浮罩式沼气池

立式圆形浮罩式沼气池也多采用地下埋设方式，它把发酵间和储气间分开，因而具有压力低、发酵好、产气多等优点。产生的沼气由浮沉式的气罩储存起来。气罩可直接安装在沼气发酵池顶，也可安装在沼气发酵池侧，如图6—5所示。浮沉式气罩由水封池和气罩两部分组成。当沼气压力大于气罩重量时，气罩便沿水池内壁的导向轨道上升，直至平衡为止。当用气时，罩内气压下降，气罩也随之下沉。

顶浮罩式沼气池造价比较低，但气压不够稳定。侧浮罩式沼气池气压稳定，比较适合沼气发酵工艺的要求，但对材料要求比较高，造价昂贵。

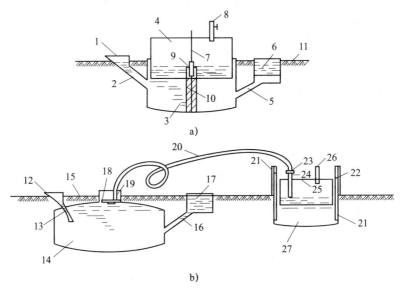

图6—5　浮罩式沼气池

a）顶浮罩式　b）侧浮罩式

1—进料口　2—进料管　3—发酵间　4—浮罩　5—出料联通管　6—出料间　7—导向轨　8—导气管
9—导向槽　10—隔墙　11—地面　12—进料口　13—进料管　14—发酵间　15—地面
16—出料联通管　17—出料间　18—活动盖　19—导气管　20—输气管　21—导向柱
22—卡具　23—进气管　24—开关　25—浮罩　26—排气管　27—水池

3. 立式圆形半埋式沼气发酵池组

立式圆形半埋式沼气发酵池组常用于城市粪便沼气发酵。如图6—6所示，该池采用浮罩式储气，单池深度为4 m，直径为5 m，为少筋混凝土构筑物，埋入土内1.3 m，发酵池上安装薄钢浮罩，内面用玻璃纤维和环氧树脂作防腐处理，外涂防锈漆。发酵池内密封性好，总储粪容积为340 m³，进粪量控制在290 m³，储气空间为156 m³。运转过程中，池内气压为2.35~3.14 kPa，温度维持在32~38℃。1 m³池容积每天产气0.35 m³。发酵池工艺操作简便，造价低廉，当气源不足时，可从投料孔添进一些发酵辅助物，如树叶、稻草、生活垃圾、工业废水等，以帮助提高产气量。

4. 长方形（或方形）发酵池

这种发酵池的结构由发酵室、气体储藏室、储水库、进料口和出料口、搅拌器、导气喇叭口等部分组成。发酵室主要储藏供发酵的废料。气体储藏室与发酵室相通，位于发酵室的上部，用于储藏产生的气体。物料从进料口进入，废物由出料口排出。储藏室内的压力主要通过储水库来调节。若室内气压很高时，就可将发酵室内经发酵的废液通过进料间的通水

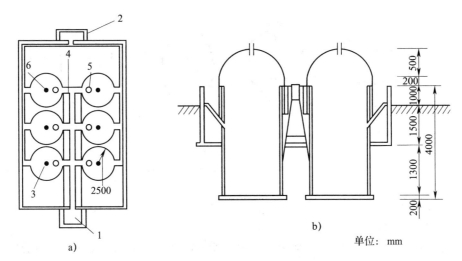

单位：mm

图6—6 立式圆形半埋式沼气发酵池组

a）平面 b）立面

1—进料池 2—出料池 3—发酵池 4—出料口 5—加料孔 6—出气孔

穴，压入储水库内。相反，若气体储藏室内压力不足时，储水库中的水由于自重便流入发酵室，这样通过水量调节气体储藏的空间，使气压相对稳定。搅拌器的搅拌可以使发酵物不至于沉到底部，起到加速发酵的作用。产生的气体通过导气喇叭口输送到外面导气管。

（二）现代大型工业化沼气发酵设备

传统的小型沼气发酵系统由于结构简单、造价低、施工方便、管理技术要求不高等优点应用比较广泛，但是其发酵罐体积小、产气量小、质量低、利用效率不高、途径单一、发酵周期较长等缺点影响了它的进一步发展。随着现代工业的发展，现代大型工业化沼气发酵设备逐渐兴起。这些新型的发酵设备主要在发酵罐上做了较大的改进。

在厌氧发酵中，发酵罐中的厌氧生物反应过程能否顺利进行是该技术的关键所在。要获得一个比较完善的厌氧反应过程必须要有一个完全密闭的反应空间，使之处于完全厌氧状态；反应器反应空间的大小要保证反应物质有足够的反应停留时间；要有可控的污泥（或有机废物）、营养物添加系统；要具备一定的反应温度；反应器中反应所需的物理条件要均衡稳定。这就要求在反应器中增加循环设备，使反应物处于不断循环的状态。

1. 发酵罐类型

发酵罐有欧美型、经典型、蛋型、欧洲平底型等，各种类型的发酵罐如图6—7所示。

2. 物料循环系统

厌氧发酵罐的物料循环系统主要由动力泵、混合搅拌装置和加气设备三个基本结构单元组成。

（1）动力泵

动力泵是厌氧发酵罐的动力系统，利用外部的动力泵可实现物料循环。动力泵主要用于最大容积为4 000 m³左右的发酵罐。对于较大的发酵罐，要用两台泵来完成。这种机械式动力循环方式非常适用于经典型与欧洲平底型发酵罐。另外，为了防止在发酵罐底部形成沉

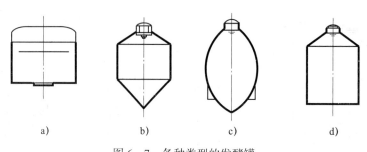

图 6—7 各种类型的发酵罐

a）欧美型 b）经典型 c）蛋型 d）欧洲平底型

积，需安装刮泥器。

（2）混合搅拌装置

混合搅拌装置通常由升液管、加速器、混合器、循环折流板和驱动泵等几部分组成。升液管垂直安装在发酵罐的中间，四周用钢缆或钢筋固定在发酵罐的罐壁上，防止其四处摇摆。循环用的混合器是一种专门制作的一级或二级螺旋转轮，它既可以起到混合作用，又可以形成污泥循环，运行十分可靠。循环折流板的作用有两个：一是当污泥通过升液管由下向上流动时，可以将污泥更好地均匀分布在表面浮渣层上；二是当污泥由上向下流动时，可以将已破碎浮动的污泥导入升液管中。

（3）加气设备

加气设备的工作原理主要是，气体在空气压缩泵的作用下进入发酵罐的底部并形成气泡，气泡在上升过程中带动污泥向上运动，形成循环，从而达到预期的混合目的。在厌氧污泥发酵系统中所通入的气体主要是发酵产物沼气，既可以防止浮渣层的形成，又不会影响气泡的产生。

（三）厌氧发酵工艺

发酵工艺种类较多，从不同角度可以划分为不同的类型。

1. 按温度分类

根据发酵反应的温度高低，可以将发酵工艺分为高温发酵、中温发酵和常温发酵等几种类型。

（1）高温发酵工艺

高温发酵是指温度在 $50\sim60℃$ 的厌氧发酵。高温发酵的最佳温度范围是 $47\sim55℃$，在此温度下进行厌氧发酵，微生物特别活跃，有机物分解速度快，产气量高，物料滞留时间短。高温发酵非常适合于处理温度较高的有机废水，如酒厂的酒糟废液、豆腐厂废水等，也可以处理有特殊要求的有机废物，如用于消灭人畜粪便中的寄生虫卵和病菌等。

（2）中温发酵工艺

中温发酵是指温度维持在 $30\sim35℃$ 的厌氧发酵。该工艺有机物的消化速度快，产气率较高，与高温发酵相比所需要的热量较少。从能量回收的角度看，中温发酵工艺是一种理想的发酵工艺类型，被普遍采用。

（3）常温发酵工艺

常温发酵是指在自然温度下进行的厌氧发酵。该工艺发酵温度不受人为控制，随着气温的变化而变化，通常夏季产气率较高，冬季产气率较低。该工艺的优点是沼气池结构相对简单，造价较低。

2. 按投料运转方式分类

根据投料运转方式可以将厌氧发酵工艺分为连续发酵、半连续发酵、批量发酵和两步发酵等几种类型。

（1）连续发酵工艺

连续发酵工艺是指从投料启动后，经过一段时间的正常发酵产气，连续定量添加发酵原料和排出旧料，使发酵过程能够长期连续进行。该工艺要求较低的固态原料浓度，必须经过一定的预处理才能够采用此工艺。

根据有机废物的预处理程度不同，可以采用不同的连续发酵工艺。城市垃圾预处理程度高，本身具有较高的含水率，预处理之后可作为高浓度、高悬浮物的有机废水看待，从而实现有机废物的高效化处理。但这种方法成本高，不适合大规模应用。预处理程度较低的有机废物可以采用常温连续发酵工艺，其厌氧消化反应池设在地下。系统运行时将有机废物投入壁面印有体积刻度的备料池中，与从沉淀池打入的消化池出水混合，进行兼性沤解。到一定程度后，废物由自身重力作用进入消化池进行沼气发酵，产生的沼气储存于储气柜中，消化池出水作为肥料使用。

（2）半连续发酵工艺

半连续发酵工艺是固体有机原料厌氧发酵经常采用的工艺流程。该工艺在启动时一次性投入较多的发酵原料，当产气量趋于下降时开始投入少量原料，以后定期添加新料和排出旧料，维持稳定的产气率。

（3）批量发酵工艺

批量发酵是一次性投入发酵原料，运转期间不再添加新料，当发酵周期结束后，取出旧料，再重新投入新料进行发酵。该工艺在发酵初期产气量上升很快，维持一定时间后产气量会逐渐降低，产气量不均匀。当前该工艺较多应用于城市垃圾干发酵过程或有机物发酵的规律研究和发酵产气关系研究方面。

（4）两步发酵工艺

两步发酵就是将厌氧发酵过程中的产酸阶段和产甲烷阶段分开在两个装置内进行，分别给予最佳条件，严格控制环境因子，实现沼气发酵过程的最优化，提高单位产气率以及沼气中甲烷的含量。

两步发酵同常规发酵相比，具有较大的优势，处理负荷大大提高，停留时间缩短，产气率和有机污染物去除率都有所提高。

五、沼气与沼渣的综合利用

沼气与沼渣开发及综合利用技术，是以土地资源为基础，以太阳能为动力，以沼气为纽带，集能源、养殖和种植为一体，把沼气、生物、肥料、饲料有机结合在一起的生产模式。该技术可用于农户庭院养猪和种菜，还可净化环境。

沼气的主要成分是甲烷和二氧化碳。甲烷是一种理想的气体燃料，它无色无味，含量在50%以上时与5~6倍的空气充分混合后即可燃烧。$1 m^3$沼气完全燃烧后，能产生相当于0.7 kg

无烟煤提供的热量，相当于 0.7 kg 汽油或 0.8 kg 煤油燃烧所发出的热量。

厌氧发酵后的沼渣、沼液中除了含有多种氨基酸、维生素、蛋白质、酶、微量元素和溶解的腐殖酸外，还含有生长素、赤霉素等，对于生物生长代谢有很好的调节作用，可用于作物的叶面喷施，培肥地力，生产绿色食品，满足人民生活需要。

（一）沼气的利用

1. 沼气的燃烧过程

沼气燃烧，主要是沼气中的甲烷在一定温度下与空气中的氧气发生反应，并发出大量的光和热。其反应式为：

$$CH_4 + 2O_2 \rightarrow CO_2 \uparrow + 2H_2O + 热量 \qquad (6—2)$$

沼气中的其他成分，如一氧化碳、氢气、硫化氢等气体，在空气中也可以燃烧，但因含量低，在燃烧中不起主要作用。

沼气燃烧最突出的特性是极易脱火。脱火是指燃烧时火焰离开火孔，以致完全熄灭的现象。这个特性是由它的主要成分甲烷和二氧化碳决定的。甲烷的燃烧速度很低，掺入二氧化碳后其燃烧速度更低。因为燃烧速度低，当从火孔出来的未燃气流速度大于燃烧速度时，沼气流出后来不及燃烧，从而形成脱火现象。这就是不能用其他气体的燃具来烧沼气的根本原因。

沼气燃烧是通过特殊的炉具和灯具进行的。沼气在燃烧过程中，需要一定量的空气。如果空气过多，多余的空气会带走一部分热量。反之，如果空气太少，甲烷将发生不完全燃烧，不能发出最大的热量，使部分沼气损失掉。这两种情况都降低了沼气的利用率。因此，在利用沼气点灯做饭时，一定要掌握好空气与沼气的混合比例。

2. 沼气的具体利用

（1）生活燃料

据资料分析，农村户用沼气池的建池体积一般是 8~10 m³，如果使用新型高效沼气池技术，一年可产生沼气 380~450 m³，提供的热量能够作为 3~5 人的农户 10~12 个月的生活燃料，每年可节省柴草 2 000 kg 以上，约节约用电 200 kW·h，仅此两项可节约 200~400 元的开支，另外还能减少作物秸秆的燃烧。

沼气是一种廉价的能源，一次投资不多，长期使用，可以取代农村用秸秆、薪柴做饭取暖。开展农村沼气建设，利用人畜粪便通过厌氧发酵生产沼气，替代煤炭、薪柴和秸秆，既可以解决农村地区的能源短缺问题，也可以满足广大农民对使用优质、清洁能源的需求，极大地减轻了劳动强度。沼气在使用方法上优于秸秆，不会产生烟熏火燎的现象。厨房内燃烧作物秸秆，烟尘满室，做饭费时费力，而燃烧沼气则可以避免使用秸秆的弊端，使生产生活垃圾实现资源化利用，有利于清洁环境，省去农家柴草的运输、储存，可节省劳动力，节约做饭时间，改善环境卫生。

（2）运输工具的动力燃料

用沼气替代汽油或柴油，作为运输工具的动力来源，在西欧一些国家已经成为一项重要的能源产业。用沼气开动柴油机或汽油机的节油率一般为 70%~80%。用沼气作动力燃料，清洁无污染，制取方便，成本又低，既能为国家节省石油制品，又能降低作业成本，为实现农业现代化开辟新的动力资源，是农村一项重要的能源建设项目。现在一些城市就在使用液化天然气（主要成分是甲烷，与沼气的主要成分相同）作为公交车的燃料。

（3）发电

沼气燃烧发电是随着大型沼气池建设和沼气综合利用的不断发展而出现的一项沼气利用技术。该技术将厌氧发酵处理产生的沼气用于发动机上，并装设综合发电装置，以产生电能和热能。沼气发电具有创效、节能、安全和环保等特点，所产生的能源是一种分布广泛且价廉的分布式能源。

沼气发电在发达国家已受到广泛重视和积极推广。生物质能发电并网在西欧一些国家占能源总量的10%左右。

（4）化工原料

沼气作为化工原料时，其中的二氧化碳可以制造干冰。经过净化处理后的沼气，可以利用甲烷制取一氯甲烷、二氯甲烷、三氯甲烷、四氯甲烷或制备炭黑。

（5）孵化禽类

沼气孵化就是利用沼气燃烧放出的热量，实行人工控制进行禽卵孵化的技术。目前可采用沼气孵化技术的除鸡外，还有鸭、鹌鹑等，其在技术上大同小异。

沼气孵鸡具有操作简单、安全可靠、孵化率高、成本低等优点，极适合小规模（1 000枚以内）养殖户采用。1 m³沼气可孵鸡蛋475枚，沼气孵化箱每小时耗气30~40 L，受精卵孵化率90%以上。沼气孵化比电、油孵化率高5%~15%，而且无停电之忧，每孵化100枚鸡蛋可节电12.5 kW·h，或节省燃油3 kg。

（6）蔬菜种植

沼气可用于温室大棚中促进蔬菜的生长。沼气在温室大棚中一般有两个作用：一是利用沼气燃烧的热量，提高大棚内温度或者增加光照；二是利用沼气燃烧后放出二氧化碳的特性，向大棚内的农作物供应"气肥"，促进增产。

沼气中含有35%~38%的二氧化碳，含58%~60%的甲烷，燃烧1 m³沼气可产生0.97 m³的二氧化碳。此外，燃烧沼气还会放出一定热量，对于严寒季节增加温室温度也有一定作用。

冬春时节在蔬菜大棚内燃烧沼气，可有效地提高大棚内的温度和二氧化碳浓度，促进作物生长。一般一个大棚可安装沼气灯2盏或沼气灶1台。用沼气灯增温的，每天上午5点30分至8点30分直接点燃灯即可。沼气灶增温主要是利用水蒸气，灶上应放一壶水，可在上午6点至8点进行，将棚内温度控制在30℃以内。大棚放风前半小时左右应熄火（灯），停止增温，同时要加强水肥管理，不能在大棚内堆沤发酵原料。每1 000 m³的大棚内，沼气燃烧量达到1.4 m³以上时，沼气必须先经脱硫方可燃烧，以防有害气体危害蔬菜。

（7）储粮防虫

所谓沼气气调法储粮，就是向密闭的储粮装置内输入沼气，排出空气。沼气的主要成分是甲烷、二氧化碳等单纯性窒息性气体，当密闭容器里的沼气达到一定浓度后，就会形成一种窒息环境，降低储粮装置中的氧气含量，使害虫因缺氧窒息死亡，从而达到安全储粮的目的。

实践证明，采用沼气气调法储粮防虫，对粮食无污染，不会降低粮食品质，对人体健康和种子发芽均无影响。气温较高的季节，既是储粮害虫繁殖危害的盛期，又是沼气产气的旺季，可以保证储粮防虫所需的沼气，而且不影响沼气的其他利用。

（二）沼液与沼渣的利用

1. 沼液的利用

（1）沼液浸种

沼液浸种操作方法：沼液浸种之前要对种子进行预处理，要选择晴天将种子晒 2~3 d，提高种子的吸水性能。对于浸种用的沼液，要严格要求，选用正常产气 45 d 以上沼气池发酵液。于浸种前几天打开出料间盖，暴露数日，搅动数次，使硫化氢气体逸散，清除水面浮渣。选用透水性好的塑料编织袋，装入选好的种子，每袋种子量占总容量的 2/3，扎紧袋口，放入出料间的中部浸泡。如沼气池沼液浓度过高，可池外操作，浸种前加 1~3 倍清水稀释。有壳种子浸泡 12~18 h，无壳种子浸泡 8~12 h，然后取出冲洗干净、晾干、催芽后方可播种。

（2）沼液叶面施肥

沼液叶面施肥喷施方法：选用正常产气 30 d 以上的沼气池，取沼气池出料间的中层液，停放 2~3 d，纱布过滤，即可喷施。沼液叶面施肥时期应选择在农作物萌动抽梢期（分蘖期）、花期（孕穗期、始果期）、果实膨大期（灌浆结实期），每隔 7~10 d 喷施 1 次。施肥时间最好在上午露水干后（上午 10 点左右）进行，夏季以傍晚为宜，中午高温及暴雨前不宜叶面施肥。沼液浓度根据施用作物及季节、气温而定，总体原则：幼苗、嫩叶期，1 份沼液加 1~2 份清水；夏季高温，1 份沼液加 1 份清水；气温较低，又是老叶时，可不必加水。沼液的用量视农作物品种和长势而定，一般 667 m² 需要 40~100 kg。沼液叶面施肥可单施，也可与化肥、农药、生长调节剂等混合喷施。喷施时以喷施叶背面为主，以利作物吸收。

（3）沼液喂猪

沼液喂猪，应根据猪的不同生长阶段确定添加量。一般每天 3~4 次，每次 0.6 kg。添加沼液喂猪要注意下列事项：新建或大换料的沼气池，必须正常使用 3 个月后，方可取沼液喂猪；沼液取出后，应静置一段时间，让氨气挥发；沼液拌料喂猪宜采取湿润拌料方式，做到不干不湿，以手握成团松开即散为度，喂前要对猪进行驱虫；取中层清亮沼液；开始饲喂沼液时，应让猪有一段适应期，用量由少渐多，饲喂过程中若猪出现腹泻现象，应立即停喂沼液，及时诊治；沼液适合喂育肥猪，种公猪和空怀母猪不宜喂沼液，以防增膘过快，影响发情配种；沼液仅是添加剂，不能取代基础日粮。

2. 沼渣的利用

沼渣中含有有机质、腐殖酸，能起到改良土壤的作用。沼渣富含氮、磷、钾等元素，能满足作物生长的需要。沼渣含有较多的沼液，固体物含量在 20% 以下，主要是部分未分解的原料和新生的微生物菌体，施入农田会继续发酵，释放养分。因此，沼渣在综合利用过程中，具有速效、迟效两种功能。沼渣主要用于粮、菜、瓜、薯、梨、葡萄、桃、李、花卉等作物育苗、育秧，可作为苗木生产基肥，沼渣作为基肥每平方米用量 2.25 kg 左右。沼渣还可用于生产食用菌、养鱼、养蚯蚓等。

第四节　污泥处理技术

一、概述

污泥是水处理过程中形成的以有机物为主要成分的泥状物质。其有机物含量很高，容易腐化发臭，颗粒细小，密度较小，含水率高且不易脱水，是呈现出胶状结构的亲水性物质。

（一）污泥的种类

污泥的种类较多，分类也比较复杂，可以根据污泥的性质、来源、处理阶段等进行分类。

按照污泥的成分不同，可以将污泥分为污泥和沉渣两类。以有机物为主要成分的称为污泥。在水处理过程中的初次沉淀池和二次沉淀池的沉淀物均属于污泥。以无机物为主要成分的称为沉渣。沉渣的颗粒较粗，相对密度较大，含水率低且易于脱水，流动性差。沉沙池与某些工业废水处理沉淀池的沉淀物属于沉渣。

按照来源不同，污泥可以分为初次沉淀池污泥、剩余活性污泥、消化污泥、化学污泥和腐殖污泥等。

按照水的性质，污泥可以分为生活污水污泥、工业污水污泥和给水污泥等。

（二）污泥处理的目的

污泥处理的目的主要有以下三个方面：

（1）降低水分含量，减少污泥体积；

（2）便于后续处理、利用和运输；

（3）使污泥卫生化和稳定化。

污泥中含有大量的有机物、各种病原体以及其他有毒有害物质，如果不进行稳定化处理，必将成为二次污染源，导致环境污染和病菌传播。通过污泥的处理，可以改善污泥的成分和某些性质，便于污泥资源化利用。

二、污泥的浓缩

污泥的含水率很高，为95%~97%，剩余活性污泥中含水率可以达到99%以上。污泥的体积非常大，对污泥后续处理造成很大的困难。污泥浓缩的主要目的在于减容。

污泥中所含有的水分大致可以分为颗粒间隙的空隙水（占70%左右）、毛细水（占20%左右）、污泥颗粒吸附水和内部水（二者占10%左右）四部分。

浓缩法用于降低污泥中的空隙水，是降低污泥含水率、减小污泥容积的主要方法。常见的浓缩法主要包括重力浓缩法和气浮浓缩法等。

（一）重力浓缩法

污泥重力浓缩后含水率降低，可以使体积明显减小。当污泥的含水率从99%降低至96%时，体积可以减小75%。当含水率从96.5%降低至95%时，体积可减小50%。通过重力浓缩脱水后，可以降低后续处理设备的容积，便于处理。

重力浓缩构筑物称为重力浓缩池。重力浓缩法是借重力作用使固体废物脱水的方法。该方法进行的固液分离不彻底，常与机械脱水配合使用，作为初步浓缩以提高过滤效率。

根据运行方式的不同，重力浓缩池可以分为间歇式浓缩池和连续式浓缩池两种。

1. 间歇式浓缩池

间歇式浓缩池运行时先排除浓缩池中的上清液，腾出池容，再投入待浓缩的污泥，如图6—8所示。一般浓缩时间不宜小于12 h。间歇式浓缩池间歇操作，操作管理比较麻烦，单位处理量所需要的池容较大，主要在小型处理厂或工业企业的污水处理厂脱水使用。

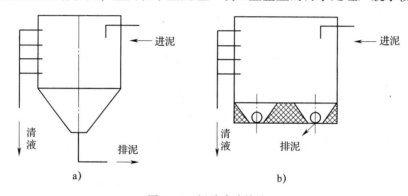

图6—8　间歇式浓缩池
a）带中心管间歇式浓缩池　b）不带中心管间歇式浓缩池

2. 连续式浓缩池

连续式浓缩池多用于大中型污水处理厂，其结构类似于辐流式沉淀池，可以分为带刮泥机与搅动栅连续浓缩池（见图6—9）、不带刮泥机连续浓缩池、带刮泥机多层连续浓缩池三种。

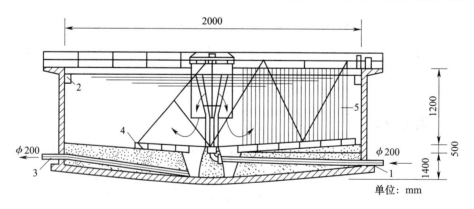

图6—9　带刮泥机与搅动栅连续浓缩池结构
1—中心进泥管　2—上清液溢流堰　3—底流排除管　4—刮泥机　5—搅动栅

（二）气浮浓缩法

气浮浓缩法是依靠大量微小气泡附着在颗粒上，形成颗粒—气泡结合体，利用浮力把颗粒带到水表面而达到浓缩的目的。

在一定的温度下，空气在液体中的溶解度与空气受到的压力成正比。当压力恢复到常压后，高压溶解的空气会变成微细气泡从液体中释放出来。大量的微细气泡附着在颗粒周围，可以使颗粒相对密度减小而被强制上浮。气浮池的作用是上浮浓缩，在池表面形成浓缩污泥层，由刮泥机刮出池外。不能上浮的颗粒沉至池底，随着设在池底的清液排水管一起排出。部分清液回流加压，并在溶气罐中压入压缩空气，使空气大量溶解在水中。气浮浓缩工艺流程如图 6—10 所示。

气浮浓缩速度快，处理时间为重力浓缩的 1/3，占地少，刮泥方便，但是基建和操作费用较高，管理复杂，运行费用高。

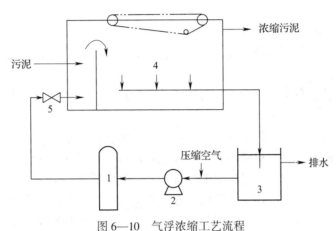

图 6—10　气浮浓缩工艺流程
1—溶气罐　2—加压泵　3—澄清水　4—气浮池　5—减压阀

三、污泥消化

污泥的消化是在无氧条件下，由兼性菌及专性厌氧细菌降解有机物，最终产物是二氧化碳和甲烷，使污泥得到稳定。

污泥厌氧消化是一个极其复杂的过程，主要包括两个阶段：第一阶段是产酸发酵阶段，有机物在细菌的作用下分解成为脂肪酸及其他产物，并合成新细胞；第二阶段是甲烷发酵阶段，脂肪酸在产甲烷细菌的作用下转化为甲烷和二氧化碳。

（一）污泥厌氧消化的目的

1. 减少污泥体积

减少污泥中可降解的有机物含量，使污泥的体积减小。与消化前相比，消化污泥的体积一般可减小 1/3~1/2。

2. 稳定污泥性质

减少污泥中可分解、易腐化物质的数量，使污泥性质稳定。

3. 提高污泥的脱水效果

未消化的污泥呈黏性胶状结构，不易脱水。消化过的污泥，胶体物质被气化、液化或分解，污泥中的水分易于与固体分离。

4. 获得可利用的甲烷气体

污泥在消化过程中产生沼气，沼气中有用的甲烷气体约占 2/3，可作为燃料用来发电、烧锅炉、驱动机械等。

5. 消除恶臭

污泥在厌氧消化过程中，硫化氢分离出硫分子或与铁结合成为硫化铁，因此消化后的污泥不会再发出恶臭。

6. 提高污泥的卫生质量

污泥中含有很多有毒物质如细菌、病原微生物、寄生虫卵，极不卫生。污泥在消化过程中，产甲烷细菌具有很强的抗菌作用，可杀死大部分病原菌以及其他有害微生物，使污泥卫生化。

（二）污泥消化类型

污泥消化过程主要包括标准消化、两级消化、高负荷消化和厌氧接触消化等几种类型。

1. 标准消化法

标准消化法又称低负荷消化法，在普通消化池中进行。标准污泥消化池通常为单级消化池。

消化池内不加热，不设搅拌装置，间歇投加污泥和排出脱水后的污泥，一般有机负荷率为 $0.4 \sim 1.6 \, kg/(m^3 \cdot d)$。在单级消化的实际运行过程中，当加入污泥进行快速消化并产气后，气泡的上升所起的搅动作用是唯一的搅拌作用。池内形成三个区，上部为浮渣区，中间为上清液，最下层为污泥区。经消化的污泥在池底浓缩并定期排出，上清液回到水处理流程的前端进行处理，产生以甲烷为主要成分的沼气，从池顶收集和导出。由上述可见，污泥的消化、浓缩和形成上清液等过程，是在一个消化池内同时完成的。这种单级消化池存在池内分层、温度不均匀、有效容积小等问题，使其消化时间长达 30~60 d，此种低负荷消化法仅适用于小型污泥处理。

2. 两级消化法

两级消化法是根据消化过程沼气生产的规律进行设计的，主要目的是节省污泥加温与搅拌所需要的能量。

根据中温消化的消化时间与产气率的关系，消化的前 8 d 产生的沼气量约占全部沼气量的 80%，消化池设计成两级：第一级消化池有加温、搅拌设备，并有集气罩收集沼气，排出的污泥送入第二级消化池中；第二级消化池没有加温与搅拌设备，依靠余热继续消化，消化温度为 20~26℃，产气量约占 20%，可以收集或不收集产生的气体。第二级消化池不需要搅拌和加温设备，可节省动力消耗，同时第二级消化池也具有浓缩功能。

3. 高负荷消化法

高负荷消化在高负荷消化池中进行。与普通单独消化池相比较，高负荷消化池的固体负荷大得多，并设有搅拌设备，其搅拌、污泥投配及熟污泥排除等工序为 24 h 连续进行，不存在分层现象，全池都处于活跃的消化状态。消化时间仅为低负荷消化池的 1/3 左右（10~15 d），固体负荷提高 4~6 倍。

目前，国内外常用的高负荷消化池有不同的形式，主要是搅拌方式上的不同。可用气体循环、搅拌、提升或引流管混合器，使污泥在内部混合和加热，达到最佳的消化效果。

4. 厌氧接触消化法

厌氧消化的时间受产甲烷细菌分解有机物的速度控制，出自高负荷消化池的污泥，在第二段消化池进行沉降处理，将沉降后的熟污泥部分回流到第一段消化池，这样可以增加消化池中产甲烷细菌的数量与停留时间，相对降低挥发物与细菌数的比值，从而加快分解速度，该运行方式称为厌氧接触法。此法对有机物的分解速度比单一的高负荷消化池快，消化时间可缩短至 12~24 h。回流污泥量为新鲜污泥投配量的 1~3 倍，剩余污泥量也较少。

四、污泥的调理

（一）化学调理

化学调理法是在污泥中加入混凝剂、助凝剂等化学药剂，使污泥颗粒絮凝，比阻降低，改善污泥的脱水性能。

1. 混凝剂

污泥调理常用的混凝剂有无机混凝剂及其高分子聚合电解质、有机高分子聚合电解质和微生物混凝剂三类。

（1）无机混凝剂及其高分子聚合电解质

无机混凝剂是一种电解质化合物，主要是铝盐与铁盐及其高分子聚合物，常见的如硫酸铝、硫酸铁、聚合氯化铝等。

（2）有机高分子聚合电解质

有机高分子聚合电解质按照基团所带电性的不同，可分为阳离子型、阴离子型、非离子型和两性型四种。在污泥处理过程中常用阳离子型、阴离子型和非离子型三种。

（3）微生物混凝剂

微生物混凝剂主要有三种：直接以微生物细胞为混凝剂、从微生物细胞中提取出来的混凝剂、以微生物细胞的代谢产物作为混凝剂。微生物混凝剂具有无毒、无二次污染、可生物降解、混凝絮体密实、对环境和人类无害等优点，因此被广泛推广利用。

2. 助凝剂

助凝剂一般不起混凝作用。助凝剂的主要作用是调节污泥的 pH，供给污泥以多孔状网格的骨架，改变污泥颗粒结构，破坏胶体的稳定性，提高混凝剂的混凝效果，增强絮体的强度等。

常用的助凝剂主要有硅藻土、珠光体、酸性白土、污泥焚烧灰等。助凝剂可以直接加入污泥中，一般投加量为 10~100 mg/L，还可将助凝剂配制成 1%~6% 浓度的糊状物，预先粉刷在转鼓真空过滤机的过滤介质上成为预覆助凝层。

（二）淘洗

淘洗法适用于消化污泥的预处理。消化污泥的碱度超过 2 000 mg/L，在进行化学调节时所加入的混凝剂需要先中和掉碱度，才能起到混凝作用，因此混凝剂用量大大增加。淘洗法是利用污水处理厂的出水或自来水、河水把消化污泥中的碱度洗掉，以便节省混凝剂的用量，但需要增设淘洗池以及搅拌设备。

（三）加热加压调理

热处理可以使污泥有机物分解，破坏胶体颗粒的稳定性，释放污泥内部水与吸附水，降低比阻，大大改善脱水性能，高温杀灭寄生虫卵以及病菌等，兼有污泥稳定、消毒和除臭等功能。热处理后对污泥进行重力浓缩，可以使含水率从 97%~99% 降低至 80%~90%。

热处理法适用于初沉池污泥、消化污泥、活性污泥、腐殖污泥及其混合污泥的处理。常用的热处理方式可分为高温加压热处理和低温加压热处理两种。

（四）冷冻融化调理

污泥冷冻处理是在低温下对污泥进行冷冻，随着冷冻层的发展，颗粒被向上压缩浓集，水分被挤向冷冻界面。通过冷冻—融化过程，污泥颗粒的结构被彻底破坏，脱水性能大大提高，颗粒的沉降与过滤速度提高。

五、污泥的脱水

污泥的脱水是以过滤介质两面的压力差为推动力，使污泥水分强制通过过滤介质而形成滤液，污泥颗粒被截留在介质上形成滤饼。常见的脱水方式包括真空过滤脱水、压滤脱水和离心脱水等几种形式。

（一）真空过滤脱水

真空过滤脱水使用的机械称为真空过滤机，主要用于经过预处理后的初次沉淀池污泥、化学污泥以及消化污泥的脱水，目前应用较少。

真空过滤机脱水的特点是能够连续生产，运行平稳，可自动控制。主要缺点是附属设备较多，工序复杂，运行费用较高。

真空过滤脱水所需的附属设备包括真空泵、空压机和汽水分离罐等。

（二）压滤脱水

压滤脱水采用板框压滤机或带式压滤机等。主要特点是结构简单，过滤推动力大，适用于各种污泥，但不能连续运行。

1. 板框压滤机

板框式压滤机主要包括人工板框压滤机和自动板框压滤机两种。

操作人工板框压滤机时，需要一块一块卸下污泥，剥离泥饼并清洗滤布后再逐块装上，劳动强度大，效率低。

自动板框压滤机可以自动运行，效率高，劳动强度低，应用较广泛。目前常用的有垂直式与水平式两种自动板框压滤机。

2. 带式压滤机

带式压滤机的主要特点是把压力施加在滤布上，用滤布的压力和张力使污泥脱水，而不需要真空或加压设备，动力消耗少，可以连续生产。这种脱水方法目前应用广泛。

（三）离心脱水

污泥离心脱水推动力是离心力，推动的对象是固相颗粒，离心力大小可控，作用力比重力大几百倍甚至几千倍，脱水效果较好。

常见的离心脱水机可以按照分离因数（离心力与重力的比值）的大小分为高速离心机（离心因数大于 3 000）、中速离心机（离心因数为 1 500~3 000）和低速离心机（离心因数为 1 000~1 500）几种类型。按照离心机的形状，离心脱水机可分为转筒式离心机、盘式离心机和板式离心机等。

思考与练习

一、单项选择题

1. 堆肥化是在控制条件下，利用自然界广泛分布的细菌、放线菌、真菌等微生物，促进来源于生物的有机废物发生生物稳定作用，使可被生物降解的有机物转化为稳定的（　　）的生物化学过程。

  A. 腐殖质   B. 腐殖土   C. 生化产物   D. 有机物

2. 有机固体废物厌氧发酵是指固体废物中的有机成分在厌氧条件下，利用厌氧微生物（　　）的功能，转化为无机物质和自身的细胞物质，从而达到消除污染、净化环境的目的。

  A. 呼吸   B. 光合作用   C. 新陈代谢   D. 生物合成

3. 来自城市污水处理后的污泥含有机物（　　），含氮、磷 1%～4%，含钾 0.2%～0.4%。

  A. 30%～50% B. 20%～30% C. 40%～50% D. 50%～60%

4. 好氧堆肥是在通气良好、氧气充足的条件下，借助好氧微生物的生命活动降解有机物，通常好氧堆肥温度一般在（　　）℃，极限温度可达 80～90℃。

  A. 30～40   B. 40～45   C. 50～55   D. 55～60

5. 胶体有机物质先吸附在微生物体外，依靠微生物分泌的（　　）分解为可溶性物质，再渗入细胞。微生物通过自身的生命代谢活动，进行分解代谢。

  A. 体液   B. 生物液   C. 胞外酶   D. 促分解酶

6. 工业废水处理污泥一般含有较高的（　　），不宜直接进行堆肥处理，要采取配方添加剂、农艺措施等方面的相应对策。

  A. 苯类物质 B. 致癌物质 C. 重金属   D. 腐蚀性物质

7. 城市污水处理后的污泥氮含量为（　　）。

  A. 1%～1.5% B. 0.5%～1% C. 2%～6%   D. 7%～8%

8. 发酵是指在厌氧条件下，利用厌氧微生物，特别是（　　）新陈代谢的生理功能，将有机物转化成沼气的整个工艺生产过程。

  A. 产酸细菌 B. 产甲烷细菌 C. 降解型细菌 D. 自养型细菌

二、不定项选择题

1. 在堆肥化过程中，首先是有机固体废物中的可溶性物质透过微生物的（　　）被微生物直接吸收。

  A. 细胞壁   B. 细胞质   C. 细胞液   D. 细胞膜

2. 堆肥是一种深褐色、质地疏松、有泥土气味的物质，类似于腐殖质土壤，故也称为"腐殖土"，是一种具有一定肥效的（　　）。

  A. 土地养分 B. 培养基   C. 土壤改良剂 D. 调节剂

3. 泔脚等食品废物的特点是（　　）含量高，不可堆腐的惰性物质和其他杂质量很少，是非常好的堆肥和厌氧发酵用原料。

    A. 有机质   B. 无机质   C. 水分   D. 有害物质

三、讨论题

1. 什么是固体废物生物处理技术？释述生物处理的特点和作用。

2. 比较好氧堆肥间歇式发酵工艺与连续式发酵工艺的特点与优劣。

3. 试简述污泥的几种调理方法。

4. 污泥的浓缩方式有哪几种，各有什么优劣？

5. 污泥的脱水方式有哪几种，各有什么优劣？

6. 请说明堆肥化的定义和堆肥化的特点，并简要分析影响堆肥化发展的主要因素。

7. 某堆肥厂制得的堆肥产品的主要指标见表6—4。

表6—4   **某堆肥厂堆肥产品的主要指标**

具体参数	1月	2月	3月	4月	5月	6月	7月	8月	9月
pH（<20℃）	6.3	6.2	6.1	6.3	6.4	6.3	6.3	6.1	6.1
湿度（质量分数）/%	13	16	15	15	14	14	18	24	20
化学需氧量（COD）/（g/kg）	890	1 000	980	940	980	940	1 000	980	1 000
总凯氏氮/（g/kg）	27	27	26	27	26	27	27	25	26
碳氮比	14:1	15:1	15:1	15:1	12:1	14:1	16:1	16:1	16:1
总磷/（g/kg）	31	58	58	30	32	34	30	30	32

请根据国家标准分析该堆肥产品的特点。

第七章

固体废物的处理与资源综合利用技术

本章学习目标

★ 了解工业固体废物和常见固体废物的组成、性质、处理原则。

★ 了解不同固体废物的综合利用方法和技术。

★ 熟悉工业固体废物和几种典型的固体废物资源化处理途径。

★ 掌握几种典型的城市固体废物和工业固体废物资源化处理工艺过程相关设备、影响因素。

第一节　资源化的基本途径

《城市生活垃圾处理及污染防治技术政策》中明确指出："应按照减量化、资源化、无害化的原则，加强对垃圾产生的全过程管理，从源头减少垃圾的产生量；对已经产生的垃圾，要积极进行无害化处理和回收利用，防止污染环境。"这充分体现了循环经济的理念。对已经产生的垃圾，"无害化"是垃圾处理的基础，在实现"无害化"的同时，实现垃圾的"减量化"和"资源化"是追求的目标。

一、常用的资源化方法

垃圾资源化方法有许多，从利用方式可分为两类，即循环再利用和通过工程手段利用，而通过工程手段回收利用又可分为加工再利用和转换利用。常用的资源化方法如图7—1所示。

在垃圾资源化方式中以"循环再利用"最为简便易行，只需增加很少的设备和人力，但其对再利用物的单一性有要求，一般只能通过多源头回收获得。"加工再利用"次之，它需要增加一定的设备，加工再利用物可以是一种物质，也可以是几种物质的混合物，可以通过源头回收获得，也可以通过一些分选设备获得。"转换利用"要经过化学或生物反应，其

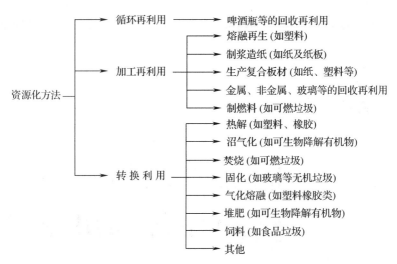

图7—1 常用垃圾资源化方法

工艺过程较难控制，设备较为复杂，二次污染控制措施较难实现。垃圾的特殊性决定了垃圾完全的分类是不可能的，最终仍会有大量的混合垃圾，而"转换利用"中的大部分技术可用于混合垃圾，因而被广泛采用。

二、废物回收利用的方法

回收垃圾中废品的方法包括垃圾分类收集和废品回收、混合垃圾分选回收。

（一）垃圾分类收集和废品回收

1. 垃圾分类收集

垃圾分类收集是在垃圾产生源头按不同组分分类的一种收集方式。

近些年，随着经济的发展，我国垃圾组分及其含量在不断地发生变化，主要表现在纸类、织物等有机物和可回收物的含量逐年提高，越来越显示分类收集的必要性。实践证明，垃圾分类收集不仅能降低垃圾中废品的回收成本，提高废品回收率和回收废品质量，促进资源化，也有利于垃圾处理。

2. 废品回收

我国传统的做法是，城市居民通常将生活中产生的有价值的废物挑选出来出售，而将其余废物扔到垃圾桶中，采用混合收集方式收运垃圾。这种直接回收废品方式，对从源头减少垃圾收运、处理量起到了不可低估的作用。但由于这种废品回收只从经济目标出发，没有从减少垃圾量、保护资源、保护环境出发，回收不是一种义务而是作为一种赚钱的手段，回收对象多集中为废旧报纸、废旧书刊、废旧金属、废旧电器等利润高的物质，而对废旧塑料、玻璃制品、废电池等的回收不重视，使得废品回收的种类少，回收率比较低。此外，由于强制和义务回收制度还未建立，国有回收点不断减少，废品收购价格越来越低，加上生活水平的提高，越来越多的居民对卖废品不再热心，而将其投入垃圾中。为此，政府有关部门已经着手调整废品收购工作，在加强、改革国有回收公司的同时，加强对个体回收商贩的管理，促进废品的回收利用，减少进入垃圾中的废品量。

（二）混合垃圾分选回收

混合垃圾回收利用时，分选是重要的操作工序，分选效率是决定回收物质价值和市场销路的重要因素。例如，废塑料是各种塑料的混合物，往往还夹杂各种杂质，所以，再生利用前必须加以分选。垃圾在堆肥前必须经过分选以去除非堆肥化物质。

第二节 工业固体废物的处理与资源综合利用

工业固体废物是指工业生产、加工过程中产生的废渣、粉尘、碎屑、污泥等废物。按行业类型，工业固体废物主要包括冶金废渣（如钢渣、高炉渣、赤泥）、矿业废物（如煤矸石、尾矿）、能源灰渣（如粉煤灰、炉渣、烟道灰）、化工废物（如磷石膏、硫铁矿渣、铬渣）、石化废物（如酸碱渣、废催化剂、废溶剂）以及轻工业排出的下脚料、污泥、渣糟等废物。

工业固体废物的成分与产业性质密切相关。多年来，我国工业废物的组成比较稳定但产量和堆积量逐年递增。2015 年，我国工业固体废物综合利用量达到 19.9 亿 t，综合利用率为 65%，比 2001 年提高了 13%。单位工业增加值固体废物产生强度逐年下降，2014 年比 2005 年下降了 28.7%。1999 年以来，工业固体废物产生量变化如图 7—2 所示。

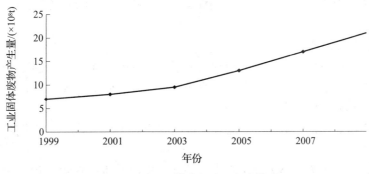

图 7—2 工业固体废物产生量变化图

工业固体废物的利用途径主要为筑路筑坝、工程回填、生产建材原料、提炼金属和有用物质、土壤改良等。目前，我国工业固体废物的综合利用率仅为 57.8%，仍有上百亿吨累积的工业废物散乱堆存在河滩荒地、农田或工业区，不仅浪费资源，污染水体、大气和周围土壤，还侵占了大量耕地，需花费巨额资金加以维护管理。

一、工业固体废物的处理原则

工业固体废物的污染控制与其他环境问题一样，经历了从简单处理到全面管理的发展过程。在早期，世界各国注重末端治理，提出了资源化、减量化和无害化的"三化"原则。在经历了许多教训之后，人们逐渐意识到对其进行源头控制的重要性，并出现了"从摇篮到坟墓"的管理控制体系，如图 7—3 所示。

目前，在世界范围内取得共识的基本对策：避免产生（clean）、综合利用（cycle）、妥

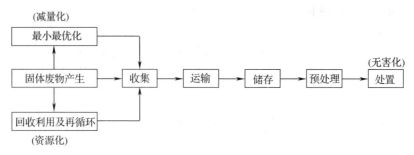

图7—3 工业固体废物"从摇篮到坟墓"的管理控制体系

善处理（control）的"3C原则"。依据上述原则，固体废物从产生到处置的过程可分为五个连续或不连续的环节。

（一）废物的产生

在这一环节应大力提倡清洁生产技术，通过改变原材料、改进生产工艺或更换产品，力求减少或避免废物的产生。

（二）系统内部的回收利用

对生产过程中产生的废物，应推行系统内的回收利用，尽量减少废物外排。

（三）系统外的综合利用

对于从生产过程中排出的废物，通过系统外的废物交换、物质转化、再加工等措施，实现其综合利用。

（四）无害化/稳定化处理

对于那些不可避免且难以实现综合利用的废物，则通过无害化、稳定化处理，破坏或消除有害成分。为了便于后续管理，还应对废物进行压缩、脱水等减容减量处理。

（五）最终处置与监控

作为固体废物的归宿，最终处置必须保证其安全、可靠，并应长期对其监控，确保不对环境和人类造成危害。

对于上述后四个环节的固体废物利用与处理，现在各地一般采用集中与分散相结合的工业固体废物处理处置系统。

集中处理处置方式就是针对工厂企业产生的不能利用或产生量少、自身又无法治理的工业固体废物，提供安全、妥善的处理处置技术和途径，以有效控制和消除危害。集中处理处置方式可分为四种技术：综合利用技术、焚烧技术、填埋处置技术、堆肥技术。

分散处理处置方式是指有处理处置废物能力的工厂企业，在环保主管部门的监督指导下，因地制宜，根据各自行业特点，将产生的固体废物在系统内或系统外进行各种处理处置。

二、高炉渣的处理与资源综合利用

我国高炉渣积存量已达到 2.2×10^8 t，接近世界总量的20%。

（一）钢铁工业废物的组成和性质

几种钢铁工业废物的典型组成见表7—1。

表7—1 几种钢铁工业废物的典型组成 %

种类	成分								
	氧化钙	二氧化硅	氧化铝	氧化镁	氧化铁	二氧化锰	二氧化钛	五氧化二磷	氧化亚铁
尾矿	1.1~2.6	68.2~72.2	10.7~14.8	2.2~3.2	—	0.4~0.9	—	—	0.7~7.4
高炉渣	37.0~47.5	32.6~41.4	7.6~17.3	3.5~11.6	0.9~4.2	0.08~4.3	0.1~10.1	—	0.1~1.4
钢渣	39.3~48.1	10.2~19.8	1.5~4.8	3.4~12.0	0.2~33.4	1.1~4.9	0.45~1.0	0.6~4.1	7.3~14.1
铁合金渣	3.1~48.4	27.2~43.3	7.5~22.9	6.8~32.2	—	0.2~9.4	0.1~0.3	0.01~0.02	0.4~1.6
化铁炉渣	48.5~57.0	27.8~28.5	9.15~13.2	2.1~3.5	0.3~1.0	0.1~0.6	—	—	—
粉煤灰	0.5~8.0	40.5~59.3	17.9~32.7	0.4~2.23	2.0~19.0	1.0~2.8	—	—	—
含铁尘泥	12.3~17.5	2.5~7.1	1.12~2.75	2.69~4.55	—	—	2.5~8.3	—	30.6~32.6

钢铁工业废物的组成和性质不同，综合利用水平和途径也有差异，以2003年为例，钢铁工业废物产生量和利用率见表7—2。比较后可发现，高炉渣、化铁炉渣、铁合金渣、含铁尘泥的综合利用水平较高，基本可实现产业化。尾矿、钢渣、粉煤灰、工业垃圾的利用率较低，若不及时处理和综合利用，势必渣满为患，污染环境，进而影响到钢铁工业的可持续发展。

表7—2 2003年钢铁工业废物产生量和利用率

项目	种类							
	尾矿	冶炼渣				含铁尘泥	粉煤灰与炉渣	工业垃圾
		高炉渣	钢渣	铁合金渣	化铁炉渣			
产生量/万t	9 500	6 340	2 660	115	76	2 110	690	460
利用率/%	7	85	42	90	95	95	40	45

下面以高炉渣为例，对钢铁工业废物的处理和资源化进行简单探讨。

（二）高炉渣的处理与资源化

高炉渣是冶炼生铁时从高炉中排出的一种废渣，主要是氧化钙、二氧化硅、氧化铝、氧化镁、氧化锰、氧化亚铁和硫等组成的硅酸盐和铝酸盐。此外，有些矿渣还含有微量的二氧化钛、氧化钠、氧化钡、五氧化二磷、氧化铬等，其中，氧化钙、氧化铝、氧化镁、二氧化硅四种主要成分在高炉渣中占90%以上。目前，我国除17.9的钒钛高炉渣、含放射性稀土元素的高炉矿渣没有被利用外，普通高炉矿渣基本已全部被利用。

高炉渣的产量与矿石的品位有关，一般为生铁产量的25%~100%，目前我国冶炼1 t生铁大约排出高炉渣0.6~0.7 t，据统计，我国渣场积存的高炉渣约为2.2×10^8 t，占地约100万hm²。为了处理这些废渣，国家每年要花费巨资修筑排渣场和铁路线，浪费了大量人力物力。高炉渣属于硅酸盐质材料，又是高温下形成的熔融体，因而可以加工成多品种、高质量的建筑材料。

在利用高炉渣之前，需要对其加工处理。其用途不同，加工处理的方法也不相同。我国通常是将高炉渣加工成水渣、矿渣碎石、膨胀矿渣和膨胀矿渣珠等形式加以利用。高炉渣主要处理利用工艺及利用途径如图7—4所示。

1. 生产矿渣水泥、湿碾矿渣混凝土和矿渣砖

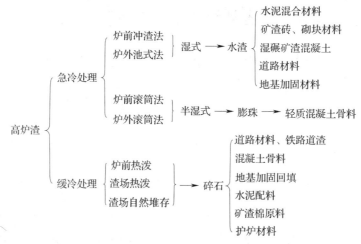

图7—4　高炉渣主要处理工艺及利用途径

（1）矿渣水泥

水渣在水泥熟料、石灰、石膏等激发剂作用下，可显示优越的水硬胶凝性能。以水渣为原料制成的水泥主要是矿渣硅酸盐水泥、石膏矿渣水泥和石灰矿渣水泥。

①矿渣硅酸盐水泥。矿渣硅酸盐水泥是用硅酸盐水泥熟料、粒化高炉矿渣、3%～5%的石膏混合磨细或分别磨细后再混合均匀而制成的。与普通水泥相比，它具有较强的抗溶出性和抗侵蚀性，水化热较低，耐热性较强，早期强度低但后期强度增加率高。

②石膏矿渣水泥。石膏矿渣水泥是将干燥的水渣和石膏、硅酸盐水泥熟料或石灰按照一定的比例混合磨细或分别磨细后再混合均匀所得到的一种水硬性胶凝材料。在配制石膏矿渣水泥时，高炉水渣是主要的原料，一般配入量高达80%左右。这种石膏矿渣水泥成本较低，具有较好的抗侵蚀性和抗渗透性，适用于混凝土的水工建筑物和各种预制砌块。

③石灰矿渣水泥。石灰矿渣水泥是将干燥的粒化高炉渣、生石灰或消石灰以及5%以下的天然石膏，按适当的比例混合磨细而成的一种水硬性胶凝材料。石灰的掺入量一般为10%～30%，它的作用是激发矿渣中的活性成分，生成水化铝酸钙和水化硅酸钙。石灰矿渣水泥可用于蒸汽养护的各种混凝土预制品，水中、地下、路面等的无筋混凝土和工业与民用建筑砂浆。

（2）湿碾矿渣混凝土

湿碾矿渣混凝土是以水渣为主要原料制成的一种混凝土。它的制造方法是将水渣和激发剂（水泥、石灰和石膏）放在碾机上加水碾磨制成砂浆后，与粗骨料拌和而成。湿碾矿渣混凝土的各种物理力学性能，如抗拉强度、弹性模量、耐疲劳性能和钢筋的黏结力与普通混凝土相似。而其主要优点在于具有良好的抗水渗透性能，可以制成不透水性能很好的防水混凝土；具有很好的耐热性能，可以用于工作温度在600℃以下的热工工程中，能制成强度达50 MPa的混凝土。此种混凝土适宜生产混凝土构件，但不适宜在施工现场浇筑使用。

（3）矿渣砖

矿渣砖的主要原料是水渣和石灰，它是经过搅拌、成型和蒸汽养护而成的砖。水渣既是矿渣砖的胶结材料，又是骨料，用量占85%以上。水渣质量的好坏直接影响矿渣砖的强度，一般要求水渣应有较高活性和颗粒强度。水渣不具有足够的独立水硬性，所以在生产矿渣砖时，需加入激发剂。常用的激发剂有碱性激发剂（石灰或水泥）和硫酸盐激发剂（石膏）两种。矿渣砖具有很好的物理力学性能，但是密度比较大，一般为 2 120~2 160 kg/m³。

2. 矿渣碎石的利用

矿渣碎石具有缓慢的水硬性，可用于公路、机场、地基工程、铁路道渣、混凝土骨料和沥青路面等。用矿渣碎石配制的混凝土具有与普通混凝土相近的物理力学性能，而且还有良好的保温、隔热、耐热、抗渗和耐久性能。矿渣碎石混凝土的应用范围较为广泛，可以作预浇、现浇和泵送混凝土的骨料。

3. 膨胀矿渣和膨胀矿渣珠的利用

膨胀矿渣主要用作混凝土轻骨料，也用作防火隔热材料，用膨胀矿渣制成的轻质混凝土可用作建筑物的围护和承重结构。膨胀矿渣珠可以用于轻混凝土制品及结构，如用于制作砌砖、楼板及其他轻质混凝土制品。膨胀矿渣珠内孔隙封闭，吸水少，混凝土干燥时产生的收缩很小，这是膨胀页岩或天然浮石等轻骨料所不及的。

直径小于 3 mm 的膨胀矿渣珠与水渣的用途相同，可供水泥厂作矿渣水泥的掺和料用，也可作为公路路基材料和混凝土细骨料使用。

三、粉煤灰的处理与资源综合利用

（一）概况

1. 粉煤灰的来源

粉煤灰是冶炼厂、化工厂和燃煤电厂排放的非挥发性煤残渣，包括漂灰、飞灰和炉底灰三部分。根据煤炭灰分的不同，粉煤灰的产生量相当于电厂煤炭用量的 2.5%~7.0%。为缓解电力供应日益紧张的局面，我国煤炭用量逐年激增，2010 年粉煤灰的排放量已超过 3 亿 t，总量位居工业废渣之首，但其利用率约为 40%，尚有多半的粉煤灰被湿排入储灰厂、填埋场或江河湖海中，给环境造成了严重的污染。

2. 粉煤灰的性质

粉煤灰是高温下高硅铝质的玻璃态物质，是经快速冷却后形成的蜂窝状多孔固体集合物，属火山灰类物质，外观类似水泥，颜色从乳白到灰黑，其物化性质取决于燃煤品种、煤粉细度、燃烧方式及温度、收集和排灰方法等。粉煤灰单体由二氧化硅、氧化铝、氧化钙、三氧化二铁、氧化镁和一些微量元素、稀有元素等组成，杂糅有表面光滑的球形颗粒和不规则的多孔颗粒的硅铝质非晶体材料，其物理性能及典型化学成分见表 7—3、表 7—4。

表 7—3　　　　　　　　　　　　　　粉煤灰的物理性能

真密度/ （g/cm³）	堆积密度/ （g/cm³）	比表面积/ （m²/g）	粒径/ μm	孔隙率/ %	灰分	pH	可溶性盐/ %	理论热值/ （kJ/kg）	表观热值/ （kJ/kg）
2.0~2.4	0.5~1.0	0.25~0.5	1~100	60~75	80~90	11~12	0.16~3.3	550~800	300~500

表 7—4　　　　　　　　　　　　　　粉煤灰典型化学成分

成分	二氧化硅	氧化铝	三氧化二铁	氧化钙	氧化镁	氧化钠	氧化钾	二氧化钛	五氧化二磷	烧失	总计
含量/%	48.92	27.41	6.03	3.04	1.02	0.78	2.05	0.82	1.58	8.01	99.66

由表7—3和表7—4可知，粉煤灰属硅铝酸盐，其中二氧化硅、氧化铝和氧化铁的含量约占总量的80%。由于富集有多种碱金属、碱土金属元素，其pH较高。同时，粉煤灰具有粒细、多孔、质轻、密度小、黏结性好、结构松散、比表面积较大、吸附能力较强等特性。

（二）粉煤灰的综合利用

1. 用作建材原料

（1）水泥、混凝土掺料

粉煤灰与黏土成分类似，并具有火山灰活性，在碱性激发剂下，能与氧化钙等碱性矿物在一定温度下发生"凝硬反应"，生成水泥质水化胶凝物质。作为一种优良的水泥或混凝土掺和料，它减水效果显著，能有效改善和易性，增加混凝土最大抗压强度和抗弯强度，增加延性和弹性模量，提高混凝土抗渗性能和抗蚀能力，同时可减少泌水和离析现象，降低透水性，减少浸析现象，减少混凝土早期和后期干缩，降低水化热和干燥收缩率。因此，在各种工程建筑（包括工民建筑、水工建筑、筑路筑坝等）中，粉煤灰的掺入不仅能改善工程质量，节约水泥，还能降低建设成本，使施工简单易行。我国三峡大坝的建设中广泛应用了粉煤灰硅酸盐水泥，效果良好。

（2）粉煤灰砖

粉煤灰可以和黏土、页岩、煤矸石等分别制成不同类型的烧结砖，如蒸养粉煤灰砖、泡沫砖、轻质黏土砖、承重型多孔砖、非承重型空心砖以及碳化粉煤灰砖、彩色步道板、地板砖等新型墙体材料。粉煤灰制砖已有60多年的历史，其生产工艺及主要设备与普通黏土砖基本相同，但兼具工艺简单、建厂速度快、用灰量大（粉煤灰掺入量最高可达80%~90%）、节约黏土和燃料等特点。大部分粉煤灰砖都具有轻质保温、隔热隔声、绿色环保等性能，因此随着国家淘汰实心黏土砖力度的加大，粉煤灰砖市场前景广阔。

（3）小型空心砌块

以粉煤灰为主要原料的小型空心砌块可取代砂石和部分水泥，具有空心、质轻、外表光滑、抗压保暖、成本低廉、加工方便等特点，成为近年来发展较快的绿色墙体材料，其进一步的发展方向是：加入复合无机胶凝材料，充分激发粉煤灰活性，提高早期强度；利用可替换模具的优势使产品多样化，亦可生产标砖；采用蒸养工艺生产蒸养制品，必须控制胶骨比和单位体积的胶凝材料用量；提高原料混合的均匀度，减少砌块强度的离散性，提高成型质量。

（4）硅钙板

以粉煤灰为硅质材料，以石灰为钙质材料，加入硫酸盐激发剂和增强纤维，或使用高强碱性材料，采用抄取法或流浆法生产各种硅酸钙板，简称SC板。它具有质轻、高强、不燃、无污染、可任意加工等特点，尤其是其收缩变形小的特点，更是解决了长期困扰石膏板、玻璃纤维增强水泥板（GRC板）等非金属板材施工后出现翘曲和对接处存在板缝的问题。这种SC板可以被广泛用于框架结构建筑的内墙体、吊顶、吸声设施、隔热设施、电绝缘设施及工业、民用和别墅式建筑屋顶及其他装饰方面。

（5）粉煤灰陶粒

它是以粉煤灰为原料，加入一定量的胶结料和水，经成球、烧结而成的人造轻骨料，具有用灰量大（粉煤灰掺量约为80%）、质轻、保温、隔热、抗冲击等特点，用其配制的轻混凝土容重可达 1 100~1 800 kg/m³，抗压强度可达 20~60 MPa，适用于高层建筑或大跨度构件，其质量可减轻 33%，保温性可提高 3 倍。

（6）其他建材制品

利用粉煤灰生产的辉石微晶玻璃，与普通矿渣微晶玻璃相比，具有很高的强度、硬度，其耐蚀和耐磨性也有数倍提高。利用粉煤灰作为石膏制品的填充剂，既能取代部分石膏，又可作为促凝剂，提高石膏制品的防水性，一般掺用量最大可达 30%。利用粉煤灰作沥青填充料生产防水油毡，无论外观、质量还是物理性能，都与用滑石粉作填充料的防水油毡相同，并且成本大大降低。此外，还可以利用粉煤灰制备矿物棉、纤维化灰绒、陶砂滤料，提高玻璃纤维水泥制品的寿命，在砂浆中代替部分水泥、石灰或砂等。

2. 用作农业肥料和土壤改良剂

粉煤灰农用投资少，用量大，需求平稳，发展潜力大，是适合我国国情的重要利用途径。目前，粉煤灰农用量已达到 5%，主要方式为用作土壤改良剂和农肥、造地还田等。

（1）土壤改良剂

粉煤灰松散多孔，属热性砂质，细砂约占 80%，并含有大量可溶性硅、钙、镁、磷等农作物必需的营养元素，因此有改善土壤结构、降低密度、增加空隙率、提高地温、缩小膨胀率等功效。粉煤灰可用于改造重黏土、生土、酸性土和碱盐土，弥补其黏、酸、板、瘦的缺陷。土壤中掺入粉煤灰后，透水性与通气性得到明显改善，酸性得到中和，团粒结构得到改善，并具有抑制盐、碱的作用，从而利于微生物生长繁殖，加速有机物的分解，提高土壤的有效养分含量和保温保水能力，增强作物的防病抗旱能力。

（2）堆制农家肥

用粉煤灰混合家畜粪便堆肥发酵比单纯用生活垃圾堆肥慢，但发酵后热量散失少，雨水不易下渗，有利于防止肥效流失。另外，粉煤灰比垃圾干净，无杂质、无虫卵与病菌，有利于田间操作，减少作物病虫害的传播。把粉煤灰堆肥施在田里，不仅能改良土壤，增加肥效，还可增加土壤通气与透水性，有利于作物根系的发育。

（3）加工磁化肥

粉煤灰中含有较多的铁元素，经磁化后，再配入其他有效养分即得到磁化肥。磁化肥可使土壤颗粒发生"磁性活化"而逐步团聚化，从而改善土壤的通气、透水和保水性。其中二价铁离子和三价铁离子的转换可加快土壤中其他成分的氧化还原过程，促进农作物的呼吸和新陈代谢，提高土壤的宜耕性，有利于有机组分的矿质化，提高营养元素的有效态含量。实践证明，磁化肥用量少、功能多、肥效长，弥补了用大量粉煤灰进行土壤改良的不足，同时与化肥有协同作用，可使根系稳定，促进细胞分裂和生长，提高农作物产量。

（4）用作复合肥

粉煤灰粒径小、流动性好，用作复合肥原料具有减少摩擦、提高粒肥制成速度的作用，而且能提高粒肥的抗压强度。粉煤灰蓬松多孔，比表面积大，吸附性能好，可吸附某些养分离子和气体，调节养分释放速度。因此，利用粉煤灰制成硅酸钙、硅酸钾、硅钙硫等复合肥，不仅可提高土壤中有效磷、有效硅的含量，平衡土壤的酸碱度，还能大大改善土壤活性，促进有机成分在土壤中生物的抗性，使有益微生物占据优势。

（5）其他农用途径

粉煤灰有促进水稻生长的作用，并可代替马粪、牛粪等用作水稻秧田的覆盖物，育出的秧苗壮实、根系发达、分蘖能力强。粉煤灰质软松细，营养成分全面，有利于小麦增产和麦苗安全越冬。粉煤灰可用于马铃薯、大白菜、甘薯等的栽种，对洋葱头、秋菜花、黄瓜等施用粉煤灰也能取得良好效果。此外，土壤中掺入粉煤灰还有利于铁、硅、硫、钼等元素的吸收，可增强植物的防病抗虫能力，起到施加农药的效果，如可用其防治果树黄叶病、稻瘟病及麦锈病等。

粉煤灰在农用时，高量的污染元素（如镉、铬、砷、铅、汞等）、强致癌及放射性物质的存在也可能造成土壤、水体与生物的污染。如在储灰场纯灰种植条件下，苜蓿、玉米、兰草、洋葱、胡萝卜、甘蓝、高粱等植物中砷、硼、镁和硒有明显积累的趋势，这是因为重金属的生物效应与土壤的 pH 有很大的关系。因此，在粉煤灰的农耕土壤中要注意防范土壤及农作物中重金属的积累，并合理调控和管理。

3. 粉煤灰在环保上的应用

（1）去除有害物质

粉煤灰粒细质轻、疏松多孔、表面能高，具有一定的活性基团和较强的吸附能力，在环保领域中已广泛应用，主要用于废水治理、废气脱硫、噪声防治及用作垃圾卫生填埋的填料等。粉煤灰主要是通过吸附作用去除有害物质的，其中还包括中和、絮凝、过滤等协同作用。

①物理吸附。吸附无选择性，可在低温下自发进行，对各种污染物都有一定的去除能力，其效果取决于粉煤灰的多孔性和比表面积，比表面积越大，吸附效果越好。

②化学吸附。粉煤灰的分子表面存在大量的 Si-O-Si 和 Al-O-Al 活性基团，能与污染物分子产生偶极—偶极的吸附，阴离子可与粉煤灰中次生的带正电荷的硅酸铝、硅酸钙和硅酸铁之间形成离子交换或离子对的吸附。其特点是选择性强，通常不可逆。

③中和反应。粉煤灰组分中含有氧化钙、氧化镁、氧化铁、氧化钾、氧化钠等碱性物质，可用来中和气体中的酸性成分，净化含酸性污染废水和废气。

④絮凝沉淀。粉煤灰中的一些成分还能与废水中的有害物质作用使其絮凝沉淀，构成吸附—絮凝沉淀协同作用，如氧化钙溶于水后产生的钙离子能与染料中的磺酸基作用生成磺酸盐沉淀，也能与氟离子生成氟化钙沉淀。因此，当用氧化钙含量较低的粉煤灰处理含氟废水或染料废水时，常采用粉煤灰—石灰体系，目的之一就是增加溶液中钙离子的浓度。

⑤过滤截留。由于粉煤灰是多种颗粒的机械混合物，空隙率为 60% ~ 70%，废水通过粉煤灰时，粉煤灰也可过滤截留一部分悬浮物。

（2）粉煤灰在废水处理工程中的应用

粉煤灰本身已具有较强的吸附性能，经硫铁矿渣、碱、铝盐或铁盐溶液改性后，辅以适量的助凝剂，可用来处理各类废水，如城市生活污水、电镀废水、焦化废水、造纸废水、印染废水、制革废水、制药废水、含磷废水、含油废水、含氟废水、含酚废水、酸性废水等。大量实践表明，在废水脱色除臭、有机物和悬浮胶去除、细菌微生物和杂质净化以及汞、铅、铜、镍、锌等重金属离子的去除上，粉煤灰均有显著的处理效果。

（3）粉煤灰在烟气脱硫工程中的应用

电厂烟气脱硫的主要方法是石灰—石灰石法，此法原料消耗大，废渣产量多，但在消石灰中加入粉煤灰，脱硫效率可提高 5~7 倍。如图 7—5 所示，在碱液中加入经活化焙烧后的粉煤灰，经水热处理、洗涤、烘干后即得到合成沸石，它对电厂二氧化硫的吸附容量为 31.8 mg/g。此粉煤灰脱硫剂还可用于处理垃圾焚烧烟道气，以去除汞和二噁英等污染物。如在喷雾干燥法的烟气脱硫工艺中，可将粉煤灰与石灰浆先反应，配成一定浓度的浆液，再喷入烟道中进行脱硫反应，或将石灰、粉煤灰、石膏等制成干粉状吸收剂喷入烟道。

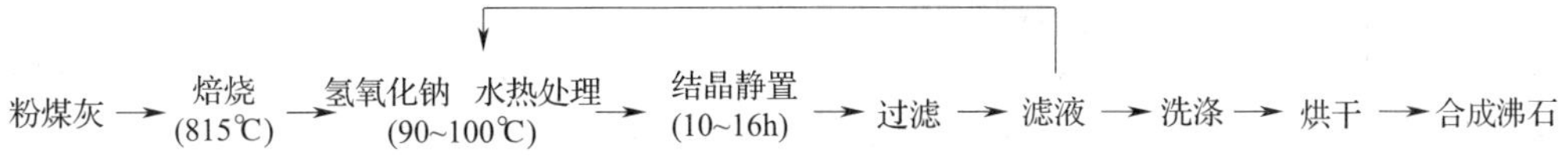

粉煤灰 → 焙烧(815℃) → 氢氧化钠 → 水热处理(90~100℃) → 结晶静置(10~16h) → 过滤 → 滤液 → 洗涤 → 烘干 → 合成沸石

图 7—5　粉煤灰水热反应合成沸石流程

（4）粉煤灰在噪声防治工程中的应用

①制作保温吸声材料。粉煤灰可按粗、细进行分类，细灰可作为水泥与混凝土的混合材料，而粗灰因强度差难以再利用，可用于水泥刚体多孔吸声材料上，具有良好的声学性能。将 70%粉煤灰、30%硅质黏土材料以及发泡剂等混配后，经二次烧成工艺制得粉煤灰泡沫玻璃，具有耐燃、防水、保温、隔热、吸声和隔声等优良性能，可广泛应用于建筑、石油、化工、造船、食品和国防等工业部门的隔热、保温、吸声和装饰等工程中。而用电厂 70%的干灰和湿灰加黏结剂、石灰、黏土等制成直径为 80~100 mm 的料球，放入高温炉内熔化成玻璃液态，经过离心喷吹制成粉煤灰纤维棉，再经深加工，可制作新型保温吸声板等建材。

②制作 GRC 双扣隔声墙板。粉煤灰 GRC 圆孔隔墙板面密度为 40~55 kg/m³，仅为同厚度黏土砖墙的 1/6，具有质量轻、强度高、防火与耐水性能好、生产成本低、运输安装方便等优点，若再采用边肋与面板一次复合成型结构，组成 GRC 双扣隔声墙板，即双层 GRC 隔墙板夹空气层结构，隔声指数大于 45 dB，可达到国家二级或一级隔声标准，接近 24 cm 厚实心砖墙的隔声效果，能满足工程上对隔声降噪性能的要求。

（5）粉煤灰在工程填筑中的应用

粉煤灰的成分及结构与黏土相似，可代替砂石应用在工程填筑上，如筑路筑坝、围海造田、矿井回填等。这是一种投资少、见效快、用量大的直接利用方式，既解决了工程建设的取土难题和粉煤灰堆放污染问题，又大大降低了工程造价。

①用作路基材料。将粉煤灰、石灰和碎石按一定比例混合搅拌，即可制作路基材料。掺入粉煤灰后路面隔热性能好，防水性和板体性好，利于处理软弱地基。粉煤灰的掺加量最高可达 70%，且对其质量要求不高。铺设此种道路技术成熟、施工简单、维护容易，可节约 30%~80%的维护费用。法国用砾石、粉煤灰和石灰混合料作路面的基层与底基层，混合比例分别为 85%、12%和 3%。近年来，粉煤灰在市政工程中应用的范围不断扩大，除用于高速公路外，还用于大桥、护坡、引道、飞机场跑道等工程，如三峡大坝、北京五环工程、厦门黄海大桥、黄浦江隧道等，施用技术日趋成熟，经济效益良好。

②用于工程回填。煤矿区采煤后易塌陷，形成洼地，利用粉煤灰对矿区的煤坑、洼地等进行回填，既可降低塌陷程度，用掉大量粉煤灰，还能复垦造田，减少农户搬迁，改善矿区生态。安徽淮北煤矿利用粉煤灰填充塌陷区取得令人满意的效果；山东新汶煤矿用粉煤灰作充填材料，使工程成本降低约 29%；另外，黏土砖瓦厂取土后的坑洼地、山谷等也可用粉

煤灰来填充造田。

（6）回收有用物质

粉煤灰作为一种潜在的矿物资源，不仅含有二氧化硅、氧化铝、氧化铁、氧化钙、未燃尽的炭、微珠等主要成分，还富集有许多稀有元素，如锗、镓、钒、铀等，其主要矿物有石英、莫来石、玻璃体、铁矿石等，因此从中回收有用物质，既可节省开矿费用，获得有价原料和产品，又可达到防治污染、保护环境的目的。

①分选空心微珠。空心微珠直径为 1~300 μm，主要成分为二氧化硅、氧化铝和氧化铁，分为厚壁玻璃珠（沉珠）和薄壁玻璃珠两种。空心微珠的分选方法有干法机械分选和湿法两种。粉煤灰中的微珠含量约为 70%，若采用干法分选，按回收率为 85% 及 2002 年的不变价计算，1 t 粉煤灰处理成本约 60 元，分选后的产品约创产值 120 元。空心微珠的应用范围非常广泛，可作为塑料、橡胶制品的填充料，生产轻质耐火材料、防火涂料与防水涂料，用于汽车刹车片、石油毡机刹车块等耐磨制品，以及人造大理石的主要填料与人造革的填充剂、石油产品、炸药、玻璃钢制品等。

②提取工业原料。粉煤灰的主要金属成分为铝和铁，采用磁选法，从含铁 5% 左右的粉煤灰可获得含铁 50% 以上的铁精矿粉，铁回收率可达 40%。化学法回收铁铝等物质的方法主要有热酸淋洗、高温熔融、气—固反应及直接溶解法等，从粉煤灰中提取铝的成本比从铝矾土中提炼铝的成本高 30%。在提取粉煤灰中氧化铝的 10 余种方法中，碱加压法、石灰石和苏打焙烧法较为成熟。粉煤灰中还含有一定量未燃尽的炭粒，实践表明，含炭量超过 12% 的粉煤灰就具有回收炭粉的价值，回收方法有浮选法和电选法。某发电厂投建了 20 t/a 的粉煤灰浮选脱炭车间，用柴油为捕收剂，松油为起泡剂，炭的回收率为 87.6%。

③回收稀有金属。粉煤灰中的硼可用稀硫酸提取，控制最终溶液的 pH 为 7.0，硼的溶出率为 72% 左右。浸出的硼溶液通过螯合树脂富集，并用 2-乙基-1，3-己二醇萃取剂分离杂质，得到纯硼产品。将粉煤灰压成片状，并在一定的温度和气氛下加热可分离锗和镓，其中镓的回收率为 80% 左右。粉煤灰中的锗可用稀硫酸浸出，过滤后向滤液中加锌粉置换，料液经过滤回收锌粒后，滤液蒸发、粉碎、煅烧、过筛、加盐酸蒸馏，然后经水解、过滤，得到氧化锗，最后用氢气还原，即得到金属锗。镓可采用还原熔炼—萃取法及碱熔—碳酸化法，从粉煤灰中加以提取金属镓。此外，国内外还开发了从粉煤灰中回收钼、钛、锌、铀等金属的新技术，其中有些已实现工业化提取。

第三节　矿业固体废物的处理与资源化

我国是一个煤炭资源丰富的国家，在可燃矿产资源中，煤炭占 96%。这种特殊的资源条件和我国的经济发展水平，致使多年来我国的能源结构中一直以煤炭为主，目前我国一次能源消费中 76% 以上是煤炭，而且比例还在逐年增加。在煤炭开采和燃烧使用过程中，将会排出大量的煤炭系固体废物，其中主要的是煤矸石、煤渣和粉煤灰，它们的排放量占工业固体废物排放总量的 20%~30%。因此，对于煤炭系固体废物的综合利用日益引起人们的广泛重视。

煤矸石是煤矿中夹在煤层间的脉石，它是含碳岩石和其他岩石的混合物，在煤的开采和洗选过程中都会有相当数量的煤矸石排出。由于煤的品种和产地不同，各地煤矸石排出率亦各异，平均约为原煤产量的20%。

一、煤矸石的来源及产生情况

煤矸石的来源及产生情况见表7—5。

表7—5　　　　　　　　　　　　　　　煤矸石的来源及产生情况

煤矸石的来源及产生情况	露天开采剥离及采煤巷道掘进排出的白矸	采煤过程中选出的普矸	选煤厂产生的选矸
所占比例/%	45	35	20

目前，我国煤矸石年排放量约为 7.5×10^9 t，历年来煤矸石堆存量已超过 4.5×10^{10} t，占地约 130 km^2，煤矸石中硫化物的逸出或浸出还会污染大气、土壤和水质，特别是矸石日久堆放会引起自燃，放出大量有害气体，造成严重的环境污染。例如，煤矸石长年自燃产生的二氧化硫、氮氧化物、硫化氢等有害物质会威胁到当地居民的身体健康。矸石自燃会积蓄大量热能，还易使矸石山发生崩落而造成意外事故。

煤矸石污染已成为煤炭工业的主要环境污染之一，大力开展煤矸石的综合利用，是充分利用煤炭及伴生矿物资源，减轻污染与保护环境的重要措施。

二、煤矸石资源化途径

我国各地煤矸石的组成和热值差别较大，应当根据煤矸石的成分、性质选择利用途径。目前我国煤矸石利用量大、技术成熟的途径主要是将其作为建材工业的重要资源。煤矸石热值不同，利用途径也不同，见表7—6。

表7—6　　　　　　　　　　　　　　　煤矸石的合理利用途径

热值范围/（kJ/kg）	合理利用途径	说明
<2 090	回填、修路、造地、制骨料	制骨料以砂岩类未燃矸石为宜
2 090~4 180	烧内燃砖	氧化钙含量小于5%
4 180~6 270	烧石灰	渣可作混合材料和骨料
6 270~8 360	烧混合材，制骨料，代土节煤生产水泥	可用于小型沸腾炉供热产汽
8 360~10 450	烧混合材，制骨料，代土节煤生产水泥	可用于大型沸腾炉供热发电

某些地区的煤矸石还可用来作生产化工产品的原料，例如氧化铝含量高或含一定量钛与镓的煤矸石，可以从中提取铝、钛、镓，生产相应的化工产品。有些煤矸石粉还可用来改良土壤，作为肥料和农药载体等。

（一）煤矸石用作燃料

1. 回收煤炭

煤矸石含一定量的煤炭和其他可燃物，可借现有的选煤技术予以回收，这也是煤矸石综合利用所必需的预处理步骤。特别是在用煤矸石生产水泥、陶瓷、砖瓦等建筑材料时，必须洗除其中的煤炭，以保证建材产品质量的稳定性，稳定生产操作。

回收煤炭的煤矸石含炭量应大于20%，否则回收成本太高。英国、美国、比利时、日本、法国等工业化国家都建立了专门的煤矸石选煤厂。我国不少煤矿的选煤厂也用洗选或筛选方法从煤矸石中回收低值煤炭。

2. 用作沸腾炉燃料

充分利用低热值燃料的关键是采用合理的燃烧方式和燃烧设备。煤矸石沸腾炉能强化燃料的燃烧，热效率高，一般锅炉不能燃用的煤矸石，在沸腾炉内都能有效而稳定地燃烧。

3. 用于制煤气

近年来，某些地区研制出各种各样的新型煤气发生炉，用煤矸石为原料制气体燃料。例如，河北省邯郸市饮食行业利用矸石煤气炉生产煤气，用于炊事或烧锅炉，不但使用方便，还可节约燃料费80%。

（二）煤矸石用作建筑材料

我国煤矸石建筑材料发展迅速，开拓了多种利用途径，生产技术也日渐成熟和先进，煤矸石的年利用量达 4.8×10^7 t 以上，成为煤矸石综合利用的一条最重要途径。

第四节　典型城市垃圾处理与资源化技术

一、废纸的再生处理

（一）废纸的分类

纸制品行业每年要消耗大量优质木材，造纸废浆处理不当将对水环境造成很大危害。废纸回收利用与用木材造纸相比，可降低环境污染，保护森林资源，大大减少对生态环境的破坏。废纸的来源和品种非常复杂，导致废纸质量差别非常大。以前利用的废纸类别大多局限于旧报纸（ONP）、旧杂志纸（OMG）、旧瓦楞箱纸板（OCC）等少数几个品种。为了促进废纸回收利用种类不断增加，一些发达国家专门制定了标准和法规。例如，美国制定了废纸分级标准，EPA制定了纸制品中掺用回收纸或回收纸制品的最低百分比要求，欧洲纸张工业联合会（CEPI）和欧洲废纸协会（ERPA）制定标准号召欧洲的纸及纸板生产商增加废纸回用比例。在1990年至1999年10年间，欧洲的废纸回收率从38.8%增加到了48.7%。

（二）废纸的再生处理工序及设备

废纸再生技术的主要工序：制浆、筛选、除渣、洗涤和浓缩、分散和搓揉、浮选、漂白、脱墨等，主要目的是废纸纤维的解离和除去废纸中油墨及其他异物。

1. 纤维解离工序与设备

在解离工序，废纸进入碎浆机，在高速旋转叶片和水流的剪切作用下被碎成纸浆状态，然后通过旋转叶片底部的空隙流到下一道工序，纸浆中的丝状异物不能通过空隙而与纸浆分离。

解离设备有碎浆机和蒸馏锅。水力碎浆机根据需要可分为间歇式碎浆和连续式碎浆两种。

连续式碎浆机配套有自动绞绳装置、废物井以及去除轻、重杂质的抓斗。抓斗既可抓起沉于废物井底的重杂质，也可除去浮在废物井表面的轻杂质。

2. 筛选

筛选是为了将纤维以外的大块杂质除去，是二次纤维生产过程的重要步骤。其主要目的在于分离合格浆料与黏胶物质、尘埃颗粒以及纤维束等干扰物质。

筛选过程包括粗选和精选两个步骤。

（1）粗选

粗选工序一般采用高频跳筛、鼓筛、高浓除渣器、纤维离解机、分离离解机等设备，可把粗浆中的粗杂质如大量塑料片、塑料粒子等清除。

纸厂可以根据需要，选择几种设备加以合理组合。碎浆机和鼓筛、纤维离解机之间的组合使用如图 7—6 所示，是典型的西欧纸厂的设备流程。通过碎浆机的绞绳装置，重渣排放管可除去大量粗渣。在杂质被打碎前除去这些杂质，将有利于提高浆料的质量。

（2）精选

精选则采用条缝形筛选设备，条纹宽度为 0.1～0.25 mm，以筛除细小杂质，特别是相对密度较小的塑料粒子等。精选设备一般由分离部件（即筛槽）和给料及清除用部件（即转子）构成。常用设备有逆向除渣器、压力筛、中浓除渣器、低浓除渣器等。要除去小的和特别重的颗粒或者分散得好的胶黏物和污染物，必须用净化器。

杂质经过每次筛选富集后与浆料分离。最终产品纸张或纸板的质量取决于所采取的筛选系统的效率。

3. 除渣

除渣器发明于 1891 年，1906 年首次用于造纸厂，1950 年以后得到广泛应用。除渣器一般可分为正向除渣器、逆向除渣器和通流式除渣器。逆向除渣器能有效地除去热熔性杂质、蜡、黏状物、泡沫聚苯乙烯和其他轻杂质，逆向除渣器系统如图 7—7 所示。

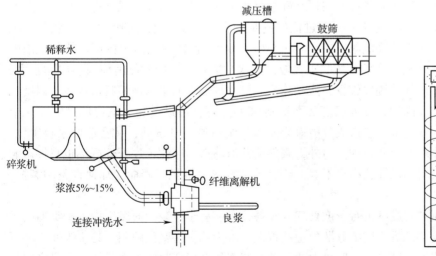

图 7—6　碎浆机、鼓筛、纤维离解机的组合使用

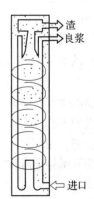

图 7—7　逆向式除渣系统

一个除渣系统需要配置的段数视其生产量、所要求的制浆清洁程度以及允许的纤维流失

量而定，通常采用四段至五段。第一段应考虑最大生产能力的需要，在不影响净化效率的前提下尽可能提高进浆浓度，以减少除渣器个数和投资、动力消耗费用。其后的每一段进浆浓度均应比上一段低0.02%~0.05%，以降低出渣口堵塞的可能性。

4. 洗涤

洗涤是为了去除灰分、细小纤维以及小的油墨颗粒。在薄页纸系统中去除灰分非常重要。在高级薄页纸脱墨系统中，大多数灰分含量为4%~7%，但最终目标是低于2%。洗涤系统通常采用逆流洗涤。

常规洗涤设备有高速带式洗浆机。该系统的缺点是单位宽度的洗浆能力较低，这是由于其洗涤/脱水是单面的。如今已开发出基于双面洗涤的新设备——Gap洗浆机，洗涤效果比单面好，并且可对脱水和细小纤维的去除进行调节。

5. 分散与搓揉

分散与搓揉指的是用机械方法将剩余油墨和其他杂质进一步碎解成细粒并使其均匀地分散到废纸浆中，从而改善纸成品外观质量的一道工序。分散系统通常设置在整个废纸处理流程的末端，即除渣、筛选、浮选脱墨之后，以把住废纸浆进入造纸车间抄纸前的质量关（除去肉眼可见的杂质）。废纸处理过程中的除渣器、筛、浮选槽、洗浆机等不可能百分之百地将废纸浆中的杂质除去，有10%~20%的残留油墨和污杂质（相当于3%~5%的白度）会通过脱墨系统，一个良好的分散系统可消除残留总脏点量的90%以上。

分散系统有冷分散系统和热分散系统两种。日本几家制造薄纸的工厂应用冷分散系统，其他处理厂绝大部分采用的是热分散系统。高浓热分散技术成为现代化废纸回收系统中的一个"标准"单元。

热分散机是处理热熔物的关键设备。热分散机通常由破碎螺旋、上升螺旋、加热螺旋、卸料螺旋和送料螺旋组成。经分散后，原先黏附在纤维上的黏状物、油墨粒子都被分离，并被均匀分散成肉眼不易看见的微粒，这些微粒在纸机上将不会再以"油斑"出现。

正确掌握热分散机的工艺条件是获得良好浆料质量的关键。首先要保证进入破碎螺旋的进浆浓度，进浆浓度一般应达到30%，过低的进浆浓度将减少纤维间的摩擦，导致分散不完全。从中间浆仓泵送来的浆液浓度一般为3.5%~4.0%，使用双网压榨机可以使浆液浓度提高到30%。双网压榨机具有较大的脱水区域，脱水性能良好，同时能适应浆料的滤水度、浓度和上浆的变化，短纤维流失较少，能耗较低，是一种经济的浆料浓缩脱水设备。温度也是影响分散效果的主要因素，分散温度必须达到90℃。浆料通过量和分散比能之间有一个合理的范围。分散比能过低，会造成分散效果不良。浆料通过量偏低，又会造成浆料碳化，这些都是需要在操作时引起重视的。另外，浆料前几道筛选、净化工序处理好坏也直接影响热分散机的工作。浆料如果筛选净化不好，会直接影响热分散机的寿命，加速设备的磨损，这也是应充分重视的。

盘磨是最适宜用来对废纸进行分散处理的装备，盘磨易于控制，对废纸中各种类型的污染物质均有效。单盘磨已成为废纸分散处理的首选，因为单盘磨坚固耐用，易于维修，并可进行遥控。当废纸浆通过磨盘时，磨盘上的齿条、交织的磨齿和封闭圈在纤维与磨盘之间和纤维与纤维之间产生高剪切力。这些剪切力将纤维表面附着的杂质剥离并将它们磨碎，同时强力的扰动促使这些细小杂质均匀地分布到废纸浆中。混合区停留时间和作用强度决定了分散的作用效率，比较好的单盘磨可以通过调节来适应各种杂质的需要。

搓揉机有单轴和双轴两种。在搓揉机中，主要靠高浓度（30%~40%）纤维间产生的高摩擦力和因摩擦而产生的温度（44~47℃）使油墨和污染物从纤维上脱落。

6. 漂白

去除轻重杂质，通过浮选、洗涤等工序去除油墨后的废纸浆，色泽一般会发黄和发暗。由于引起废纸纸浆变色的原因比较复杂，废纸纸浆的漂白比其他纸浆的漂白更为复杂。除纸浆中残留木质素在使用过程中结构变化引起的颜色变化外，由于某种特定需要加入的染料等添加物也会使纸浆变色。因此，为了生产出质量合格的再生纸，必须进行漂白。

传统的漂白主要分为氧化漂白和还原漂白。一般来说，氧化型漂白剂主要是通过氧化降解并脱除浆料中的残留木质素而提高白度。所用漂白剂主要是次氯酸盐、二氧化氯、过氧化氢、臭氧等。还原型漂白剂主要用于脱色，即通过减少纤维本身的发色基团而提高白度。主要的还原型漂白剂包括连二亚硫酸钠、二氧化硫脲（FAS）、亚硫酸钠等。

7. 脱墨

脱墨方法有水洗和浮选两种，脱墨用药品在两种工艺中又有所区别。水洗用主要药剂是碱（氢氧化钠、碳酸钠）和清洗剂，再添加适量的漂白剂、分散剂和其他药剂。浮选时的pH为8~9，纸浆浓度为1%。解离时可用碱调节pH，以达到最适宜的条件。捕收剂一般为脂肪酸，常用的为油酸，有时也用硬脂酸、煤油等廉价的捕收剂。

（三）废纸处理实例——江西纸业集团废纸浮选脱墨生产线

江西纸业集团公司1998年从美国TBC（Thermo Black Clawson）公司引进日产150 t废纸脱墨浆生产线。该系统以进口旧报纸（ONP）和旧杂志纸（OMG）为原料，采用浮选脱墨工艺生产废纸脱墨浆。1998年年底正式建成并投产成功，生产出合格脱墨浆以一定比例抄造胶印新闻纸。该公司废纸脱墨浆系统生产工艺流程包括高浓碎浆、预净化筛选、浮选脱墨、净化浓缩以及废水处理等，如图7—8所示。

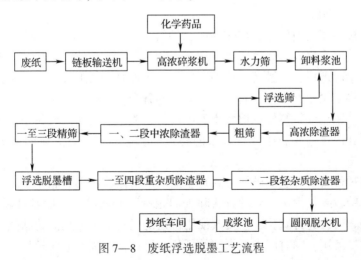

图7—8 废纸浮选脱墨工艺流程

整条生产线生产控制采用瑞典阿西布朗勃法瑞公司开放式集散自控系统（ABB公司AdvantOCS）。该生产线流程短，操作简单，设备运行稳定。质量指标：白度范围55%~60%（国际标准化组织 ISO 标准），裂断长 3 800 mm 以上，油墨尘埃小于 500 mm²/kg。能耗指标（风干）：水 55 m³/t、电耗 550 kW·h/t、蒸汽 0.5 kg/t。新生产线（DIP 生产线）投入使用后，造纸车间脱墨浆配用量占到 40%~60%。

二、废橡胶的回收处理方法

（一）概述

废橡胶自然降解过程非常缓慢，且产生量增长迅速，因此废橡胶成为各国迅速蔓延的公害。废橡胶的来源主要为废旧轮胎以及其他工业用品，占所有废橡胶的 90% 以上。因此，以废轮胎的处理方法为代表，介绍废橡胶的处理方法。

废轮胎的主要化学组成是天然橡胶和合成橡胶，此外，还含有丁二烯、苯乙烯、玻璃纤维、尼龙、人造纤维、聚酯、硫黄等多种成分，其典型化学成分见表7—7。

表7—7　　　　　　　　　　　　废轮胎典型化学成分

组分/%	完整轮胎	破碎后轮胎	组分/%	完整轮胎	破碎后轮胎
碳	74.50	77.60	硫	1.50	2.00
氢	6.00	10.40	氮	0.50	0.50
氧	3.00	0.00	氯	1.00	1.00

废轮胎的处理处置方法大致可分为材料回收（包括整体再用、加工成其他原料再用）和能源回收、处置三大类。具体来看，废轮胎的处理处置主要包括整体翻新再用、生产胶粉、制造再生胶、焚烧转化成能源、热解和填埋处置等方法。

我国废轮胎的利用起步较晚，在 20 世纪 70 年代末到 90 年代初，再生利用主要集中在翻胎工业和再生胶工业，而从 20 世纪 90 年代初至今，胶粉的生产有了很大的发展。

（二）废轮胎的处理方法

1. 整体再用或翻新再用

废轮胎可直接用作其他用途，如作为船舶的缓冲器、人工礁、防波堤、公路的防护栏、水土保护栏或建筑消音隔板等，也可以用作污水和油泥堆肥过程中的桶装容器。废轮胎经分解、剪切后还可制成地板席、鞋底、垫圈，经切削可制成填充地面的底层或表层的物料等。日本的某所学校将废轮胎有序堆积后作为运动场的看台。美国俄亥俄州的大陆场地系统有限公司将废轮胎研磨压制成铅笔橡皮擦大小的小块后出售，商品名为轮胎地板块，主要用于运动场、跑马场或其他设施的石子或木头条的替代品。这些利用方式所能处理的废轮胎量很少。

轮胎在使用过程中最普遍的破坏方式是胎面的严重破损，因此轮胎翻新引起了世界各国的普遍重视。轮胎翻新是指用打磨的方法除去旧轮胎的胎面胶，然后经过局部修补、加工、重新贴覆胎面胶之后，进行硫化，恢复其使用价值的一种工艺流程。轮胎翻新可延长轮胎使用寿命，做到物尽其用，同时因生命周期的延长，还可促使废胎的减量化。

2. 生产胶粉

除了经过简单加工后的利用之外，目前研究较多的是用废旧轮胎生产胶粉。胶粉是将废胎整体粉碎后得到的粒度极小的橡胶粉粒。按胶粉的粒度大小，胶粉可分为粗胶粉、细胶粉、微细胶粉和超微细胶粉。橡胶粗粉料制造工艺相对简单，回收利用价值不大，而粒度小、比表面积非常大的精细粉料则可以满足制造高质量产品的严格要求，市场需求量大。胶粉的应用范围很广，概括起来可分为两大领域：一是用于橡胶工业，直接成型或与新橡胶并用做成产品；另一种是应用于非橡胶工业，如用于改性沥青路面，改性沥青生产防水卷材，建筑工业中用作涂覆层和保护层等。

废旧轮胎在常温时为韧性材料，粉碎功耗大，难以达到40目以下的粉粒，常规粉碎时大量生热使胶粉老化变形，品质变差。较成熟的工业化应用胶粉生产方法有冷冻粉碎工艺和常温粉碎法。

废橡胶粉碎之前都要预先进行加工处理，预加工工序包括分拣、切割、清洗等。预加工后的废橡胶再经初步粉碎，将割去侧面钢丝圈后的废旧轮胎投入开放式的破胶机破碎成胶粒，用电磁铁将钢丝分离出来，剩下的钢丝圈投入破胶机碾压，将胶块与钢丝分离，接下来用振动筛分离出所需粒径的胶粉，剩余粉料经旋风分离器除去帘子线。初步粉碎的新工艺有臭氧粉碎，该法已在中型胶粉生产厂中应用；高压爆破粉碎，适合大型胶粉生产厂使用；精细粉碎，最适用于常温下不易破碎的物质，产品不会受到氧化与热作用而变质。

目前以液氮为冷冻介质的工艺流程有两种，一种为废轮胎的超低温粉碎与常温粉碎流程，另一种为废轮胎的常温粉碎与超低温粉碎流程。相比较而言，第一种流程粗碎生热影响较大，因此粗碎后必须再用液氮冷冻，而第二种流程比第一种可节省液氮的用量，但有多次粗碎与磁选分离，设备投资增大。

制得精细粉料后，进行分级处理，可提取符合规定粒径的物料，将这些物料经分离装置除去纤维杂质装袋即成成品。

部分成品可进行改性处理。改性处理主要是利用化学、物理等方法将胶粉表面改性，改性后的胶粉能与生胶或其他高分子材料等很好地混合，复合材料的性能与纯物质近似，但可大大降低制品的成本，同时可回收资源，解决污染问题。改性胶粉的一个重要应用是与沥青混合铺设路面，改性胶粉具有易与热沥青拌和均匀，不易发生离析沉淀，有利于管道输送、泵送的特点。

3. 制造再生胶

再生胶是指废旧橡胶经过粉碎、加热、机械处理等物理化学过程，使其变为具有塑性和黏性的，能够再硫化的橡胶。

再生胶不是生胶，从分子结构和组分来看，两者有很大差别。再生胶组分中除含有橡胶烃外，还含有增黏剂、软化剂和活化剂等，它的特点是具有高度分散和相互掺混性。再生胶有很多优点：有良好的塑性，易与生胶和配合剂混合，节省工时，降低动力消耗；收缩性小，保证制品表面平滑和尺寸准确；流动性好，易于制作模型制品；耐老化性好，能改善橡胶制品的耐自然老化性能；具有良好的耐热、耐油和耐酸碱性；硫化速度快，耐焦烧性好。因此生产再生胶是利用废旧橡胶的主要方向。再生胶的主要缺点在于其具有吸水性，耐磨性差，耐疲劳性不好。

再生胶的生产工艺主要有油法（直接蒸汽静态法）、水油法（蒸煮法）、高温动态脱硫法、压出法、化学处理法、微波法等。我国现在主要应用的再生胶制造方法有油法、水油法和高温动态脱硫法。

（1）油法流程

废胶→切胶→洗胶→粗碎→细碎→筛选→纤维分离→拌油→脱硫→捏炼→滤胶→精炼出片→成品

该法的特点是工艺简单，厂房无特殊要求，建厂投资低，生产成本低，无污水污染。但再生效果差，再生胶性能偏低，对胶粉粒度要求小（28～30目），适用于胶鞋和杂胶品种及小规模生产。

（2）水油法流程

废胶→切胶→洗胶→粗碎→细碎→筛选→纤维分离→称量配合→脱硫→捏炼→滤胶→精炼出片→成品

该法的特点是工艺复杂，厂房有特殊要求，生产设备多，建厂投资大，胶粉粒度要求小，生产成本较高。有污水排放，应有污水处理设施。但再生效果好，再生胶质量高且稳定，特别对含天然橡胶成分多的废胶能生产出优质再生胶。水油法适用于轮胎类、胶鞋类、杂胶等废胶品种和中大规模生产。

（3）高温动态脱硫法

废胶不需粉碎得太细，一般20目左右即可。使用胶种广，天然橡胶、合成橡胶均可脱硫，且脱硫时间短，生产效益好。纤维含量可达10%，高温时可全部碳化。没有污水排放，对环境污染小，再生胶质量好，生产工艺较简单。但设备投资较油法大，脱硫工艺条件要求严格，适合于各种废胶品种和中大规模生产。

生产再生胶的关键步骤为硫化胶的再生，其再生机理为：硫化胶在热、氧、机械力和化学再生剂的综合作用下发生降解反应，硫化胶的立体网状结构被破坏，从而使废旧橡胶的可塑性得到一定程度的恢复，达到再生目的。再生过程中硫化胶结构的变化：交联键（S-S、S-C-S）和分子键（C-C）部分断裂，再生胶处在生胶和硫化胶之间的结构状态。

为了提高再生胶质量，降低能耗，提高经济效益和社会效益，再生胶生产的新工艺不断出现。例如，美国发表了微波脱硫法专利和低温相位移脱硫法专利，瑞士发表了常温塑化专利等。

4. 热解与焚烧

（1）热解

废轮胎热裂解就是利用外部加热打开化学链，将有机物分解成燃料气、富含芳烃的油以及炭黑等有价值的化学产品。废轮胎还可与煤共同液化，生产清馏分油。热解温度一般为250～500℃。据联邦德国汉堡大学研究，轮胎热解所得主要成分及组成见表7—8。

表7—8　　　　　　　　　　　　轮胎热解所得主要成分及组成

成分	气体					液体		
组成	甲烷	乙烷	乙烯	丙烯	一氧化碳	苯	甲苯	芳香族化合物
比例/%	17.13	2.95	3.99	2.50	3.80	4.75	3.62	8.50

在气体组成中，除水外，一氧化碳、氢气和丁二烯也占一定比例。在气体和液体中还有微量的硫化氢及噻吩，但硫含量都低于标准规定的含量。上述热解产品的组成随热解温度不同略有变化，当温度提高时，气体含量增加而油品减少，炭黑含量也增加。

热解产品中的液化石油气可经过进一步纯化装罐；混合油经精制可制得各种石油制品（如溶剂油、芳香油、柴油等）；粗炭黑经精加工可得到各种颗粒度的炭黑，用以制成各种炭黑制品，但这种过程得到的炭黑产品中灰分和焦炭含量都很高，必须经过适当处理后才可作为吸附剂、催化剂或轮胎制造中的增强填料。

废轮胎热解炉主要应用流化床和回转窑，具体流程有多种。例如，废轮胎先经剪切破碎机破碎至小于 5 mm，轮缘及钢丝帘子布等绝大部分被分离出来，用磁选去除金属丝。轮胎粒子经螺旋加料器等进入直径为 5 cm，流化区为 8 cm，底铺石英砂的电加热器中。流化床的气流速率为 500 L/h，流化气体由氮气及循环热解气组成。热解气流经除尘器与固体分离，再经静电沉积器除去炭黑，在深度冷却器和气液分离器中将热解所得油品冷凝，未冷凝的气体作为燃料气为热解提供热能或作流化气体使用。上述工艺需先进行破碎，因此预处理费用较大。

目前已有不必将整轮胎破碎加工即可热解处理的技术装备。这种设备采用由砂或炭黑组成的流化床，流化床内由分置为两层的 7 根辐射火管间接加热。生成的气体一部分用于流化床，另一部分燃烧为分解反应提供热量。

（2）焚烧

轮胎具有很高的热值（2 937 MJ/kg）。废轮胎可作为水泥窑的燃料，也可用来燃烧发电。普林斯顿轮胎公司与日本水泥公司共同研究的将废轮胎用作水泥燃料的方法已得到应用，该方法工艺原理为利用废轮胎中的橡胶和炭黑燃烧产生的热来烧制水泥，同时废轮胎中的硫和铁作为水泥需要的组分。工艺流程为：废轮胎剪切破碎后投入水泥窑中，在 1 500℃左右的高温下燃烧，废轮胎中的硫元素最终氧化为三氧化硫，后与水泥原料石灰结合生成硫酸钙，避免了二氧化硫对大气的污染；轮胎中的金属丝在高温条件下与氧作用生成氧化铁，后与水泥原料中的氧化钙、氧化铝反应，转化为水泥的组分。该流程在美国、日本等已得到较为广泛的应用。

三、废汽车的回收与处理

（一）概述

汽车有三大类型：客车、货车和轿车。汽车的主要材料有金属材料、塑料、橡胶、玻璃、油漆等，其中钢铁和有色金属约占 80%。废汽车的金属材料组成见表 7—9。

表 7—9　　　　　　　　　　　　　废汽车的金属材料组成

项目	轿车		卡车		公共汽车	
	质量/（kg/台）	含量/%	质量/（kg/台）	含量/%	质量/（kg/台）	含量/%
生铁	37.7	3.2	50.8	3.3	191.1	3.9
钢材	871.2	77.7	1 176.7	76.1	3 791.1	76.6
有色金属	52.4	4.7	72.3	4.7	146.7	3.0
其他	161.8	14.4	246.1	15.9	817.8	16.5
合计	1 123.1	100	1 545.9	100	4 946.7	100

由表可见，钢铁材料占废汽车总质量的 80% 左右，有色金属占 3.0%~4.7%。汽车使用

的有色金属主要是铝、铜、镁合金和少量的锌、铅及轴承合金。铝的含量最多，主要以铝合金的形式应用。

在发达国家，汽车的回收与处置也形成了一定的规模。在德国，目前75%的废汽车材料是可回收的，与日本、美国等相差不多，其余25%为不可回收材料，需堆放和填埋。德国奔驰汽车公司金属回收率已达到95%。我国在加强管理的同时，也陆续出台了一系列法规。国务院于2001年颁布了《报废汽车回收管理办法》，原国内贸易部、原国家经济贸易委员会下发了《报废汽车回收（拆解）企业资格认证实施管理暂行办法》等，对报废汽车回收、拆解企业等作了详细规定。

（二）废汽车材料的回收工艺

对于废旧汽车的回收和再生利用，首先要将其拆解，钢铁、有色金属、玻璃、轮胎等橡胶制品和塑料及海绵等有机材料一般进行专门回收利用。

1. 废汽车材料回收的工艺流程

废钢铁生产线主体是破碎机，辅助设备是输送、分选、清洗装置。先由破碎机用锤击方法将废钢铁破碎成小块，再经磁选、分选、清洗，把有色金属和非金属、塑料、油漆等杂物分离出去，得到的洁净废钢铁是优质炼钢原料。

废旧汽车主要组成为金属材料，因此废旧汽车的回收利用主要针对其中的金属材料，其回收利用率直接影响一辆汽车的回收价值。国内汽车回收的典型流程如图7—9所示。

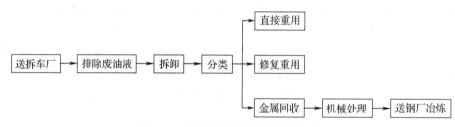

图7—9　国内汽车回收的典型流程

2. 部分配件的再生

报废汽车中许多零配件是可以再生利用的。这些零配件的再生利用可以减少再加工的成本，同时也会降低维修、制造的成本。为了保证再生利用的零配件质量，建立相应的质量保证体系十分重要。可将零配件分成不可再生零件、直接再生零件、有条件再生零件，对零配件进行梯级利用。关于零配件的梯级利用，其实质也是零件利用的方法问题。当零件不能在原车上使用时，可在要求较低的车辆上使用或转为它用，发挥其使用价值。由于汽车是一个复杂的综合技术产品，零件的梯级利用较难。目前汽车工业发展中已在新车设计时研究、考虑零件的梯级利用。

3. 金属材料回收

废旧汽车经拆卸、分类后作为材料回收时，必须经机械处理，然后将钢材送钢厂冶炼，铸铁送铸造厂，有色金属送相应的冶炼炉。当前机械处理的方法有剪切、打包、压扁和粉碎等。

（三）废汽车中有色金属的回收

汽车中的有色金属主要是铝、铜、镁合金和少量的锌、铅及轴承合金。自20世纪70年代世界"能源"危机爆发以来，汽车轻量化运动得到了极大的发展，铝、镁合金的用量不断加大。尽管铝只占一辆轿车总质量的5%~10%，但它却相当于35%~50%回收材料的价值。随着铝材在轿车和轻型车上使用量的增加，铝回收技术的研究就越发显得重要。1997年美国铝联合会与克莱斯勒、福特、通用组成的汽车回收利用公司签署了一项协议，旨在改善轿车及其零部件的易拆性、可回收性和再利用性，公司还监督一个指导委员会和工作组，专门从事易拆回收零部件、拆卸工艺和废料自动处理设备的设计工作。国际上，汽车回收已经取得一些成果，85%~90%的铝可以回收利用，从而节省资源，减少排放，使浪费减至最低。本田公司已经开发出一种新工艺，将铝质压铸件回收制成模压品等级的产品，为铝材的回收应用开辟了一个广阔的空间。

1. 废汽车再生铝的必要性

汽车质量对燃料用量起着决定性的作用，铝合金比其他金属密度小，所以成为最佳的汽车轻量化用材，单车用铝量在逐年增加。德国和日本的车用铝情况见表7—10。据预测，汽车零部件的极限铝化率可达到50%左右。

表7—10 德国和日本的车用铝情况

国家	1977年		1980年		1983年		1986年		1989年	
	用铝量/ （kg/辆）	使用率 /%	用铝量/ （kg/辆）	使用率 /%	用铝量/ （kg/辆）	使用率 /%	用铝量/ （kg/辆）	使用率 /%	用铝量/ （kg/辆）	使用率 /%
德国	35	3.00	39	3.50	43	4.00	46	4.50	50	7.00
日本	29	2.60	36	3.30	37	3.50	43	3.90	58	4.90

汽车用铝主要是以铝合金的形式，一些汽车采用了少量的铝基复合材料。

由于铝在汽车中的用量越来越多，铝的再生非常有必要。报废汽车上的有些铝制零件，比如发电机的外壳，经清理翻新后可以直接再用，但多数只可能按材料形式回收。生产1 t新的铝锭要消耗1.7万度电，而再生铝锭每吨耗能只有新铝的2.6%。同时回收时产生的二氧化碳量比生产新铝时小得多，所以从发展汽车的循环经济来看，铝的回收再生是非常必要的。

2. 废汽车用铝再生工艺

报废汽车上铝料常与其他有色金属、钢铁件以及非金属夹杂，为便于废旧铝料熔炼及保证再生合金化学成分符合技术要求，提高金属回收率，必须先进行废旧铝料预处理。

（1）预处理

①拆解。去除与铝料连接的钢铁件及其他有色金属件，经清洗、破碎、磁选、烘干等制成废铝备料。

②分类。废旧铝料应分类分级堆放，以便为后续工作提供方便，如纯铝、变形铝合金、铸造铝合金、混合料等。

③打包。对于轻薄松散的片状废旧铝件如锁紧管、速度齿轮轴套以及铝屑等，用金属打包液压机打包。钢芯铝绞线分离钢芯，铝线绕成卷。

（2）再生利用

①配料。根据废铝料的质量状况，按照再生产品的技术要求，选用搭配并计算出各类料的用量，配料应考虑金属的氧化烧损程度。废铝料的物理规格及表面洁净度直接影响到再生成品质量及金属实收率，熔点较高及易氧化烧损的金属最好配制成中间合金加入。

②制备变形铝合金。选用一级或二级废旧铝料中的金属铝或变形铝合金废料，可生产3003、3105、3004、3005、5050 等变形铝合金，其中主要生产 3105 合金，另外也可生产6063 合金。为保证合金材料的化学成分符合技术要求及后续压力加工的便捷性，最好配加部分铝锭。

③再生铸造铝合金。废旧铝料只有一小部分可再生成变形铝合金，约 1/4 再生成炼钢用的脱氧剂，而大部分则生成铸造用的铝合金。

废旧铝料熔炼设备多为火焰反射炉，一般为室状（卧式），分一室或二室，容量一般为2~10 t。此外还有火焰炉，也可采用工频感应电炉，电力充足的地方最好用电炉。

铝合金一般为多元合金，常含有硅、铜、锰，有的含钛、铬、稀土等。熔点较高或易氧化烧损的金属配制成熔点较低的中间合金，可避免熔体过热而增加烧损及吸气量，并且使金属成分分散更均匀。中间合金主要有铝—10%镁、铝—10%锰、铝—10%铜、铝—5%钛、铝—5%铬、铝—10%铼等。紫铜可直接入炉，电解铜块最好与其他金属配制成 1：1 的中间合金。

再生铸造铝合金的工艺流程如图 7—10 所示。

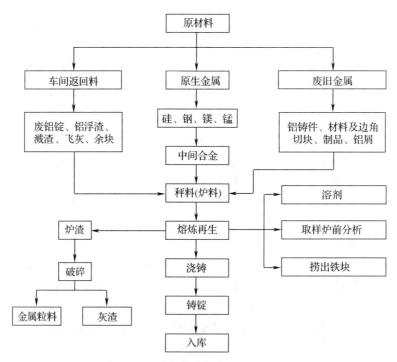

图 7—10　再生铸造铝合金的工艺流程

3. 废汽车镁合金的再生工艺

废旧镁合金的再生工艺流程与铝合金类似，首先进行重熔，然后进行熔体净化和铸造，但因为镁合金极易燃烧，所以废料的重熔再生工序要复杂得多。

（四）废汽车的热解与焚烧处理

采用人工拆卸方法处理废汽车，虽然简单，但劳动强度很大，成本也不低。另外，废汽车中所含的油漆、塑料、橡胶等制品含有重金属和有毒有害有机物，这些废物大部分与金属制品黏附在一起，很难分离。因此，瑞士、日本等国家已经建造一定规模的废汽车焚烧厂。

废汽车经冲压后送入焚烧炉或热解炉内，控制适当温度和空气量，使废汽车中的有机物能够充分焚烧或热解而离开金属表面，同时也要保证金属尽可能不被氧化。如果采用焚烧，则尾气必须得到有效处理；如果采用热解，其产生的燃气经处理可加以利用。

四、电子废弃物的处理与利用

（一）概述

电子废弃物包括废弃的电子产品和电子产品生产过程中产生的废物。按照可回收物品的价值，电子废弃物大致可分为三类：第一类是计算机、冰箱、电视机等有相当高价值的废物；第二类是小型电器，如无线电通信设备、电话机、燃烧灶、脱排油烟机等价值稍低的废物；第三类是其他价值很低的废物。

2009年2月25日国务院发布了《废弃电器电子产品回收处理管理条例》，其中所称废弃电器电子产品的处理活动，是指将废弃电器电子产品进行拆解，从中提取物质作为原材料或者燃料，用改变废弃电器电子产品物理、化学特性的方法减少已产生的废弃电器电子产品数量，减少或者消除其危害成分，以及将其最终置于符合环境保护要求的填埋场的活动，不包括产品维修、翻新以及经维修、翻新后作为旧货再使用的活动和规范废弃电器电子产品的回收处理活动。

电子废弃物一般拆分成电路板、显像管、电缆电线等几类，可根据各自的组成特点分别进行处理，处理流程类似。本节主要介绍印刷电路板的处理方法。

印刷电路板（PCB）是电子产品的重要组成部分，废印刷电路板的材料组成和结合方式很复杂，单体的解离粒度小，不容易实现分离。非金属成分主要为含特殊添加剂的热固性塑料，处置相当困难。电路板的组成元素很复杂，以个人电脑为例，瑞典Ronnskir冶炼厂分析的个人计算机（PC）中使用的印刷电路板的典型组成见表7—11。

表7—11　　　　　印刷电路板的典型组成

成分	银	铅	铝	砷	金	硫	钡	铍
含量	3 300 g/t	4.7%	1.9%	<0.01%	80 g/t	0.10%	200 g/t	1.1 g/t
成分	铋	溴	碳	镉	氯	铬	铜	氟
含量	0.17%	0.54%	9.6%	0.015%	1.74%	0.05%	26.8%	0.094%
成分	铁	镓	锰	钼	镍	锌	锑	硒
含量	7.3%	35 g/t	0.47%	0.003%	0.47%	1.3%	0.06%	41 g/t
成分	锶	锡	碲	钛	钒	碘	汞	锆
含量	10 g/t	1.0%	1 g/t	3.4%	55 g/t	200 g/t	1 g/t	30 g/t

在20世纪70年代以前，废电路板的回收着重于贵金属的回收，但随着技术的发展和资

源再利用的要求，目前已发展为对贵金属、铁磁体、有色金属和有机物质等的全面回收利用。

目前，废电路板的回收利用基本上分为电子元器件的再利用和金属、塑料等组分的分选回收。后者一般是将电子线路板粉碎后，从中分选出塑料、铜、铅。分选方法一般采用磁选、重力分选和涡电流分选的方法，这些方法可完全分离塑料、黑色金属和大部分有色金属，但铅、锌等金属易混在一起，还需用化学方法分离。采用化学方法分离有色金属的专门技术，可以分离出金、银、铜、锌、铅、铝等有色金属。对显像管、压缩机和电池等的处理还可用物理冲击分离、智能分离以及高温焚烧等方法。

（二）废电路板处理技术

1. 废电路板的机械处理方法

机械处理方法是根据材料（铁金属、非铁金属、贵重金属和非金属材料）物理性质（包括密度、导电性和磁性等）的不同进行分选的手段，主要利用拆解、破碎、分选等方法将不同类型的材料加以分离、富集。处理后的产品还需经过冶炼、填埋或焚烧等后续处理。

机械处理能够减小废弃物体积，并实现废弃物组成物质的分离，机械处理过程中产生的残余物质少，并且不需要考虑产品干燥和污泥处置等问题，生产中的二次污染相对较小，顺应了目前市场和环境对回收处理技术的要求。因此，自从机械处理方法在20世纪70年代开始发展以来，立即被广泛地应用于电子和电器类废弃物的回收再生行业中。

（1）拆解

电子废弃物的拆解主要是针对有用部件回收利用或者为后续的处理过程做准备。

拆解是一个系统的方法，可以从一个产品上拆除一个或一组部件（部分拆解），也可以将一个产品拆解成各个部件（全拆解）。拆解一般用于分离电子废物中可再利用或是具有危险性的组件。

目前，电子废弃物的拆解主要是由手工操作实现的，通常要使用各种工具，如螺丝起子、凿子、钳子、镊子等。为了缩短拆解时间，增加产量，还须使用一些专门针对电子废弃物拆解的工具。

拆解方面最引人瞩目的是机器人的使用，关于电子废弃物的自动拆解国外已有很大的进展。不过，完全自动化或半自动化拆解应用在电子废弃物的回收上还无法做到。目前只有键盘、显示器、印刷电路板有一些小规模的自动拆解实验，对于整个计算机还没有自动或半自动的拆解方案，大多仍采用人工拆解。

近几年人们开始考虑将拆解与新产品的设计结合起来，即在产品的设计阶段将可回收再利用的性能融入产品当中，以利于将来的拆解及采用机械方法进行回收利用。例如，在产品的结构设计中，各零部件的连接方式应便于装配和拆卸；所有可重复使用的部分应便于清洗、检验和分类；采用简单化、标准化的零部件，应有利于重复使用及回收。近年来发展了主动拆解技术（ADSM），也就是使用记忆合金。布鲁内尔大学利用具有形状记忆合金（SMA）和形状记忆聚合物（SMP）的特殊材料来制作将不同元器件结合起来的扣件，如螺丝和夹子，这种扣件在加热到预定温度时可以自行脱落，从而达到自动拆卸。

（2）破碎

通过破碎的方法将有价值的物质从最终的产品中解离出来尤为关键，可以促使各种材料单体解离，解离的程度和尺寸显著影响着分选过程和回收产品的质量。

目前用于电子废弃物机械破碎的设备有旋转式破碎机、锤式破碎机、剪切式破碎机、锤磨机等。

现在废电路板的破碎可使用低温破碎技术。在破碎阶段用旋转切刀将废板切成 2 cm×2 cm 的碎块，磁选后再用液氮冷却，然后送入锤磨机碾压成细小颗粒，从而达到好的解离效果。

电子废弃物尤其是废电路板中金属和塑料的解离粒度较小，一般要达到好的破碎效果，至少需要两级破碎。

日本 NEC 公司的回收工艺采用两级破碎，分别使用剪切破碎机和特制的具有剪断和冲击作用的磨碎机，将废电路板粉碎成 0.1~0.3 mm 的碎块。特制的磨碎机使用复合研磨转子，并选用特种陶瓷作为研磨材料。整个工艺流程如图 7—11 所示，包括无损去除构件、去除焊料、粉碎、分离工艺。该公司还开发了一种去除构件的仪器，可以成功地去除线路板上的通孔元件及表面元器件，不造成任何

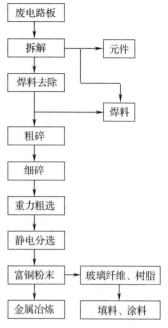

图 7—11　废电路板处理工艺流程

损伤。经过二级破碎，粉末经重选和静电分选被分成两类：富含铜的粉末和玻璃纤维、树脂粉末，前者可作为冶炼有用金属的重要资源，后者可用于聚合物的添加剂。拆解的元器件在检测可靠性后进行再利用。

（3）筛分

筛分可以为后续的分选工艺如重力分选提供窄级别的物料进料，或是对分选出的产品进行分级，而且可以将金属颗粒和部分塑料、陶瓷等非金属颗粒分开，提高金属的含量。

（4）形状分离

形状分离技术可以提纯形状相同的颗粒，提高粉末材料的功能性和颗粒集合体加工性能，在以处理粉体为主的矿业领域有较广泛的应用。近年来，形状分离技术在电子废弃物的机械分离中也有了一些应用。

（5）重选

电子废弃物中有多种不同物质，密度也不同，因此可使用重选方法分离电子废弃物中的金属与非金属。近年来，重选法已广泛地用于电子废弃物的分选过程中，多是从电子废弃物的轻物料（如塑料）中分选重物料（如金属）。重选法回收电子废弃物的技术有风力分选技术、摇床分选技术和跳汰分选技术等。

（6）磁选

电子废弃物中有多种金属，根据金属磁化率的差异性，可以利用磁选从电子废弃物中将铁磁性金属和非铁磁性金属分离，这种方法简单方便，不会产生额外污染，在电子废弃物的资源化利用中比较常见。

电子废弃物的磁选处理中对磁选设备的研究较少，多使用已有的选矿设备，如低强度鼓筒磁选机、高强度磁选机和磁流体分选机等磁选设备。

（7）电选

电子废弃物中金属和塑料之间的电导率差别比较大（见表7—12），可以采用电选的方法得到分离。塑料和塑料之间的体积电阻系数也有所不同（见表7—13），采用摩擦电选使塑料分类成为可能。

表 7—12　　　　　　　　　　　电子废弃物中某些材料的电导率

材料	电导率 $\sigma/$ （×10⁶ S/m）	材料	电导率 $\sigma/$ （×10⁶ S/m）
金	41.0	铝	37.0
银	68.0	铜	59.0
镍	12.5	锌	17.4
锡	8.8	铅	7.0
玻璃纤维强化树脂	0		

表 7—13　　　　　　　　　　电子废弃物中某些材料的体积电阻系数

塑料	体积电阻系数/ （Ω·m）	塑料	体积电阻系数/ （Ω·m）
聚氯乙烯（PVC）	1.16~1.38	尼龙和聚酰胺（PA）	1.14
聚乙烯（PE）	0.91~0.96	聚对苯二甲酸酯类树脂（PET 和 PBT）	1.31~1.39
丙烯腈-丁二烯-苯乙烯（ABS）	1.04		
聚苯乙烯（PS）	1.04	聚碳酸酯（PC）	1.22
聚丙烯（PP）	0.90	人造橡胶	0.85~1.25

2. 电子废弃物的火法冶金技术

电子废弃物的火法冶金技术是 20 世纪 80 年代从电子废弃物中回收贵金属应用最广泛的技术。火法冶金技术具有简单、方便和回收率高的特点，优点是可以处理所有形式的电子废弃物，对废弃物物理成分的要求不像化学处理那么严格，回收的主要是金属铜，金、银、钯等贵金属也具有非常高的回收率。但是它也存在明显的缺点：有机物在焚烧过程中产生的有害气体会造成二次污染，其他金属回收率低，处理设备昂贵等。

利用火法冶金技术从电子废弃物中提取贵金属的一般工艺流程如图 7—12 所示。

温哥华的一个火法冶金厂从电子废弃物中回收金、银、钯，处理流程为破碎、制样、燃烧和物理分选、熔化或冶炼样品，进一步回收灰渣，用化学

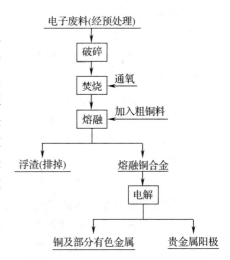

图 7—12　火法冶金提取贵金属的一般工艺流程

或电解的方法进一步精炼粒化的金属，金、银、钯的回收率都超过 90%。Reddy 等人采用电弧炉熔炼回收电子废弃物中的贵金属，金、银、钯的回收率分别高达 99.88%、99.98%、100%。

3. 热解法

热解技术很早就已应用于煤和木材等含碳的物质，它是一种适于回收塑料物质的技术，同样也适用于无法重铸的热固性复合材料。近来有关高分子聚合物废物的热解试验多在真空管、流化床、回转窑等装置上进行。

热解法适用于回收电子废弃物中的有机组分。在热解过程中，大分子有机组分在高温下降解为挥发性组分，如油状烃化合物和气体等，可用作燃料或化工原料。而金属、无机填料等物质在热解过程中通常不会发生变化。但是，由于电子废弃物中的塑料多含有溴化阻燃剂等在热解过程中会产生挥发性卤化物的成分，这些挥发性卤化物在电子废弃物热解后的气体或油状产物中是不可忽视的组分，会对环境产生危害。

五、废塑料的回收利用和处理

（一）废塑料的种类和来源

1. 废塑料基本分类

依据受热后基本行为可将塑料分为热塑性塑料和热固性塑料。热塑性塑料是指在特定温度范围内，能反复加热软化和冷却硬化的塑料，如聚乙烯（PE）、聚氯乙烯（PVC）、聚丙烯（PP）、聚苯乙烯（PS）、聚对苯二甲酸乙二醇酯（PET）等，此类塑料是回收利用的重点。热固性塑料是指受热时发生化学变化，使线形分子结构的树脂转变为三维网状结构的高分子化合物，再次受热时不再具有可塑性的塑料。此类塑料不能通过热塑而再生利用，如酚醛树脂、环氧树脂、氨基树脂等。此类塑料一般通过粉碎、研磨为细粉，以 15%～30% 的比例，作为填充料掺加到新树脂中而再生利用。

2. 常用热塑性树脂分类

（1）聚乙烯（PE）

聚乙烯由乙烯单体聚合而成。目前，按密度的不同，聚乙烯可分为高密度、低密度、线性低密度和超低密度聚乙烯等类别。

①低密度聚乙烯（LDPE）。结晶度较低（45%～65%），相对密度较小（0.910～0.925），质轻，具有柔性，耐寒性、耐冲击性较好，广泛应用于生产薄膜、管材、电绝缘层和护套。

②高密度聚乙烯（HDPE）。分子中支链少，结晶度高（85%～95%），相对密度高（0.941～0.965），具有较高的使用温度、硬度、机械强度和耐化学药品的性能。

③线性低密度聚乙烯（LLDPE）。LLDPE 是近年来新开发的新型聚乙烯。与 HDPE 一样，其分子结构呈直链状，但分子结构链上存在许多短小而规整的支链。它的密度和结晶度介于 HDPE 和 LDPE 之间，而更接近 LDPE。熔体黏度比 LDPE 大，加工性能较差。

④超低密度聚乙烯（VLDPE）。1984 年美国联合碳化物公司用崭新的低压聚合工艺，由乙烯和极性单体，如乙酸乙烯酯、丙烯酯或丙烯酸甲酯共聚制成了一种新型的线性结构树脂——超低密度聚乙烯（VLDPE）。该共聚物的密度很低，故具有其他类型 PE 所不能比拟的柔软度、柔顺度，但仍具有较高的高密度线性聚乙烯的力学及热学特性。VLDPE 可用于制造软管、瓶、大桶、箱及纸箱内衬、帽盖、收缩及拉伸包装膜、共挤膜、电线及电缆料、玩具等。VLDPE 可用一般的 PE 挤出、注塑及吹塑设备加工成型。

⑤超高分子量聚乙烯（UHMWPE）。UHMWPE 指相对分子质量大于 70 万的高密度聚乙烯，其相对密度为 0.936~0.964，它的机械强度远远高于 LDPE，并具有优异的抗环境应力开裂性和抗高温蠕变性，还有极佳的消音、高耐磨等特性，可以广泛应用于工程机械及零部件的制造。超高分子量聚乙烯的熔体黏度特别高，只能用制胚后烧结的方法制造成型。

（2）聚丙烯（PP）

聚丙烯的均聚物由丙烯单体经定向聚合而成，制备方法有浆液聚合、液体聚合和气相本体聚合三种。PP 属于线性的高结晶性聚合物，熔点为 165℃。PP 是最轻的聚合物，其相对密度仅 0.89~0.91。它具有优良的机械性能，比聚乙烯坚韧、耐磨、耐热，并有卓越的介电性能和化学惰性。聚丙烯树脂的最大缺点是耐老化性能比聚乙烯差，所以聚丙烯塑料常需添加抗氧剂和紫外线吸收剂。此外，PP 的成型收缩率大，耐低温、冲击性差，通常通过复合及共混改性的方法加以改善。

（3）聚苯乙烯（PS）

聚苯乙烯是由苯乙烯的单体聚合而成的。合成方法有本体聚合、溶液聚合、悬浮聚合和乳液聚合。各种聚合方法制成的聚苯乙烯，其性能略有不同。例如，以透明度而言，本体聚合的最好，悬浮聚合的次之，乳液聚合而成的不透明，呈乳白色。PS 是典型的非晶态线性高分子化合物，具有较大的刚性，最大的缺点是质脆。PS 的熔点较低（约90℃），且具有较宽的熔融温度范围，其熔体充模流动性好，加工成型性好。

（4）ABS 树脂

ABS 树脂是 PS 系列的共聚物，为丙烯腈、丁二烯、苯乙烯的共聚物，表现出三种单体均聚物的协同性能。丙烯腈使聚合物耐油、耐热、耐化学腐蚀，丁二烯使聚合物具有卓越的柔性、韧性，苯乙烯赋予聚合物以良好的刚性和加工熔融流动性，ABS 树脂兼有很高的坚韧性、刚性和化学稳定性。改变三种单体的比例和相互的组合方式，以及采用不同的聚合方法和工艺，可以在宽阔的范围内使产品性能产生极大的变化。ABS 树脂主要用于制造汽车零件、电器外壳、电话机、旅行箱、安全帽等。

（5）聚氯乙烯（PVC）

PVC 由氯乙烯单体聚合而成。PVC 的生产以悬浮聚合法为主，呈粉状，主要用挤塑、注塑、压延、层压等加工成型工艺。用乳液法生产的树脂可制出 0.2~5 μm 的 PVC 微粒，因而适于制造 PVC 糊、人造革、喷涂乳胶、搪瓷制品等。缺点是树脂杂质较多，电性能较差。本体法制造的 PVC 纯度高，热稳定性好，透明性及电性能优良，但合成工艺较难掌握，主要用于制造电气绝缘材料和透明制品。

（6）聚对苯二甲酸酯类树脂

聚对苯二甲酸酯类树脂包括聚对苯二甲酸乙二醇酯（PET）和聚对苯二甲酸丁二醇酯（PBT），它们都是饱和聚酯型热塑性工程塑料。

对苯二甲酸或对苯二甲酸二甲酯与乙二醇在催化剂存在下，通过直接酯化法或酯交换法制成对苯二甲酸双羟乙酯（BHET），然后再由 BHET 进一步缩聚反应成 PET。PET 以前多作为纤维使用（即涤纶纤维），后又用于生产薄膜，近年来广泛用于生产中空容器，被人们称为"聚酯瓶"。PET 薄膜是热塑性树脂薄膜中韧性最大的，在较宽的温度范围内能保持其优良的物理机械性能，长期使用温度可达120℃，能在150℃短期使用，在-120℃的液氯中仍是软的。其薄膜的拉伸强度与铝膜相当，为 PE 膜的 9 倍，是聚碳酸酯（PC）和尼龙膜的 3 倍。此外，PET 还具有优良的透光性、耐化学性和电性能。PBT 的特点是热变形温度高，在 150℃空气中可长期使用。吸湿性低，在苛刻环境条件下尺寸稳定性仍佳。静态、动态摩擦系数低，可以大大减少对金属和其他零件的磨耗，耐化学腐蚀性优良。PBT 主要用于制作机械零件。PBT 的加工性能优于 PET，目前主要是采用注射成型法制造机械零件、办公用设备等工程制品。

3. 废塑料来源

（1）塑料生产加工边角料

在塑料制品的生产和加工中会产生废品、边角料等，如注塑成型时会产生飞边、流道和浇口，热压成型和压延成型会产生切边料，中空制品成型时会产生飞边，机械加工成型时会产生切屑等。由于品种单一，品质均匀，较少被污染，此类废塑料适于回收利用。一般经分类、破碎，然后按比例（依据对制品性能的影响情况决定掺用配比）加到同品种的新料中再加工成型。

（2）使用后废塑料

使用、消费和流通过程中产生的废塑料是再生利用废旧塑料的主要来源。从塑料制品的消费领域来看，以农膜为主体的农用塑料、包装用塑料、日用品三大领域是废塑料的主要来源。以全国塑料制品总产量为基数，20 世纪 90 年代初各类塑料制品所占的比例约为：包装用塑料制品占 27%，塑料日用品占 25%，农用塑料约占 20%，此 3 类塑料制品合计占 72%。仅农用薄膜与棚膜专项制品就占塑料制品总量的 11% 左右。在包装材料中，各热塑性塑料制品所占比例分别为 PE 65%、PS 10%、PP 9%、PVC 6%、其他 10%。按制品形状或用途划分，包装材料中的塑料袋、膜类约占 36%，瓶类占 25%，杯、桶、盒等容器和器皿约占 22%，其他占 17%。

（二）废塑料回收利用及处理技术

废塑料的资源化应用主要包括物质再生和能量再生两大类，方法如图 7—13 所示。

物质再生包括物理再生和化学再生。物理再生不改变塑料的组分，主要通过熔融和挤压注塑生成塑料再生制品，产品的质量往往低于原有产品。化学再生则是在热、化学药剂和催化剂的作用下分解生成化学原料或燃料，或通过溶解、改性等方法分别生成再生粒子和化工原料。能量再生是在物质再生不可行时，将塑料直接用作燃料或制作成垃圾衍生燃料，在工业锅炉、水泥炉窑或焚烧炉中燃烧，但由于含氯塑料不完全燃烧时可能生成二噁英，造成大气污染，这类方法一般较少提倡使用。

1. 直接成型加工技术

直接成型加工技术是指含杂质的混杂废塑料不经清洗分选，可直接在成型设备之中与按需要添加的填充料制成所需特性的混合料。填充料可以是玻璃、纤维等增强型添加剂，也可以是高聚物。混杂塑料直接注射制品、模塑制品和挤出板材技术多数是制造壁厚超过 2.5 mm 的大型制品。直接使用混合材料的要求：至少要有 50% 以上同一种塑料，其湿含量不能大于 27%。利用此项技术可以制作电缆沟盖、电缆管道、污水槽、货架、包装箱板等，可以取代使用木材、混凝土、石棉、水泥等材料制作的相应制品。

2. 熔融加工技术

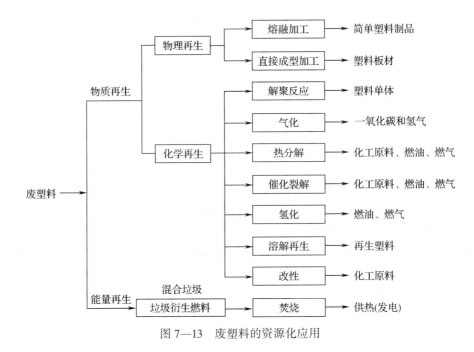

图7—13　废塑料的资源化应用

熔融加工技术是指单一品种塑料经分选、清洗、破碎等预处理工序后，进行熔融过滤、造粒，并最终成型的过程。熔融加工流程如图7—14所示。

图7—14　熔融加工流程

首先物料按类别进行分选和清洗。清洗过的物料进行熔融过滤，对于含粗杂质的物料，可使用连续熔融过滤器，再通过可更换过滤网的普通过滤器熔融过滤。对于含有印刷油墨的物料，需选用滤网孔径足够细的过滤网以去除油墨。经过熔融过滤，物料经过专门的机头，被切成规定尺寸的颗粒，以满足不同制品的成型需要。最后，在成型工序，再生废塑料颗粒通过不同成型设备加工成为所需的不同再生塑料制品。

3. 解聚技术

化学解聚技术是指加入化学药剂后，废塑料反应形成单体的技术。该技术只能用于缩聚型塑料，如聚酯（PET）、聚氨酯（PU）和聚酰胺（PA）解聚技术。解聚反应根据使用的化学试剂不同可分为酵解、醇解、水解和氨解。

PET可与甲醇反应醇解生成三甲基色胺（DMT），也可与乙二醇酵解生成BHET单体，还可与水或水蒸气反应水解产生对苯二甲酸。水解反应可在酸、中、碱性环境进行，中性条件下进行效果最好。氨解反应在PET解聚反应中并不常用。目前几种解聚反应相结合的组合型解聚技术已经得到了较快的发展，目前也有应用。PU的解聚主要是进行醇解和氨解反应，当利用超临界氨进行氨解反应时，可极大提高反应速度。PA解聚主要是进行水解反应。

4. 气化技术

当废塑料与氧气、空气、蒸汽或上述气体的混合物反应时，可生成一氧化碳和氢气的混合气体，这就是废塑料的气化技术。气化技术最大的特点是对塑料的纯度要求低，含有杂质的混杂塑料也可以气化处理，但混合气体的后续净化工艺较为复杂。把混合气体产物作为燃料显然是不经济的，只有当废塑料处理厂附近有合成甲烷、氨气、烃类或醋酸等物质的化工厂存在时，把混合气体作为反应原料才能产生较好的经济效益。

5. 溶解再生技术

该技术用于废聚苯乙烯（PS）的回收。将 PS 溶解于柠檬烯溶剂中，静置并将沉淀的杂质去除后，把溶液送入蒸发器，挥发的溶剂经过冷凝器冷凝回收后可循环利用，留下的 PS 物料经造粒而得到回收。

6. 改性技术

该类技术主要用于废聚苯乙烯泡沫塑料。PS 可通过改性生成多种化工原料，如阻燃剂、防水涂料、防腐涂料、建筑密封剂、指甲油涂饰剂、各种胶黏剂、铁板涂料、模型成型剂。

（1）生产防水涂料

将混合有机溶剂倒入反应锅中搅拌，加入松香改性树脂，将清洗晾干后的废 PS 破碎成小块放入反应锅中直至完全溶解。加入增黏剂和分散乳化剂在 30～65℃条件下搅拌 1～2.5 h，再加增塑剂继续反应 0.5～1 h，最后停止加热和搅拌，取出冷却到室温。

（2）生产阻燃剂

将回收的废聚苯乙烯 PS 经清洗、干燥后溶于有机溶剂，与液溴反应而制得溴化聚苯乙烯。溴化聚苯乙烯在燃烧过程中不会释放出二噁英等致癌物质，是一种性能良好的阻燃剂。

（3）生产胶黏剂

废 PS 制备胶黏剂的工艺流程如图 7—15 所示。

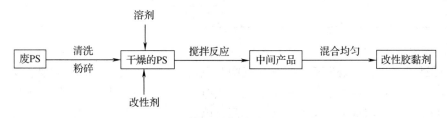

图 7—15　废 PS 制备胶黏剂工艺流程

将净化处理的废 PS 粉碎，加入一定量混合溶剂，搅拌溶解后，在一定温度下，边搅拌边加入适量改性剂，待充分反应 1～3 h，再加入增塑剂，继续搅拌 2～3 min，沉淀数小时后即可出料。

（4）生产指甲油涂饰剂

以酯类为溶剂，以废 PS 为主要成分，可生产出色泽鲜艳、光亮性好的指甲油涂饰剂。如用废 PS、乙酸乙酯、邻苯二甲酸二乙酯、单偶氮染料、珠光粉、香精，先将废 PS 净化处理，然后加入乙酸乙酯中，待其溶解后加入邻苯二甲酸二乙酯和染料的混合物，将上述溶液混合并搅拌均匀，再加入珠光粉和香精搅匀，即可生产红色指甲油涂饰剂。

7. 直接焚烧技术

废塑料的热值与燃油相当，是垃圾焚烧炉的重要热能来源。将塑料与混合垃圾一起作为燃料进行焚烧，可有效地克服填埋占用大量土地的缺点（可减容约 90%），此技术受到一些发达国家（如日本）的重视。值得注意的是，焚烧含氯塑料可能会产生二噁英等有毒有害物质，因此焚烧设备的设计与焚烧过程的控制是该方法的关键。

废塑料的资源化再生利用替代填埋处置方式是废塑料处理处置发展的必然趋势。然而，要实现废塑料再生利用的大规模产业化，就必须在完善回收利用技术的基础上制定塑料的再循环政策，并在经济上对废塑料再生利用予以扶持。

六、废电池的回收与综合利用

（一）概述

由于电池内含有大量有害成分，如重金属、废酸、废碱等，当其未经妥善处置而进入环境后，会对环境及人体健康造成严重威胁。同时，废电池作为资源存在的一种形式，其中仍含有大量的可再生资源。我国是电池生产大国，每年都要消耗大量的锌、锰、铅、镉等金属（见表7—14、表7—15），如果对这些金属加以回收利用，在保护环境的同时又可以节省大量的宝贵资源。

表7—14 我国蓄电池历年耗铅量

年份	1990	1991	1992	1993	1994	1995
耗铅量/×10⁴ t	13.35	16.50	18.31	20.93	19.08	20.00
占消耗比/%	54.7	66.0	70.1	68.7	64.7	67.0

表7—15 我国年产生废锌锰干电池中金属量

名称	锰粉	锌皮	铜帽	铁皮	汞
质量/t	10 200	38 200	600	29 600	2.48

（二）废电池再生利用技术

电池的种类繁多，主要有锌—二氧化锰酸性电池、锌—二氧化锰碱性电池、镍镉充电电池、铅酸蓄电池、锂电池、氧化汞电池、氧化银电池、锌—空气纽扣电池等。每种电池都有许多不同的型号，其组成成分也有很大的不同，因此处理方法有很大的差别。普遍采用的处理方法有单类别废电池的综合处理技术及混合废电池综合处理技术两大类。

单类别废电池的综合处理技术因电池种类不同而大不相同。

1. 废旧干电池的综合处理技术

废旧干电池的回收利用，主要回收金属汞和其他有用物质，其次是废气、废液、废渣的处理。干电池处理工艺流程如图7—16所示。目前，废旧干电池的回收利用技术主要有湿法和火法两大类。

（1）湿法冶金方法

废干电池的湿法冶金过程是将锌—锰干电池中的锌、二氧化锰与酸作用生成可溶性盐而进入溶液，然后净化溶液，电解生产金属锌和电解二氧化锰或其他化工产品（如立德粉、氧化锌）、化肥等。主要方法有焙烧浸出法和直接浸出法。

①焙烧浸出法。焙烧浸出法是将废旧干电池机械切割，分选出炭棒、铜帽、塑料，并使电池内部粉料和锌筒充分暴露，然后在600℃的温度条件下，在真空焙烧炉中焙烧6~10 h，

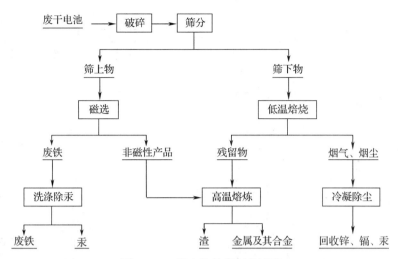

图7—16 干电池处理工艺流程

使金属汞、氯化铵等挥发为气相,通过冷凝设备加以回收,并严格处理尾气,使汞含量减至最低。焙烧产物经过粉磨后加以磁选、筛分,可以得到铁皮和纯度较高的锌粒,筛出物用酸浸出(电池中的锰的高价氧化物在焙烧过程中被还原成锰的低价氧化物,易溶于酸),然后从浸出液中通过电解回收金属锌和电解二氧化锰。该法的流程如图7—17所示。

1984年野村兴产公司伊藤木加矿业所在北海道成功开发含汞废物再生利用成套实验装置,于1985年建成6 000 t/a再生装置。其工艺流程:将干电池在回转炉中加热至600~800℃,使汞气化后送入冷凝器中冷凝为粉状,回收后经过蒸馏成为纯度为99.9%的汞成品。对从回转炉出渣中含的锌、锰、钾、铁等金属,先经过磁选机将锌、钾与铁、锰分离后,分别作次要原料使用。此后该公司还发表了以回收锌和二氧化锰为主的"焙烧—浸出—净化—锌、二氧化锰电解"的专利。

日本富士电机工业公司将废干电池经过破碎去除金属壳和锌筒,在400~1 000℃的炉内通入空气煅烧3~20 h,燃烧可燃物(纸、炭棒、石墨、炭黑、塑料等)。煅烧后的产品粉磨后磁选,选出含铁75%的产品,余料用筛机筛选,得到纯度为93%的锌粒。剩下的粉末中含锰、锌和铁、铜、镍、镉等杂质。将此粉末用盐酸溶解,然后用氨水调pH为5,除铁、沉淀、过滤。澄清液再处理沉淀锰,干燥后沉淀物含锰62%、锌1.7%以及铁、镍、铜、镉(微量)。沉淀后的溶液含锌离子43.1 g/L、铵根离子9 2.5 g/L、氯离子134 g/L。

②直接浸出法。直接浸出法是将废干电池破碎、筛分、洗涤后,直接用酸浸出锌、锰等金属物质,经过滤、滤液净化后,从中提取金属或生产化工产品。不同的工艺流程其产品也不同。图7—18所示为废干电池制备立德粉工艺流程,图7—19所示为废干电池直接浸出法工艺流程,图7—20所示为废干电池制备锌、二氧化锰工艺流程。

德国马格德堡的"湿处理"装置,用硫酸溶解除铅酸蓄电池以外的各类电池,然后用离子交换树脂从溶液中提取各种金属,能够提取出电池中95%的金属物质。

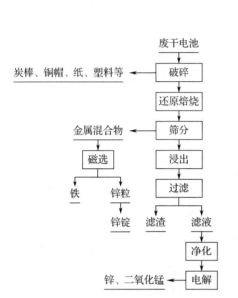

图 7—17　废干电池的还原焙烧浸出法工艺流程

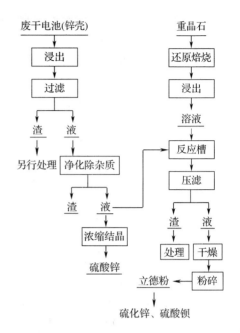

图 7—18　废干电池制备立德粉工艺流程

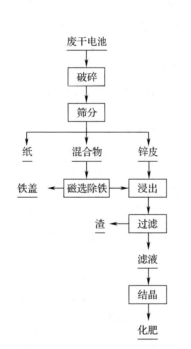

图 7—19　废干电池直接浸出法工艺流程

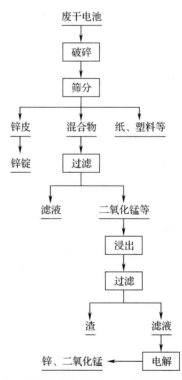

图 7—20　废干电池制备锌、二氧化锰工艺流程

　　1991 年，北京冶炼厂采用选矿法处理锌锰干电池回收金属锌、铜、铁及二氧化锰和氯化铵，锌回收率达 81.3%，铜回收率为 87.5%，该工艺还成功地解决了氯化铵对设备的腐

蚀问题，使设备能够长期运转。

总体来讲，湿法冶金流程过长，废气、废液、废渣难处理，而且近年来逐步实现电池无汞化，加上铁、锌、锰价格疲软，致使回收成本过高，所以湿法冶金回收废干电池应用越来越少。

（2）火法冶金过程

火法冶金处理废干电池是在高温下使废干电池中的金属及其化合物氧化、还原、分解和挥发及冷凝的过程。

①常压冶金法。处理废干电池的常压冶金法有两种：一是在较低的温度下加热废干电池，先使汞挥发，然后在较高的温度下回收锌和其他重金属，另一种是将废干电池在高温下焙烧，使其中易挥发的金属及其氧化物挥发，残留物作为冶金中间产物或另行处理。处理废干电池的常压冶金法流程如图7—21所示。

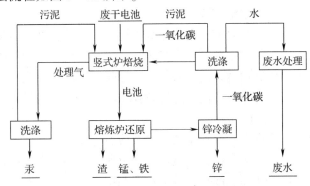

图7—21 处理废干电池的常压冶金法流程

②真空冶金法。常压冶金法的所有作业均在大气中进行，同样有流程长、污染重、能源和原材料的消耗及生产成本高等缺点。因此，人们又研究出了真空法。真空法是基于组成废旧干电池的各组分在同一温度下具有不同的蒸气压，通过在真空中进行蒸发与冷凝，使各组分分别在不同的温度下相互分离，从而实现综合回收利用。蒸发时，蒸气压高的组分形成蒸气，蒸气压低的组分则留在残液或残渣内。冷凝时，蒸气在温度较低处凝结为液体或固体。

真空法流程短，对环境污染小，各有用成分的综合利用率高，具有较大的优越性。

2. 废旧镉镍电池的综合处理技术

镉镍电池的回收利用可分为火法和湿法两大类。

火法回收基本上利用了金属镉易挥发的性质。从各工艺温度条件可知，火法回收镉的温度范围为900~1 000℃。镍的火法回收，简单的方式是让其熔入铁液，或者采用较高温度的电炉冶炼，回收的产品是铁镍合金，没有实现镍的分离回收。电池中的镉、镍多以氢氧化物状态存在，加热会变成氧化物，故采取火法回收时，要加入炭粉作为还原剂。

对于湿法工艺，浸出阶段大多数采取硫酸浸出，少数采取氨水浸出，而在实验条件下也有采用有机溶剂选择浸出的。采用氨水浸出时，铁不参加反应，浸出剂易于回收，可以循环利用，无二次污染。采用硫酸浸出时，虽然硫酸成本低，但是大量的铁参加反应，浸出剂消耗量大，且较难回收，二次污染严重。对于镍、镉离子的分离，有电解沉淀、沉淀析出、萃取及置换等几种方式。

3. 混合电池的处理技术

对于混合型废电池，目前采用的主要技术为模块化处理。即首先对所有电池进行破碎、筛分等预处理，然后按类别分选电池。混合电池的处理也采用火法或湿法与火法混合处理的方法。

废电池中五种主要金属（汞、镉、锌、镍和铁）具有明显不同的沸点，因此，可以通过将废电池准确地加热到一定的温度，使所需分离的金属蒸发气化，然后再收集气体冷却。沸点高的金属通过较高的温度在熔融状态下回收。

镉和汞沸点比较低，镉的沸点为765℃，而汞仅为357℃，通常先通过火法分离回收汞，然后通过湿法冶金回收余下的金属混合物，其中铁和镍一般作为铁镍合金回收。

瑞士 Recytec 公司利用火法和湿法结合的方法，处理不分拣的混合废电池，并分别回收其中的各种重金属。将混合废电池在600~650℃的负压条件下进行热处理，废气经冷凝，其中大部分组分转化成冷凝液。冷凝液经过离心分离为三部分，即含有氯化铵的水、液态有机废物和废油、汞和镉。废水用铝粉进行置换沉淀去除其中含有的微量汞后，通过蒸发进行回收。从冷凝装置出来的废气通过水洗后进行二次燃烧以去除其中的有机成分，然后通过活性炭吸附，最后排入大气。洗涤废水同样进行置换沉淀去除所含微量汞后排放。

4. 铅酸蓄电池的回收利用技术

铅酸蓄电池广泛应用于汽车、摩托车的起动及应急灯设备的照明等。根据其用途，可以将废铅酸蓄电池的来源分为以下几种：发电厂、变电所、电话局等的固定型防酸式废铅酸蓄电池；各种汽车、拖拉机、柴油机起动、点火和照明用废铅酸蓄电池；叉车、矿用车、起重车等车上作为备用电源的废铅酸蓄电池；铁路客车上作为动力牵引及照明电源用废铅酸蓄电池；内燃机车的起动和照明，摩托车起动、照明、点火及一些其他用途的废铅酸蓄电池。按全国废铅酸蓄电池的年产生量2 500万只计，其中废铅量大约为30万 t。废铅酸蓄电池铅膏的组成见表7—16。

表7—16 废铅酸蓄电池铅膏的组成

成分	总铅	铅	硫	硫酸铅	氧化铅	锑	氧化亚铁	氧化钙
含量/%	72	5	5	42.1	38	2.2	0.75	0.88

铅酸蓄电池的回收利用主要以废铅的再生利用为主，还包括废酸以及塑料壳体的利用。电解液中的金属成分见表7—17。由于铅酸蓄电池体积大，易回收，目前，国内废铅酸蓄电池的金属回收率为80%~85%，远高于其他种类的废电池。

表7—17 电解液中的金属成分

金属	铅粒	溶解铅	砷	锑	锌	锡	钙	铁
浓度/（mg/L）	60~240	1~6	1~6	20~175	1~13.5	1~6	5~20	20~150

构成铅酸蓄电池的主要部件是正负极板、电解液、隔板和电池槽，此外还有一些零件如端子、连接条和排气栓等。废铅酸蓄电池中含有大量的金属铅、锑等。铅的存在形态主要有

溶解态、金属态、氧化态，可通过冶炼过程将其提取再生利用。

发达国家再生铅企业最低规模都在 2 万 t/a 以上，日本、美国多数国家的再生铅企业生产规模都在 10 万 t/a 以上。发展中国家大部分只是进行手工解体、去壳倒酸等简单的预处理分解，一般采用小型反射炉及土炉较多。

（1）火法冶金工艺

火法冶金工艺又分为无预处理混炼、无预处理单独冶炼和预处理单独冶炼三种工艺。

无预处理混炼就是将废铅酸蓄电池经去壳倒酸等简单处理后，进行火法混合冶炼，得到铅锑合金。该工艺金属回收率平均为 85%～90%，废酸、塑料及锑等元素未合理利用，污染严重。

无预处理的单独冶炼就是废蓄电池经破碎分选后分出金属部分和铅膏部分，二者分别进行火法冶炼，得到铅锑合金和精铅，该工艺回收率平均水平为 90%～95%，污染控制较第一类工艺有较大改善。

经过预处理的单独冶炼工艺就是废蓄电池经破碎分选后分出金属部分和铅膏部分，铅膏部分脱硫转化，然后二者再分别进行火法冶炼，得到铅锑合金和软铅，该工艺金属回收率平均为 95% 以上，如德国的布劳巴赫厂金属回收率可达 98.5%。

火法处理又可以采取不同的熔炼设备，其中普通反射炉、水套炉、鼓风炉和冲天炉等熔炼技术落后，金属回收率低，能耗高，污染严重。国内有大量采用此工艺的处理厂，生产规模小而分散，污染严重。

（2）固相电解还原工艺

固相电解还原是一种新型炼铅工艺方法，采用此方法时金属铅的回收率比传统炉火熔炼法高出 10% 左右，生产规模可视回收量多少决定，可大可小，因此便于推广。对于供电资源丰富的地区，此项技术更容易推广。该工艺机理是把各种铅的化合物放置在阴极上进行电解，正离子型铅离子得到电子被还原成金属铅，其设备采用立式电极电解装置。

（3）湿法冶炼工艺

湿法冶炼工艺可利用铅泥、铅尘等生产含铅化工产品，如三盐基硫酸铅、二盐基亚硫酸铅、红丹、黄丹和硬脂酸铅等，应用于化工和加工行业，工艺简单，容易操作，污染低，可以取得较好的经济效益。

工艺流程：铅泥→转化→溶解沉淀→化学合成→含铅产品。该工艺的回收率在 95% 以上采用全湿法处理，产品可以是精铅、铅锑合金、铅化合物等。

废酸经集中处理可用作多种用途：经提纯、浓度调整等处理，可以作为生产蓄电池的原料；经蒸馏以提高浓度，可用于铁丝厂作除锈用；供纺织厂中和含碱污水使用；利用废酸生产硫酸铜等化工产品等。

铅酸蓄电池多采用聚烯烃塑料制作隔板和壳体，属热塑性塑料，可以重复使用。完整的壳体经清洗后可继续回用；损坏的壳体清洗后，经破碎可重新加工成壳体或其他制品。

意大利 Ginatta 回收厂的生产能力为 4.5 t/a，对工业废铅酸蓄电池的处理能力为 1.175 kg/h，生产工艺流程如图 7—22 所示。处理工艺分为四个部分：第一部分中，对废电池进行拆解，电池底壳同主体部分分离；第二部分中，对电池主体进行活化，硫酸铅转化为氧化铅和金属铅；第三部分，电池溶解，转化生成纯铅；最后，利用电解池将电解液转化复原。

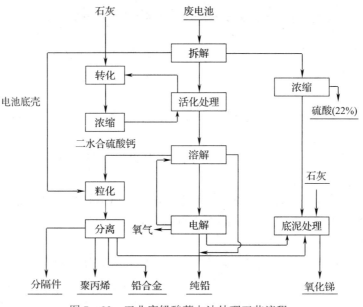

图7—22 工业废铅酸蓄电池处理工艺流程

回收利用工艺过程中的底泥处理工序中，硫酸铅转化为碳酸铅。转化结束后，底泥通过酸性电解液从电解池中浸出，电解液中的铅离子和底泥中的锑得到富集。

七、医疗废物的处理

（一）概述

医疗废物来自于病人生活、医疗诊断、治疗过程，含有大量有害病菌、病毒，是产生各种传染病及病虫害的污染源之一。世界各国越来越高度重视其处理、处置及管理。1989年制定的《控制危险废物越境转移及其处置的巴塞尔公约》中，将"从医院、医疗中心和诊所的医疗服务中产生的临床废物"列为"应加控制的废物类别"中的Y1组，定义其危险特性等级为6.2级，属传染性物质。

1. 医疗废物的定义

医疗卫生垃圾是指城市各类医院、卫生防疫、病员疗养、畜禽防治、医学研究及生物制品等单位产生的垃圾。医疗废物是指城市、乡镇中各类医院、卫生防疫、病员修养、医学研究及生物制品等单位产生的废弃物，具体指医疗机构、预防保健机构、医学科研机构、医学教育机构等卫生机构在医疗、预防、保健、检验、采供血、生物制品生产、科研活动中产生的对环境和人体造成危害的废弃物，包括《国家危险废物名录》所列的HW01医疗废物，如手术、包扎残余物，生物培养、动物试验残余物，化验检查残余物，传染性废物，废水处理污泥等；HW03废药物、药品，如积压或报废的药品（物）；HW16感光材料废物，如医疗院所的X射线和CT、检查中产生的废显（定）影液及胶片。

2. 医疗废物的类别

医疗废物不同于医院废物。医院大部分废物（80%~85%）是没有危害的普通废物，是一般性固体废物，如建筑拆建废料、普通生活垃圾、废纸废塑料、医药包装材料等。这类垃圾不属于医疗废物，不需要特别处理，一般应及时清运或委托处理。但是，一旦这些没有危害性的垃圾同其他具有危害性的或传染性的污物混合在一起，其混合垃圾就要同有害的传染性垃圾一样对待，需要特别的搬运和处置。因此对垃圾污物进行分类是有效处理垃圾污物的前提。

这里讨论的医疗废物不包括放射性废物（在放射治疗诊断中使用过的容器、器皿、针管及沾染放射性物质的纱布、药棉等，应单独收集、清洗或储存）。按照来源和特性，医疗废物通常可分为以下几类：

Ⅰ类：一次性医疗用品。该类医疗废物包括注射器、输液器、扩阴器、各种导管、药杯、尿杯、换药器具等。

Ⅱ类：传染性废物。即带有传染性及潜在传染性的废物（不包括锐器），主要包括来自传染病区的污物、与血和伤口接触的各种受污染废物、病理性废物、实验室产生的废物（如血、尿、粪、痰、培养基等）、太平间的废物以及其他废物。

Ⅲ类：锐器。该类医疗废物指废弃的一次性注射器、针头、玻璃、解剖锯片、手术刀及其他可引起切伤或刺伤的锐利器械。

Ⅳ类：药物废物。该类医疗废物包括过期的药品、疫苗、血清、从病房退回的药物和淘汰的药物等。

Ⅴ类：细胞毒废物。该类医疗废物包括过期的细胞毒药物以及被细胞毒药物污染的管子、手巾、锐器等。细胞毒药物最常用于治疗癌症病人的肿瘤或用于放射治疗病房，在其他病房的应用也有增加趋势。细胞毒进入人体的途径：吸入，处理不当可形成气溶胶或灰尘污染；摄入，通过消化道；皮肤接触，除局部反应外，有些还可能被吸收，不易洗掉。

Ⅵ类：废显（定）影液及胶片。该类医疗废物包括废显影液、定影液、正负胶片、相纸、感光原料及药品。

3. 医疗废物的收集与运输

（1）医疗废物收集

在医疗废物的收集、辨别、净化、储存和运输方面，美国、法国、加拿大等各国都推荐将废物按有传染性的解剖废物（人体、动物）和非解剖废物、无传染性的其他废物进行分类，分别用有颜色标记的防漏塑料袋包装，选择坚硬容器来盛放和运输这些塑料袋，使医疗废物危害公众的潜在可能性降至最小。美国的医学废物通常冷藏在冷库中，而其他种类的废物通常储藏在容器中。日本将医疗废物按其传染性和可燃性分为四类：可燃性传染性废物、非可燃性传染性废物、可燃性非传染性废物、非可燃性非传染性废物，用不同颜色的塑料袋封装。收集废物所使用的容器主要是塑料袋、锐器容器和废物箱等。

①塑料袋。塑料袋是常用的废物收集容器。最大的废物袋可为 $0.1\ m^3$ 或 $0.075\ m^3$，小塑料袋可用在废物较少的场所。低密度塑料袋厚度应大于 $55\ \mu m$，高密度塑料袋厚度可为 $25\ \mu m$。塑料袋应放在相应的污物桶内，袋上应有清晰的颜色标记并注明用途，如黄色（表示要焚烧），注明传染性废物、只能焚烧、"生物危险品"等。如果废物要运送到院外处理时，要有医院标识。需高压灭菌的（或其他消毒处理）废物袋应采用适当的材料制作，并作颜色标记，袋上应有清晰的文字标识，如"需消毒废物"或"生物危害"标识。高压灭菌后，废物袋以及小容器应放入另一种颜色标记的袋子或容器中，以便下一步处置。

②锐器容器。锐器不应与其他废物混放，用后应稳妥安全地置入锐器容器中。锐器容器应有大小不同的型号。如采用纸盒，应避免被浸湿，或衬以不透水材料（如塑料）等。容器规格有 2.5 L、6 L、12 L、20 L 等。大规格容器应放在锐器废物较多的地方（如手术室、注射室）。锐器容器进口处应便于投入锐器。

锐器容器应具有如下特点：质地坚固耐用，防漏防刺；便于运输，不易倒出或泄漏；有手柄，手柄不能影响使用；有进物孔缝，进物容易，且不会外移；有盖；在 3/4 容量处应有"注意，请勿超过此线"的水平标识；当采用焚烧处理时应可焚化；标以适当的颜色；用文字清晰标明专用，如"只能用于锐物"；清晰地标以国际标志符号如"生物危险品"。

③废物箱。高危区的医院废物如传染病或隔离区废物、产房的胎盘、手术室的人体组织等废物，建议使用双层废物袋。可以用密封与经过特殊处理的废物桶（如聚乙烯或聚丙烯塑料桶，容量 30~60 L），装满之后立即封闭，特别适用于手术室、产房、急诊室与重症监护病房。

存放医疗废物的容器上应标有"医疗废物"字样，严禁将医疗废物混入居民生活垃圾、建筑垃圾等其他废物中，严禁闲杂人员和小孩接触，防止各类动物接触，医院垃圾的收集也应由专业人员操作，实现垃圾收集的容器化、封闭化、运输机械化。每个未处理的医疗废物包装容器都必须贴上或印上防水标签，标签上注明"医疗废物"字样或者生物危害识别标志，也可采用红色塑料袋，在包装容器上应注明医疗废物产生者和清运者的名字。

（2）医疗废物运输

医疗废物要由有执照的单位运输到指定地点进行处理，应在防渗漏、全封闭、无挤压、安全卫生条件下清运，使用专门用于收集医疗废物的车辆。为了抑制在运输过程中细菌的生长，可考虑使用带有冷藏箱的车辆。

（二）医疗废物处理技术

医疗废物属于传染性废物，污染源是病原微生物，因此杀灭病原微生物并防止其与人群的接触就是医疗废物污染控制的主要目的。处理方法主要有物理消毒法、化学消毒法和焚烧处理法、填埋等。经过消毒灭菌或焚烧处理后的废物已经消除了传染性，即可作为一般的生活垃圾处理，液体的感染性废物经消毒灭菌后可排入医院的下水道。

1. 消毒灭菌

（1）高压蒸汽灭菌法

医疗废物的消毒方式目前主要是采用高压蒸汽灭菌法。采用高压灭菌对医疗废物进行消毒需要较大的专用高压釜，而且在进行高压蒸汽消毒过程中会产生挥发性有毒化学物质。化学药剂消毒灭菌的方法常用于传染性液体废物的消毒，用于大量的固体废物处理时还有一定的难度。此外，医疗废物灭菌处理方法还有微波灭菌、干热处理、电浆喷枪、放射线处理、电热去活化、玻璃膏固化等方法。

高压蒸汽灭菌法原理是在高压下，蒸汽穿透到物体内部，使微生物的蛋白质凝固变性而将其杀灭。蒸汽在高压下具有温度高、穿透力强的优点，在 130 kPa、121℃维持 20 min 能杀灭一切微生物。高压蒸汽灭菌是一种简便、可靠、经济、快速的灭菌方法，适用于受污染的敷料、工作服、培养基、注射器等。

（2）微波消毒

微波消毒时使用的频率通常为 915 MHz 和 2 450 MHz。物体在微波作用下吸收其能量产生电磁共振效应，加剧分子运动，微波能迅速转化为热能，使物体升温。含水量高的物品最容易吸收微波，温升快，消毒效果好。我国丁兰英等人用微波照射不同物品上污染的蜡状芽孢、杆菌芽孢，获得较好的消毒效果。

（3）化学消毒

化学消毒是对受传染病患者污染的物品最常使用的消毒方法。常使用的消毒剂有含氯消毒剂、洗涤消毒剂、甲醛和环氧乙烷等消毒剂。

2. 焚烧

（1）焚烧系统

医疗废物焚烧处理是指将医疗废物置于焚烧炉内，在高温和有足够氧气的环境条件下，进行蒸发干燥、热解、氧化分解和热化学反应，由此实现分解或降解医疗废物中有害成分的过程。焚烧法处理医疗废物不仅可以彻底消灭有毒有害病毒病菌，分解有机毒物，而且还可以最大限度地焚毁和减少医疗废物的体积和数量，是目前最为有效的医疗废物处理技术。

医疗废物含有特殊的有毒有害病毒病菌和有机毒物，具有传染性，如果扩散或泄漏，则会引起疾病传播和危害社会，后果极为严重。医疗废物的处理应符合《危险废物焚烧污染控制标准》（GB 18484—2001）的要求。

（2）固体医疗废物焚烧炉

医疗废物在焚烧过程中以原包装小袋或箱体为单元，直接投进焚烧炉进行焚烧处理。在加料时应避免包装袋破损及泄漏，加入焚烧炉后由初燃或一燃进行外部焚烧，然后进行正式焚烧或二次焚烧。如有必要，燃烧结束后排出的烟气到复燃室或三燃室进行进一步分解燃烧，在燃烧彻底完成后进入烟气净化系统进行净化处理。

焚烧装置要根据可利用的资源以及当地实际情况慎重选择，同时还要进行风险—利益分析，平衡处置前消灭病原菌对公众健康所带来的利益与某种废物不完全破坏所引起的空气与地下水污染的风险的关系。

医疗废物焚烧炉要求在 900~1 200℃的温度范围内操作。目前低耗、高温且设计简单的焚烧炉正在发展中。

很多国家利用水泥窑或钢窑高温处理化学性和药理性废物，具有一定价值。它不需要额外投资，且可获得大量的可燃物质。

八、泔脚的处理

（一）泔脚的定义、组成、特性

1. 泔脚的定义

泔脚是家庭、餐饮单位抛弃的剩饭菜以及厨房余物的通称，是人们在生活消费过程中形成的一种固体废物，是城市生活垃圾的重要组成部分。泔脚的来源包括家庭、饭店、宾馆及各企事业单位食堂。

2. 泔脚的组成

泔脚的主要组成有菜蔬、果皮、果核、米面、肉食、骨头等，还有一定数量的废餐具、牙签及餐纸。从化学组成上，泔脚有淀粉、纤维素、蛋白质、脂类和无机盐等。泔脚以有机组分为主，含有大量的淀粉和纤维素等，一般含总固体（TS）10%~20%，其组成特性见表7—18。

表 7—18　　　　　　　　　　　　　泔脚的组成（TS）

成分	质量分数/%	成分	质量分数/%
挥发性固体（VS）	85~92	磷	0.1~0.5
灰分	15~8	钾	1~2
碳	40~45	钙	0.5~2
氮	1~3	钠	0.5~2

泔脚的组成、性质和产生量受多种因素的影响，如社会经济条件、地区差异、居民生活习惯、饮食结构、季节的变化和发生源等。不同的因素对泔脚的组成、性质和产生量有不同的影响。社会经济条件好的时代、地区，泔脚的组成和产生量相比于社会经济条件较差的时代和地区，有机物含量更高、量也大。旅游资源丰富的城市在旅游季节，泔脚的产生量比其他地区相对要大。我国北方城市的泔脚中，面粉类食品残余物高于南方城市；南方城市的泔脚中，米品类食品残余物量要高于北方。

3. 泔脚的特性

泔脚具有一定的物理、化学及生物特性。其含水率较高，在85%左右，脱水性能较差，高温易腐，发出难闻的异味，而且容易产生蚊蝇。泔脚油腻，易留下液滴，对人和周围环境造成不良影响。泔脚的来源复杂，如不加以适当的处理而直接利用，会造成病原菌的传播、感染等。泔脚有机物含量高，具有较高的生物可降解性。

过去泔脚一直作为生猪饲料，并一直通过市场渠道自行寻找出路。但泔脚中除含有大量的细菌等病原微生物外，同时还不能满足饲料的安全要求，与某些动物疾病如口蹄疫、疯牛病等有直接或间接的联系。如果将泔脚直接作为饲料，会形成污染链，对人体健康造成危害。因此，应明确禁止直接采用泔脚喂养生猪。

（二）泔脚处理处置原则

随着社会经济的发展，人民生活水平不断提高，泔脚的产生量越来越大。传统的处置手段已不能满足环境保护和人体健康卫生的需要。为了有效控制泔脚对人体健康、市容环境的危害，必须科学、合理地对泔脚进行处置管理，建立健全、规范、有序的泔脚处置管理系统。改变饮食习惯，从源头避免泔脚产生是控制泔脚污染危害的根本途径之一。除了经济发展的原因以外，人为因素也是泔脚大量产生的重要原因。人们浪费粮食资源，产生大量泔脚，还会给环境造成很大压力。对于泔脚的污染控制，除了环卫部门应积极开展泔脚回收利用的活动外，每一位市民也应参与配合，人人讲节约，珍惜粮食，爱惜粮食，减少泔脚的产生。

为防止泔脚对环境的污染，保障人体健康，对泔脚的处理应遵循以下原则：

1. 统一管理的原则

管理部门应依法制定规划、标准，进行协调、监督、管理。

2. 市场运作的原则

按照"谁产生，谁处理"的环保原则，产生泔脚的单位负有处置责任，具体可采用以下几种办法：一是大型餐饮业自设生化处理机处理；二是餐饮业联合自行处置；三是相关企业参与收集、运输和处理。

3. 单独处理的原则

泔脚作为一种特殊的生活垃圾，应单独收集、运输、利用、处理，如通过加工，可制成饲料或有机肥料，变废为宝。

4. 依法监督的原则

政府部门应对泔脚从倾倒、收集、运输到利用、处理等各个环节依法实行全过程的监督。

（三）泔脚的处理处置技术

泔脚作为一种废弃物，对其处理可采用多种方法。严格意义上讲，卫生填埋、焚烧以及生物转化等都可以成为处理泔脚的有效手段。从可持续发展的角度出发，对其处理应兼顾环境保护和资源利用的原则。

泔脚中有机物含量较高，常用的有机垃圾处理方法是生物转化法。生物转化是利用微生物的新陈代谢作用，实现垃圾的稳定化、无害化，同时进行资源的回收利用。在当前世界普遍存在自然资源与能源紧张的情况下，回收利用技术的开发有着深远的意义。

目前，在实际应用中，泔脚集中处理技术主要包括填埋、焚烧、堆肥和厌氧发酵。

1. 填埋处理技术

填埋是大量消纳城市生活垃圾的有效方法，也是所有垃圾处理工艺剩余物的最终处理方法，泔脚可与其他生活垃圾混合直接填埋。

直接填埋法是将垃圾填入已预备好的坑中盖土压实，使其发生生物、物理、化学变化，分解有机物，达到减量化和无害化的目的。填埋处置的最大特点是处理费用低，方法简单。但由于泔脚中含有大量的水分和容易腐烂的物质，填埋时产生的大量渗滤液易污染土壤和地下水，造成二次环境污染。泔脚恶臭问题、渗滤液及病原菌等问题导致填埋地逐渐减少，城市垃圾量不断增加，靠近城市的适用填埋场地越来越少，开辟远距离填埋场地又大大提高了垃圾运输费用，而且还会产生安全和可靠性问题，因此一些发达地区已经开始逐步禁止填埋泔脚。

2. 焚烧处理技术

焚烧是一种对城市生活垃圾进行高温热化学处理的技术。将生活垃圾作为固体燃料送入炉膛内燃烧，在800～1 000℃的高温条件下，城市生活垃圾中的可燃组分与空气中的氧气发生剧烈的化学反应，释放出热量并转化为高温的燃烧气体和少量性质稳定的固体残渣。经过焚烧处理，垃圾中的细菌、病毒等能被彻底消灭，各种恶臭气体得以高温分解，烟气中的有害气体经处理达标后排放。因泔脚中含有大量的水分（含水率一般为80％～90％），焚烧所消耗的热量很大程度上用于水分的蒸发，运行费用高，在经济上不合理。而且泔脚在焚烧过程中会产生环境激素——二噁英，如果处理不完全，二噁英会与空气中的水分相混合溶解于土壤，进而被吸收到植物根茎中，在草食动物体内富集，最终积累于人体内，危害人体健康。

3. 堆肥处理技术

泔脚有机物含量高，营养元素全面，碳氮比较低，是微生物的良好营养物质，含有大量的微生物菌种，非常适于作堆肥原料。另外，泔脚中惰性废物（如废塑料等）含量较少，利于堆肥产品的农用，但应针对泔脚含水率高、脱水难、盐分高、pH 低的特性进行调整，以利于堆肥过程正常进行。

（1）影响控制因素

①接种微生物。泔脚有机物含量高，应加入适量的微生物以提高堆肥速率。通常可在堆肥原料中接种下水污泥，也可配以一定量专性工程菌或熟堆肥。

②温度。温度是堆肥得以顺利进行的重要因素，直接影响微生物的生长。高温菌对有机物的降解效率高于中温菌。泔脚易结团，原料要加入一定量的填充料（木屑、秸秆等），利于氧的传输和传质作用。

③水分。泔脚含水率较高。按质量计，一般认为 50%~60% 的含水率最有利于堆肥过程中微生物的分解作用。水分超过 70%，温度难以上升，有机物降解速度明显降低。水分过多，易造成厌氧状态，产生恶臭气体。泔脚在堆肥前须降低含水率到 60% 左右，一般用离心机脱水。

④碳氮磷比。一般认为，碳元素含量高，氮元素养料相对缺乏，细菌和其他微生物的发展受到限制，有机物的分解速度就慢，发酵过程就长，因此一般调整原料中的碳氮比约为 25：1，碳磷比为 75：1~150：1。

⑤供氧。供氧不足会产生厌氧和发臭，通风量过高又会影响发酵的堆温，降低发酵速度。实际生产中，可通过测定排气中氧的含量，确定发酵器内氧的浓度和氧的吸收率。排气中氧的适宜体积分数是 14%~17%，如果降到 10%，好氧发酵将会停止。如果以排气中二氧化碳的浓度为氧吸收率参数，二氧化碳的体积分数要求为 3%~6%。

⑥pH。一般微生物最适宜的环境是中性或弱碱性，pH 太高或太低都会使堆肥处理遇到困难。泔脚的 pH 偏低，可加入石灰调节，适量的石灰投加能刺激微生物的生长。

（2）泔脚堆肥化工艺

泔脚高温机械堆肥工艺包括前处理、一次发酵、二次发酵和后处理等工序。泔脚堆肥工艺流程如图 7—23 所示。

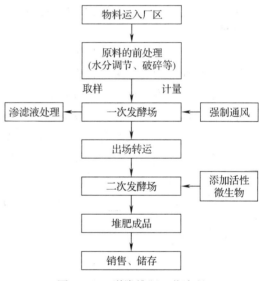

图 7—23　泔脚堆肥工艺流程

①前处理。泔脚含水率高，堆肥前需调节含水率到 50%~60%，然后进行破碎、配料。配料时加入一定量的填充料，保证堆肥时颗粒分离及一定的空隙率、营养比，并进行微生物接种。泔脚如经过厌氧预处理（1~2 d）后，再进行好氧堆肥，可明显缩短堆肥周期，提高堆肥效率。

②一次发酵和二次发酵。泔脚堆肥的一次发酵和二次发酵，与其他原料堆肥工艺类似。在泔脚堆肥过程中，泔脚的有机物含量很高，对氧的需求大，在运行参数上有一定区别。

③后处理。泔脚中杂物少，后处理主要有造粒、储存等，旨在提高堆肥品质及利用

价值。

堆肥技术相对成熟，但泔脚堆肥处理也存在一些问题：因泔脚含水量不均，所以前段水分调节是影响堆肥质量的关键，并且发酵时间应得到保证；根据情况可能需要二次发酵，因而需要后处理和储藏仓库；肥料销售渠道不畅，多数只能用于土壤改良使用；泔脚盐分含量过多，产品盐分高会造成土地板结等。

4. 厌氧发酵处理技术

（1）厌氧发酵处理特点

泔脚含水率高，脱水性能差，有机物含量高，采用厌氧处理比好氧生物处理有独到优势。泔脚经过厌氧生物处理能回收大量甲烷气，实现能源回收，具有较大的经济价值。厌氧处理无尾气污染，具有生态优点。厌氧处理对水分的要求没有好氧条件严格，保持反应温度可通过回收全部或部分能量实现，能实现能量的平衡。厌氧微生物对氮、磷等营养元素的要求比好氧微生物低，减少附加费用。发酵产物沼渣、沼液可作为良好的有机肥，经过适当处理后可作为动物饲料。

泔脚的厌氧发酵也存在一些难点和缺陷：厌氧微生物的启动时间慢，发酵周期长；泔脚固体含量高，流动性能差，连续进料困难，影响厌氧微生物的接种等；泔脚 pH 较低，含盐量高，易发生酸中毒，抑制微生物的正常生长；厌氧处理设备复杂，一次性投资较高。

（2）厌氧发酵处理工艺流程

泔脚的厌氧发酵包括脱水、破碎等前处理工序以及厌氧发酵、渗滤液处理、气体净化、储存等环节。

1979 年，美国建立了世界上第一个年处理量为 5 000 t 的实验工厂，工艺流程如图 7—24 所示。所收集垃圾经破碎分选后，去除无机成分和塑料等，调节固体含量达到 25% 左右，在 55℃ 下进行高温消化，机械搅拌，在反应器中停留一个月，所产生的沼气经处理后利用，渗滤液处理后排放，残余固体物质加工成肥料或土壤调节剂。

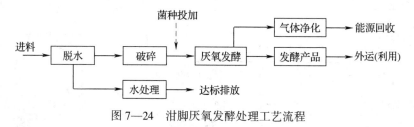

图 7—24 泔脚厌氧发酵处理工艺流程

该工艺是各种高固体厌氧消化工艺的基础。各国研究人员针对预处理、搅拌方式、反应温度、进料、产物加工利用、污染控制等提出了不同改进方案，形成了各具特色的工艺流程。

九、建筑垃圾的减量化和资源化

（一）建筑垃圾的分类与组成

1. 建筑垃圾的分类

（1）按来源分类，建筑垃圾可分为土地开挖、道路开挖、旧建筑物拆除、建筑施工和建材生产垃圾。

（2）按材料分类，建筑垃圾可分为金属类（钢铁、铜、铝等）和非金属类（渣土、碎石块、废砂浆、砖瓦碎块、混凝土块、沥青块、废塑料、废竹木等）。

（3）按能否燃烧分类，非金属类可分为可燃物（竹木、塑料、玻璃、纸张等）和不可燃物（废旧混凝土、砖瓦以及碎石等）。

（4）按强度分类，建筑垃圾的分类及用途见表7—19。

表7—19　　　　　　　　　　　　　建筑垃圾的分类及用途

大类	亚类	标号	标志性材料	用途
I	I A	≥C20	4层以上建筑的梁、板、柱	C20混凝土骨料
	I B	C10~C20	混凝土垫层	C10混凝土骨料
II	II A	C5~C10	砂浆或砖	C5砂浆或再生砖骨料
	II B	<C5	低标号砖	回填土

2. 建筑垃圾的组成

建筑施工垃圾与旧建筑物拆除垃圾组成成分相差较大。表7—20为我国香港特别行政区的旧建筑物拆除垃圾和建筑施工垃圾组成对比。

表7—20　　　　　我国香港特别行政区的旧建筑物拆除垃圾和建筑施工垃圾组成对比

成分	含量/%		成分	含量/%	
	旧建筑物拆除垃圾	新建筑物建设施工垃圾		旧建筑物拆除垃圾	新建筑物建设施工垃圾
沥青	1.61	0.13	金属（含铁）	3.41	4.36
混凝土	54.21	18.42	塑料管	0.61	1.13
石块、碎石	11.78	23.87	竹、木料	7.46	10.96
泥土、灰尘	11.91	30.55	其他有机物	1.30	3.05
砖块	6.33	5.00	其他杂物	0.11	0.27
沙	1.44	1.70	合计	100	100
玻璃	0.20	0.56			

不同结构类型建筑物所产生的建筑施工垃圾各种成分的含量有所不同。表7—21列出了不同结构形式的建筑工地中建筑施工垃圾组成比例和单位建筑面积产生垃圾量。

（二）建筑垃圾的资源综合利用

1. 废木材、木屑的资源综合利用

在废旧木材重新利用前，应充分考虑以下因素：木材腐坏、表面涂漆和粗糙程度；木材上尚需拔除的钉子以及其他需清除的物质。废旧木材的利用等级一般需作适当降低。

表 7—21　　　　　建筑施工垃圾组成比例和单位建筑面积产生垃圾量

垃圾组成	施工垃圾组成比例/%		
	砖混结构	框架结构	框架—剪力墙结构
碎砖（碎砌块）	30~50	15~30	10~20
砂浆	8~15	10~20	10~20
混凝土	8~15	15~30	15~35
桩头	—	8~15	8~20
包装材料	5~15	5~20	10~15
屋面材料	2~5	2~5	2~5
钢材	1~5	2~8	2~8
木材	1~5	1~5	1~5
其他	10~20	10~20	10~20
合计	100	100	100
单位建筑面积产生施工垃圾的数量/（kg/m²）	50~200	45~150	40~150

（1）直接利用

从建筑物拆卸下来的废旧木材，一部分可以直接当木材重新利用，如较粗的立柱、椽、托梁以及木质较硬的橡木、栲木、红杉木和雪松等。对于建筑施工产生的多余木料，清除其表面污染物后可直接利用，而不用降低其使用等级，如加工成楼梯、栏杆、室内地板、护壁板和饰条等。

（2）作为侵蚀防护工程中的覆盖物

将清洁的木料磨碎、染色后，在需作侵蚀防护的风景区土壤上（湖边、溪流的护堤）摊铺一定的厚度，既可使土壤不受侵蚀破坏又可造景美化。

（3）作为堆肥材料

木料的碳氮比为 200∶1 至 600∶1，将建筑垃圾中的碎木、锯末和木屑等粉碎成一定粒径的颗粒，掺入堆肥原料中可调节原料的碳氮比。一些含特殊成分的废木料掺入堆肥原料中，对堆肥化过程有促进作用。例如，堆肥原料中掺入经硼酸盐防腐处理的废木料和石膏护墙板，能提高原料在堆肥化过程中的持水能力。石膏护墙板的掺入，还能降低堆肥化过程的 pH，使其在 8.0 以下。废木料的掺入率与其清洁度密切相关：清洁未受污染的木料，掺入率较高；受污染的木料则掺入率较低。一般而言，经硼酸盐、石膏和不含铅油漆处理的木料掺入率应分别不超过 5%、10% 和 15%。

（4）作为燃料

不含有毒物质的碎木、锯末和木屑，例如未经防腐处理、无油漆的废木料，可作为燃料，通过燃烧释放能量。

（5）生产黏土—木料—水泥复合材料

与普通混凝土相比，黏土—木料—水泥混凝土具有质量轻、热导率小等优点，可以作为保温轻质混凝土使用。该类材料受湿度的影响较小，其原因是废木料的掺入降低了复合材料的毛细管作用，从而减少了复合材料的水分吸收量。

2. 废混凝土的资源综合利用

再生混凝土技术是将废混凝土块经过破碎、清洗、分级后，按一定的比例混合形成再生骨料，部分或全部代替天然骨料配制新混凝土的技术。废混凝土块经过破碎、分级并按一定的比例混合后形成的骨料，为再生骨料。再生骨料按来源可分为道路再生骨料和建筑再生骨料，按粒径大小可分为再生粗骨料（粒径为 5~40 mm）和再生细骨料（粒径为 0.15~2.5 mm）。利用再生骨料作为部分或全部骨料配制的混凝土，为再生骨料混凝土，简称再生混凝土。相对于再生混凝土，把用来生产再生骨料的原始混凝土称为基体混凝土或原生混凝土。

（1）再生骨料的制造过程

用废混凝土块制造再生骨料的过程与天然碎石骨料的制造过程相似，都是把不同的破碎设备、筛分设备、传送设备合理地组合在一起的生产工艺过程，其生产工艺流程如图 7—25 所示。实际的废混凝土块中，不可避免地存在着钢筋、木块、塑料、玻璃、建筑石膏等各种杂质，为确保再生混凝土的品质，必须采取一定的措施将这些杂质除去。例如，用手工法除去大块钢筋、木块等杂质，用电磁分离法除去铁质杂质，用重力分离法除去小块木块、塑料等轻质杂质。

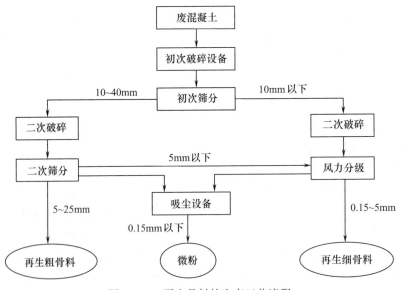

图 7—25 再生骨料的生产工艺流程

（2）再生骨料的性质

①粗糙度。与原生碎石相比，再生粗骨料的表面异常粗糙，再生粗骨料表面附有硬化水泥浆体，凹凸不平，非常不规则。用再生粗骨料拌制混凝土，砂率应比碎石拌制混凝土时提

高 1%～2%。

②吸水率、表观密度。再生骨料的吸水率、表观密度等物理性质与天然骨料不同（见表 7—22）。影响再生骨料吸水率的因素有内部缺陷、表面粗糙程度、粒径和原生混凝土的强度。

表 7—22　　　　　　　　　　　　再生骨料与天然骨料物理性质的对比

类别	骨料种类	原混凝土的水灰比	吸水率/%	表观密度/（t/m³）
细骨料	河沙	—	4.1	1.67
	再生细骨料	0.45	11.9	1.29
		0.55	10.9	1.33
		0.68	11.6	1.30
粗骨料	河卵石	—	2.1	1.65
	再生粗骨料	0.45	6.4	1.30
		0.55	6.7	1.29
		0.68	6.2	1.33

再生骨料表面粗糙、棱角较多，并且骨料表面还包裹着相当数量的水泥砂浆（水泥砂浆孔隙率大、吸水率高），再加上混凝土块在解体、破碎过程中由于损伤积累使再生骨料内部存在大量微裂纹，这些因素都使再生骨料的吸水率增大，这对配制再生混凝土是不利的。有研究结果表明：随着再生骨料颗粒粒径的减小，再生骨料的含水率、吸水率快速增大，密度则降低；粒径相当时，再生骨料的吸水率随原生混凝土强度的提高而显著降低。

再生粗骨料的吸水率随粒径的增大先减小后增大。其原因是，同一种粗骨料各粒级的表面粗糙程度相差不大，粗骨料的吸水率主要受两个因素影响，即骨料的内部缺陷和比表面积。粒径越大，再生粗骨料的内部缺陷（如微裂缝之类）越多，吸水率越大；粒径越小，比表面积越大，吸水率也越大。

骨料表面水泥砂浆的存在使再生骨料的密度和表观密度比普通骨料低。再生粗骨料的表观密度和饱和吸水率与原生混凝土强度有关，原生混凝土强度越高，水泥浆体孔隙越少，再生粗骨料的表观密度越大，饱和吸水率越低。再生粗骨料能在短时间内吸水饱和，10 min 达到饱和程度的 85% 左右，30 min 达到饱和程度的 95% 以上。

③空隙率。再生粗骨料的自然级配可以满足空隙率较小的要求，当不满足时要考虑调整级配。

④压碎指标。原生混凝土强度越高，再生粗骨料压碎指标越低。

（3）再生粗骨料混凝土的性质

①表观密度与和易性。混凝土的和易性是指混凝土拌和物便于施工操作并能施工出均匀密实混凝土的性能，所以也叫施工性。它包括拌合物的流动性、黏聚性和保水性。流动性用塌落度值来评定，黏聚性和保水性主要凭经验观测来评价。

废混凝土骨料（WCA）的表观密度较一般天然骨料（碎石或卵石）低，WCA 较一般天然骨料表面粗糙、孔隙多、比表面积大、吸水率大、用浆量多，与普通混凝土相比，WCA 混凝土拌和物密度小、和易性低，其密度和塌落度减小值随着 WCA 混凝土配合比中 WCA

掺量增加而增大。再生混凝土表观密度降低有利于其在实际工程中的应用，因为混凝土表观密度降低对降低建筑物自重、提高构件跨度有利。同时 WCA 骨料表面粗糙，增大了拌合物在拌和与浇筑时的摩擦阻力，使 WCA 混凝土拌和物的保水性与黏聚性增强。

②强度与弹性模量。影响再生混凝土的强度与弹性模量的因素较多，包括 WCA 的原生混凝土强度（WCA 种类）、搅拌工艺、水灰比（净水胶比）和 WCA 掺量等。

研究表明，再生混凝土的抗压强度略低于普通混凝土。而对于低强度等级的混凝土而言，强度对水灰比的变化是非常敏感的，废混凝土骨料掺量越高，水泥浆体中的实际水灰比越低，再生混凝土的抗压强度就越高。原生混凝土强度越高，再生骨料性能越好，相同配合比条件下得到的混凝土性能越好。

思考与练习

1. 简述我国固体废物的组成和处理原则。

2. 我国工业固体废物的处理技术和资源化途径有哪些？试举例说明。

3. 我国矿业废物处理与资源化面临的主要任务有哪些，如何解决矿业废物堆积量增加和环境保护的矛盾？

4. 我国目前对粉煤灰的利用途径有哪些？试探讨粉煤灰在环保工业上的应用前景。

5. 我国目前对煤矸石的利用途径有哪些，尚存在哪些问题？请就煤矸石的深加工利用提出建议。

第八章

固体废物的处置

本章学习目标

★ 了解固体废物填埋处理的必要性，了解国内外垃圾填埋的有关法规及标准。

★ 了解处置基本要求、处置方法分类。

★ 熟悉土地填埋处置的基本概念、工作程序。

★ 熟悉填埋场的环境监测及后期管理。

★ 掌握土地填埋处置场结构和地下水保护系统的设计过程，掌握处理原理和场地的选择。

★ 掌握垃圾渗滤液的处理方法、工艺流程。

★ 掌握固体废物填埋场的选址要求，掌握垃圾渗滤液、废气等污染控制。

第一节 概 述

对固体废物实行污染控制的目标是尽量减少或避免其产生，并对已经产生的废物实行资源化、减量化和无害化管理。但是，就目前世界各国的技术水平来看，任何先进的污染控制技术都不可能实现对固体废物百分之百的回收利用，最终必将产生一部分无法进一步处理或利用的废物。为了防止日益增多的各种固体废物对环境和人类健康造成危害，需要解决固体废物的处置问题。

一、处置的定义

对于"处置"的概念，不同时期、不同文件其定义也不尽相同，其关键在于与"处理"一词的关系。我国已出版的许多著作认为，"处理"是指通过物理、化学或生物的方法，将废物转化为便于运输、储存、利用和处置形式的过程。换言之，处理是再生利用或处置的预处理过程，而对"处置"的理解基本上等同于最终处置。

《固体废物污染环境防治法》对"处置"的定义为："处置，是指将固体废物焚烧和用其他改变固体废物的物理、化学、生物特性的方法，达到减少已产生的固体废物数量、缩小固体废物体积、减少或者消除其危险成分的活动，或者将固体废物最终置于符合环境保护规定要求的填埋场的活动。"根据这个定义，处置的范围实际上包括了大多数人过去所理解的处理与处置的全部内容。

固体废物处置方法分为陆地处置（或地质处置）和海洋处置两大类。海洋处置分为深海投弃和海上焚烧，目前海洋处置已被国际公约所禁止。陆地处置分为土地耕作、永久储存、土地填埋、深井灌注和深地层处置。目前固体废物处置主要以土地填埋为主，本书也以该法为主进行介绍。

二、固体废物处置的基本原则

固体废物最终处置的目的是使固体废物最大限度地与生物圈隔离，阻断处置场内废物与生态环境相联系的通道，以保证其有害物质不对人类及环境的现在和将来造成不可接受的危害。从这个意义上来说，最终处置是固体废物全面管理的最终环节，它解决的是固体废物最终归宿的问题。固体废物的最终安全处置原则有以下三条：

1. 区别对待、分类处置、严格管理的原则

固体废物种类繁多，危害特性和方式、处置要求及所要求的安全处置年限各有不同。就固体废物最终处置的安全要求而言，可根据所处置的固体废物对环境的危害程度和危害时间进行分类管理，既可有效控制主要污染危害，又能降低处置费用。

2. 将危险废物与生物圈相隔离的原则

固体废物，特别是危险废物和放射性废物，最终处置的基本原则是合理地、最大限度地使其与自然和人类环境隔离，减少有毒有害物质释放进入环境的速率和总量，将其在长期处置过程中对环境的影响降到最低程度。

3. 集中处置原则

《固体废物污染环境防治法》把推行危险废物的集中处置作为防治危险废物污染的重要措施和原则。固体废物实行集中处置，既可节省人力、物力、财力，利于管理，也是有效控制乃至消除危险废物污染危害的重要技术手段。

实际上，要完全做到废物与环境相隔离，阻断废物与环境相联系的通道，绝对不让环境中水分等物质进入处置场而产生渗滤液和废气，或完全阻止产生的渗滤液和气体释放到环境中，这是非常困难的，几乎是不可能的。只能采用各种天然的或工程的措施尽量减少和避免它。

第二节　固体废物的土地填埋处置技术分类

一、按填埋场地形特征分类

（一）惰性填埋法

惰性填埋是土地填埋处置中最简单的一种方法，主要用于将建筑废石等惰性废物直接埋

入地下。

工业废物土地填埋适于处置工业无害废物，因此场地的设计操作原则不如安全土地填埋那样严格，如场地下部土壤的渗透率仅要求为 10^{-5} cm/s。本质上惰性填埋法着重对废物的储存功能，而不在于污染的防治（或阻断）功能。

惰性填埋场所处置的废物都是性质已稳定的废物，因此该填埋方法极为简单。图 8—1所示为惰性填埋场的构造示意图，其填埋所需遵循的基本原则如下：

1. 根据估算的废物处理量，构筑适当大小的填埋空间，并须筑有挡土墙。
2. 于入口处竖立标示牌，标示废物种类、使用期限及管理人。
3. 于填埋场周围设围篱或障碍物。
4. 填埋场终止使用时，应覆盖至少 15 cm 的土壤。

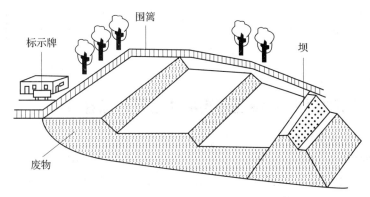

图 8—1　惰性填埋场构造

目前采用较多的是卫生土地填埋和安全土地填埋。

（二）卫生填埋法

卫生土地填埋是处置一般固体废物，而不会对公众健康及环境安全造成危害的一种方法，主要用来处置城市垃圾。

（三）安全填埋法

安全土地填埋是一种改进的卫生土地填埋方法，还称为化学土地填埋或安全化学土地填埋。安全填埋主要用于处理危险废物，因此填埋场地构筑较前两种方法复杂，且对处理人员的操作要求也更加严格。安全填埋法是将危险废物填埋于抗压及双层不透水材质构筑的设有阻止污染物外泄及地下水监测装置的填埋场的一种处理方法。危险废物进行安全填埋处置前需经过稳定化、固化预处理。安全土地填埋对场地的建造技术要求更为严格，例如，衬里的渗透系数要小于 10^{-8} cm/s，浸出液要加以收集和处理，地表径流要加以控制等。安全填埋场构造如图 8—2 所示。

需要强调的是，有些国家要求将废物填埋于具有刚性结构的安全填埋场内，其目的是借助此刚性体保护所填埋的废物，以避免因地层变动、地震或水压、土压等应力作用破坏填埋场，而导致废物的失散及渗滤液的外泄。

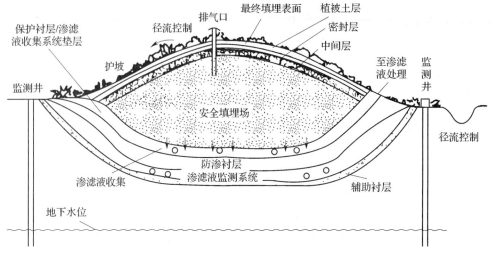

图 8—2　安全填埋场构造

二、按填埋废物类别和填埋场污染防治设计原理分类

（一）自然衰减型填埋场

填埋场的造构分为衰减型填埋场和封闭型填埋场，而处置危险废物的安全填埋场属于封闭型填埋场。一个理想的自然衰减型填埋场的基本结构（剖面）为：填埋底部为黏土层，黏土层之下为含砂水层，含砂水层下为基岩。

（二）全封闭型填埋场

全封闭型填埋是将废物和渗滤液与环境隔绝开，将废物安全保存相当一段时间（数十甚至上百年）。这类填埋场通常利用地层结构的低渗透性或工程密封系统，来减少渗滤液产生量和通过底部渗入蓄水层的渗滤液量，将对地下水的污染减少到最低限度，并对所收集的渗滤液进行妥善处理处置，认真执行封场及善后管理，从而达到使处置的废物与环境隔绝的目的。

全封闭填埋场的基础、边坡和顶部均需设置由黏土或合成膜衬层，或两者兼备的密封系统，且底部密封一段为双衬层密封系统，并在顶部安装入渗水收排系统（SLCR），底部安装渗滤液收集主系统（LCRS）和渗漏渗滤液检测收排系统（LDCR）。在这类填埋场内，整个衰减过程是在废物中进行的，这些过程通常能减少渗滤液的有机负荷。在某些情况下，特别是含有难降解废物时，渗滤液的负荷也可以有所降低。

（三）半封闭型填埋场

这种类型填埋场的设计概念实际上介于自然衰减型填埋场和全封闭型填埋场之间。半封闭型填埋场的顶部密封系统一般要求不高，而底部一般设置单密封系统，并在密封衬层上设置渗滤液收排系统。大气降水仍会部分进入填埋场，而渗滤液也可能部分泄漏进入土层和地下含水层，特别是只采用黏土衬层时更是如此。但是，由于大部分渗滤液可被收集排出，通过填埋场底部渗入下黏土层和地下含水层的渗滤液量显著减少，下黏土层的屏障作用可使污染物的衰减作用更为有效。

第三节　卫生填埋场的选址与环境影响评价

场址的选择是卫生填埋场规划设计的第一步，主要遵循防止污染的安全原则和经济合理原则。安全原则是填埋场选址的基本原则，填埋场建设中和使用后应对整个外部环境影响最小，不能使场地周围的水、大气、土壤环境发生恶化。经济原则是指填埋场从建设到使用过程中，单位垃圾的处理费用最低，垃圾填埋场使用后资源化价值最高。选址必须以场地详细调查、工程设计和费用研究、环境影响评价为基础。

一、卫生填埋场的选址

（一）填埋场场址应服从总体规划

卫生填埋场的建设规模应与城市建设规模和经济发展水平相一致，其场址的选择应服从城市总体规划，符合城市区域环境总体规划的要求，符合城市环境卫生发展规划的要求。填埋场对环境不应产生影响，或虽影响周围环境但不超过国家相关现行标准的规定。填埋场应与当地的大气保护、水土资源保护、大自然保护及生态平衡要求相一致。

（二）场址应满足一定的库容量要求

一般填埋场合理使用年限不少于 10 年，特殊情况下不少于 8 年。应选择填埋库容量大的场址，单位库区面积填埋容量越大，单位库容量投资越小，投资效益好。

库容是指填埋场用于填埋垃圾的场地体积大小。应充分利用天然地形以增大填埋容量。填埋城市生活垃圾应在计划的指导下进行，填埋计划和填埋进度图也是填埋设计的重要文件。依据填埋进度图可计算出填埋场每阶段的总填埋量，基于设计的平面图，每一等高线用求积仪测出面积，平均面积乘以等高线的高度即可求得填埋容量，也可由横断面图求得。

填埋场使用年限是填埋场从填入垃圾开始至填埋垃圾封场的时间。从理论上讲，填埋场使用年限越长越好，但考虑填埋场的经济性、填埋场地形的可能性以及填埋场终场利用的可行性，填埋场使用年限的确定必须在选址和计划时就考虑到，以利于满足废物综合处理长远发展规划的需要。土地要易于征得，而且尽量使征地费用最少，以有利于二期工程或其他后续工程的新建使用。

对于山谷型填埋场，垃圾的沉降对填埋库容有很大的影响，一般把由于沉降而产生的库容折算成垃圾容重。如刚刚填埋的垃圾，在充分压实的条件下，容重可能达到 $1\ t/m^3$，若考虑沉降，在计算总库容时，可以把垃圾容重折算为 $1.2\sim1.3\ t/m^3$。

填埋体垃圾的初始密度因填埋操作方式、废物组成、压实程度等因素不同而异，一般为 $300\sim800\ kg/m^3$。在最终填埋之前，垃圾的分类收集、有用物质的回用将有效延长填埋场的使用年限，并对垃圾压实密度产生重要影响。

【例 8—1】　分类收集对填埋体垃圾压实密度的影响

根据我国部分城市生活垃圾组成，现以 1 t 混合垃圾的填埋量为例，比较分类收集对填埋体垃圾密度的影响。分类收集对填埋体垃圾密度的影响见表 8—1。

表 8—1　　　　　　　　　　　　　分类收集对填埋体垃圾密度的影响

垃圾组分	组分含量/kg	丢弃时的体积/m³	压实系数	压实后的填埋体积/m³
厨余	512.5	2.61	0.30	0.783
果皮	128.0	1.39	0.20	0.278
纸类	87.7	0.81	0.18	0.145 8
塑料	104.8	1.12	0.12	0.134 4
纤维	19.0	0.135	0.18	0.024 3
竹木	12.7	0.09	0.33	0.029 7
绿化垃圾	45.5	0.315	0.25	0.078 75
玻璃	51.5	0.36	0.50	0.18
金属类	7.30	0.045	0.30	0.013 5
砖石渣土	13.7	0.135	0.80	0.108
其他	17.3	0.135	0.30	0.040 5
总计	1 000	7.145		1.815 95

【解】（1）未经分类收集，直接混合填埋时的垃圾压实密度为

$$\rho_{混合} = m/V = 1\ 000\ \text{kg}/1.815\ 95\ \text{m}^3 \approx 550.7\ \text{kg/m}^3$$

（2）假定上述垃圾中，纸类的 50%、塑料的 30%、玻璃的 80%、金属类的 60% 可经分类回收后加以利用，则待填埋的垃圾质量变为

$$m = 1\ 000\ \text{kg} - (87.7 \times 0.5 + 104.8 \times 0.3 + 51.5 \times 0.8 + 7.3 \times 0.6)\ \text{kg} = 879.13\ \text{kg}$$

需要的填埋容积为

$$V = 1.815\ 95\ \text{m}^3 - (0.145\ 8 \times 0.5 + 0.134\ 4 \times 0.3 + 0.18 \times 0.8 + 0.013\ 5 \times 0.6)\ \text{m}^3$$
$$= 1.550\ 63\ \text{m}^3$$

因此，经分类回收后，填埋体的压实密度为

$$\rho_{分类} = m/V = 879.13\ \text{kg}/1.550\ 63\ \text{m}^3 \approx 566.95\ \text{kg/m}^3$$

（3）$\Delta\rho = \rho_{分类} - \rho_{混合} = 566.95\ \text{kg/m}^3 - 550.7\ \text{kg/m}^3 = 16.25\ \text{kg/m}^3$

$$\Delta\rho\% = 16.25\ \text{kg/m}^3/550.7\ \text{kg/m}^3 \times 100\% \approx 2.95\%$$
$$\Delta V = 1.815\ 95\ \text{m}^3 - 1.550\ 63\ \text{m}^3 = 0.265\ 30\ \text{m}^3$$
$$\Delta m = 1\ 000\ \text{kg} - 879.13\ \text{kg} = 120.87\ \text{kg}$$

由以上比较可知，1 t 初始的混合垃圾，分类收集后，填埋体内的压实密度增加了 2.95%，既节省了 0.265 30 m³ 的填埋空间，又可获得 120.87 kg 的有用组分。

对于长而窄、两头开口的山沟，虽然库容量也可满足要求，但大大增加了临时作业支线，填埋设备使用效率低，管理不便，因此应该谨慎使用。

目前，国际上正在开展"高维填埋"技术的研究和应用。"高维填埋"就是在常规的生活垃圾填埋高度上，根据地形和生活垃圾本身的特性，改进传统的填埋工艺，使生活垃圾的填埋高度大于常规设计中允许的高度。如上海市老港填埋场四期工程，根据该场软土地基的特性，一般认为生活垃圾的填埋高度在 23 m 左右。然而，通过排水人工隔网、垂直防渗等应用，地基的承受能力可以明显提高，最终确定的填埋高度在 42 m 以上。

填埋场库容和面积的设计除考虑废物的数量外，还与废物的填埋方式、填埋高度、废物的压实密度、覆盖材料的比率等因素有关。一般情况下，城市生活垃圾填埋场的使用年限以 15~25 年为宜。如果以当地土壤为覆盖材料，则垃圾与覆土材料之比为 4：1~5：1。压实后的垃圾容重为 500~800 kg/m³。因此，垃圾卫生填埋场的容积可用下式计算：

$$V = 365WP/D + C$$
$$A = V/H$$

式中　V——垃圾的年填埋体积，m³；

　　　W——垃圾的产率，kg/（人·天）；

　　　P——城市人口数量，人；

　　　D——填埋后垃圾的压实密度，kg/m³；

　　　C——覆土体积，m³；

　　　A——每年需要的填埋面积，m²；

　　　H——填埋高度，m。

【例 8—2】　计算一个接纳 5 万城市居民所排生活垃圾的卫生填埋场的容量和面积。已知每人每天产生垃圾 2.5 kg，且垃圾以 5% 的年增长率递增。覆土与垃圾之比为 1：4，填埋后废物的压实密度为 650 kg/m³，填埋高度为 7.5 m，填埋场设计运营 20 年。

【解】　垃圾的年填埋体积为

$$V = 365WP/D + C$$
$$= 365 \times 2.5 \times 50\ 000/\ 650\ m^3 + 365 \times 2.5 \times 50\ 000 \times 0.25/650\ m^3 \approx 87\ 740\ m^3$$

20 年的总填埋容量为

$$V_{总} = V \times \sum_{i=0}^{19} (1 + 0.05)^i = 87\ 740\ m^3 \times 33.066 = 2.90 \times 10^6\ m^3$$

所需的垃圾填埋面积为

$$A = V_{总}/H = 2.90 \times 10^6\ m^3/7.5\ m \approx 3.87 \times 10^5\ m^2$$

（三）地形、地貌及土壤条件

场地地形地貌决定了地表水，同时也决定了地下水的流向和流速。废物运往场地的方式也需要进行地貌评价才能确定。一个与较陡斜坡相连的水平场地会聚集大量的地表径流和潜层径流，地表水和潜层水文条件的研究将有助于这种情况的评价，也有助于评价地表水导流系统的必要性和类型。场地的坡度应有利于填埋场施工和其他建筑设施的布置，不宜选在地形坡度起伏较大的地方和低洼汇水处。原则上地形的自然坡度应不大于 5%，场地内有利地形范围应满足使用年限内可预测的固体废物的产量，应有足够的可填埋作业的容积，并留有余地。应利用现有自然地形空间，将场地施工土方量减至最小。应对选定场址周围的环境进行充分调查，其中包括场址及周围地区的地形、周围地区的土地处置情况、现有的排水系统及今后的布局、植被生长情况、建筑和道路情况等。

（四）水文和气象条件

要全面了解当地详细的水文和气象条件，如地表水及地下水的流向和流速、地下水埋深及补给情况、地下水水质、现有排水系统的容量、对附近水源保护区的影响、降水量、蒸发量、风向及风速等。场地基础应位于地下水（潜水或承压水）最高丰水位标高至少 1 m 以上（参照德国标准），且应位于地下水主要补给区范围之外。场地应位于地下水的强径流带之外，场地内地下水的主流向应背向地表水域。场址不应选在渗透性强的地层或含水层之上，应位于含水层的地下水水力坡度的平缓地段。场址的选择应确保地下水的安全，应设有保护地下水的严密的技术措施。

场址应避开高寒区，其蒸发量大于降水量。场址不应位于龙卷风和台风经过的地区，宜设在暴风雨发生率较低的地区。场址宜位于具有较好的大气混合扩散作用的下风向，白天人口不密集地区。寒冷、潮湿、冰冻等气候条件将影响填埋场的作业，要根据具体情况采取相应的措施。这些条件直接影响渗滤液的产生，进而影响填埋场构造的选择与设计。

（五）对地表水域的保护

所选场地必须在百年一遇的地表水域的洪水标高泛滥区之外，或历史最大洪泛区之外，要避开湿地，与可航行水道没有直接的水利联系，同时远离供水水源，避开湖、溪、泉。场地的自然条件应有利于地表水排泄，避开滨海带和洪积平原。填埋场场址的选择必须考虑其位置应该在湖泊、河流、河湾的地表径流区，最佳的场址是在封闭的流域内，这对地下水资源造成危害的风险最小。填埋场不应设在专用水源蓄水层与地下水补给区、洪泛区、淤泥区、距居民区或人畜供水点 500 m 以内的地区、填埋区直接与河流和湖泊相距 50 m 以内的地区。填埋场场址与河岸、湖泊、沼泽的距离宜大于 1 000 m，与河流相距至少 600 m。

（六）对居民区的影响

场地至少应位于居民区 500 m 以外或更远，最好位于居民区的下风向，保证运输或作业期间废物飘尘及臭气不影响当地居民，同时应考虑到作业期间的噪声应符合居民区的噪声标准。

（七）对场地地质条件的要求

场址应选在渗透性弱的松散岩石或坚硬岩层的基础上，天然地层的渗透性系数最好能达到 10^{-8} m/s 以下，并具有一定厚度。基岩完整，抗溶蚀能力强，覆盖层越厚越好。场地基础岩性应对有害物质的运移、扩散有一定的阻滞能力，最好为黏滞土、砂质黏土以及页岩、黏土岩或致密的火成岩。场地应避开断层活动带、构造破坏带、褶皱变化带、地震活动带、石灰岩溶洞发育带、废弃矿区或坍塌区、含矿带或矿产分布区以及地表为强透水层的河谷区或其他沟谷分布区。

（八）场址周围应有相当数量的土石料

所选场地附近，用于天然防渗层和覆盖层的黏土及用于排水层的砂石等应有充足的可采量和质量来保证能达到施工要求。黏土的 pH 和离子交换能力越大越好，同时要求土壤易于压实，使土具有充分的防渗能力。填埋场的覆土量一般为填埋场库区库容量的 10%～20%，并且土源宜为黏土或黏质土。城市附近土地紧张，应尽量利用丘陵或高阶台地上的冲积、残积及风化土，以减少侵占农田。土料应尽量在填埋场附近选择，以降低成本，但不宜破坏场区内可作为天然衬里的黏性土。

（九）场址应交通方便、运距合理

场址交通应方便，具有能在各种气候条件下运输的全天候公路，宽度合适，承载力适宜，尽量避免交通堵塞。垃圾填埋处理费用当中 60%～90% 为垃圾清运费，缩短清运距离可明显降低垃圾处理费。以目前城市较为普遍采用的垃圾清运车为例，运距每缩短 1 km，每吨垃圾即可减少 0.15 L 的耗油量，车辆周转时间可缩短 1 min。因此，场址选择应综合评价场址征地费用和垃圾运输费用，择其最低费用者为优选场址。

如果一座城市只建设一个卫生填埋场，该填埋场与城市生活垃圾的产生源重心距离最好不超过 15 km。否则，要增设大型垃圾压缩中转站，以提高单位车辆的运输效率，或者分散建设几个填埋场。

二、填埋场总体设计

（一）工程设计内容

工程设计的主要内容包括土建工程（包括挖、填土方，场地平整，堤坝、道路、房屋建筑等），防渗工程，渗滤液导排及污水处理工程，填埋气体导排与处理工程，垃圾接收、计量和监控系统，填埋作业机械与设备，填埋场基础设施（包括供电、给排水、通信等），环境监测设施，沼气发电自备电站工程，封场及生态修复工程及其他（如卫生、安全等）。

（二）总体设计内容

1. 填埋场工程

卫生填埋场主要包括垃圾填埋区、垃圾渗滤液处理区（简称污水处理区）和生活管理区三部分。随着填埋场资源化建设总目标的实现，它还将包括综合回收区。

卫生填埋场的建设项目可分为填埋场主体工程与装备，配套设施和生产、生活服务设施三大类。

（1）填埋场主体工程与装备

填埋场主体工程与装备包括场区道路，场地整治，水土保持，防渗工程，坝体工程，洪雨水及地下水导排，渗滤液收集、处理和排放，填埋气体导出及收集利用，计量设施，绿化隔离带，防飞散设施，封场工程，监测井及填埋场压实设备、推铺设备、挖运土设备等。

（2）配套设施

配套设施包括进场道路（码头）、机械维修、供配电、给排水、消防、通信、监测化验、加油、冲洗、洒水等设施。

（3）生产、生活服务设施

生产、生活服务设施包括办公设施、宿舍、食堂、浴室、交通设施、绿化等。

进行填埋场设计时，首先应进行填埋场地的初步布局，勾画出填埋场主体及配套设施的大致方位，然后根据基础资料确定填埋区容量、占地面积及填埋区构造，并做出填埋作业的年度计划表。分项进行渗滤液控制、填埋气体控制、填埋区分区、防渗工程、防洪及地表水导排、地下水导排、土方平衡、进场道路、垃圾坝、环境监测设施、绿化以及生产生活服务设施、配套设施的设计，提出设备的配置表，最终形成总平面布置图，并提出封场的规划设计。垃圾填埋场由于所处的自然条件和垃圾性质的不同，如山谷型、平原型、滩涂型，其堆高、运输、排水、防渗等各有差异，工艺上也会有一些变化，这些外部的条件造成填埋场的投资和运营费用相差很大，需精心设计。填埋场总体设计思路如图 8—3 所示。

2. 规划布局

在填埋场布局规划中，需要确定进出场地的道路、计量间、生产及生活服务基地、停车场的位置以及用于进行废物预处理的场地面积（如分选、堆肥场地和固化稳定化处理场

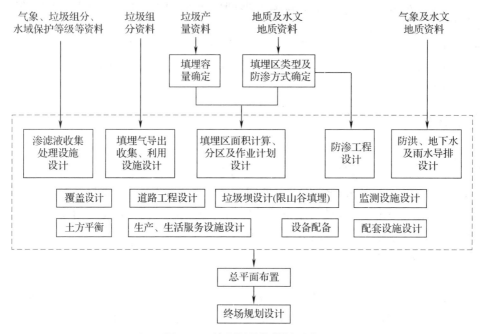

图 8—3 填埋场总体设计思路

地），确定填埋场场地的面积和覆盖层物料的堆放场地，确定排水设施、填埋场气体管理设施、渗滤液处理设施、监测井、绿化带的位置等。

填埋场的规划布局应考虑以下几个原则：

（1）应充分考虑选址处地形、地质，因地制宜地确定进出场道路和填埋区位置。

（2）应合理节约土地，按照功能分区布置，以满足生产、生活和办公需要。

（3）渗滤液处理设施及填埋场气体管理设施应尽量靠近填埋区，便于流体输送。

（4）生产、生活服务基地应尽量位于填埋区的上风向，避免臭气等污染影响工作人员。

（5）填埋区四周应设置绿化隔离带。

（6）应根据相关标准规定布置本底井、污染扩散井和污染监视井的位置。

（7）如果必要的话，预留生活垃圾分选或焚烧场地。

3. 填埋场构造及填埋方式

根据填埋废物类别、场址地形地貌、水文地质和工程地质条件以及法规要求，确定填埋场的构造和填埋方式，考虑的重点包括填埋场构造、渗滤液控制设施、填埋场气体控制设施和覆盖层结构。

（1）填埋场构造

按照地质和水文地质调查的结果，在拟定的填埋场场地钻孔岩心取样获得完整的地质剖面，确定地下水（包括潜水和承压水）水位的标高，分析场地的地下水流向以及是否有松散含水层或者基岩含水层，并确定是否与填埋场场地有水力联系，确定应该采用的填埋场结构类型及使用的防渗系统。卫生填埋场构造如图 8—4 所示。

（2）填埋区单元划分

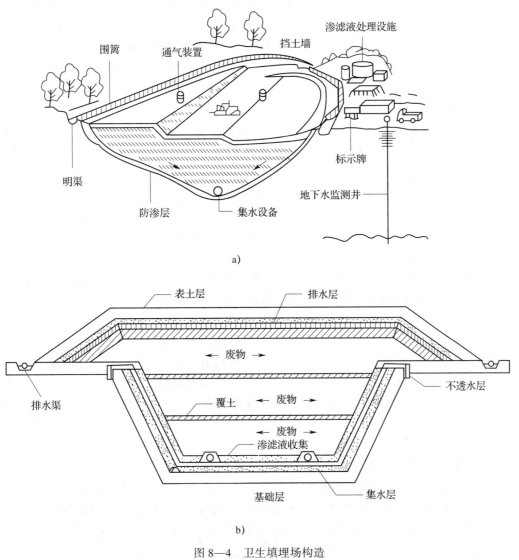

图 8—4　卫生填埋场构造

a）构造图　b）剖面结构图

　　填埋作业单元的划分对填埋工艺、渗滤液收集与处理、沼气导排、垃圾的压实和覆盖等内容都有影响，并与填埋作业过程所用机械设备的性能有关。理论上每个填埋单元越小，对周围环境影响越小，但是工程费用也相应增加，所以应该合理划分作业单元。

　　（3）防渗设施

　　在填埋场设计中，衬层的处理是一个关键问题。衬层类型取决于当地的工程地质和水文地质条件。通常，为保证填埋场渗滤液不污染地下水，填埋场必须加设合适的防渗层，除非在干旱地区能确保不污染地下水时，则可以例外。

　　（4）选择气体控制设施

　　处置含有可降解有机固体废物或挥发性污染物的填埋场，必须设置填埋场气体的收集和处理设施，以控制填埋场气体的迁移和释放。为确定气体收集系统的大小和处理设施，必须确定填埋场气体的产生量，而填埋场气体的产生量又与填埋场的作业方式有关（如是否使用渗滤液回灌系统），故必须分析几种可能的工况。水平气体收集井与垂直气体收集井的选用，取决于填埋场设计方案和填埋场的容量。对收集到的填埋场气体的利用，取决于填埋场的容量和能量的可利用性。

（5）选择填埋场覆盖层结构

填埋场的覆盖层通常由几层构成，每一层都有其功能。覆盖层结构取决于填埋场的地理位置和当地的气候条件。为了便于快速排泄地表降雨，并不致造成表面积水，最终覆盖层的表面应有2%~4%的坡度。

4. 地表排水设施

地表排水系统设计应包括降雨排水道的位置设计，地表水道、沟谷和地下排水系统的位置设计，确定是否需要暴雨储存库（取决于填埋场的位置和结构以及地表水特征）。

5. 环境监测设施

填埋场监测设施主要是填埋场地上下游的地下水水质和周围环境气体的监测设施。监测设施的多少取决于填埋场的大小、结构以及当地对空气和水的环境质量要求。

6. 基础设施

填埋场基础设施主要包括：①填埋场出入口；②运转控制室，所有进出填埋场的车辆都必须进行控制和记录；③库房填埋场，使用的物件应有专门的堆放场所；④车库和设备车间；⑤设备和载运设施清洗间；⑥废物进场记录；⑦地衡设施；⑧场地办公及生活福利用房；⑨其他行政用房；⑩场内道路；⑪围墙及绿化设施；⑫公用设施，卫生填埋场应有水、电和卫生设备等。

7. 终场规划

填埋场的终场规划应是填埋最初设计的一部分，而不是填埋完成后再予考虑的事项。在规划填埋场时，必须决策填埋场的最终使用或后期使用，该最终或后期使用将影响填埋操作及填埋场程序管理。此外，还要对后期使用的总费用和预期的效益予以评估。如果这些费用过高，那么必须修正后期使用的决定，因此，填埋终场利用在填埋一开始时就成了规划步骤中的一个组成部分。

当作业单元填埋厚度达到设计厚度后，可进行临时封场，在其上面覆盖45~50 cm厚的黏土，并均匀压实，还可以再加15 cm厚营养土，种植浅根植物。最终封场覆土厚度应大于1 m。卫生填埋场最后封场应在填埋场上覆盖黏土或人工合成材料，黏土渗透系数应小于$1.0×10^{-7}$ cm/s，厚度为20~30 cm；其上再覆盖20~30 cm的自然土，并均匀压实。最终封场后至少3年内（即不稳定期）不得进行任何方式的使用，并要进行封场监测，注意防火防爆。

填埋场使用结束后，要视其今后规划的使用要求而决定最终封场要求。封场应考虑地表水径流、排水防渗、覆盖层渗透性和填埋气体对覆盖层的顶托力等因素，使最终覆盖层安全长效。填埋场封场后通常作绿地、休闲用地、高尔夫球场、园林等，亦可作建材预制件、无机物堆放场等。

三、填埋工艺

垃圾运输进入填埋场，经地衡称重计量，再按规定的速度、线路运至填埋作业单元，在管理人员的指挥下，进行卸料、推平、压实并覆盖，最终完成填埋作业。其中推铺由推土机操作，压实由垃圾压实机完成。每天垃圾作业完成后，应及时进行覆盖操作，填埋场单元操作结束后应及时进行终场覆盖，以利于填埋场地的生态恢复和终场利用。此外，根据填埋场的具体情况，有时还需要对垃圾进行破碎和喷洒药液。生活垃圾卫生填埋典型工艺流程如图8—5所示。

由于填埋区的构造不同，不同填埋场采用的具体填埋方法也不同。比如地下水位较高的平原地区一般采用平面堆积法填埋垃圾，山谷型的填埋场可采用倾斜面堆积法，地下水位较低的平原地区可采用掘埋法，沟壑、坑洼地带的填埋场可采用填坑法填埋垃圾。实际上，填埋方法均由卸料、推铺、压实和覆土四个步骤构成。

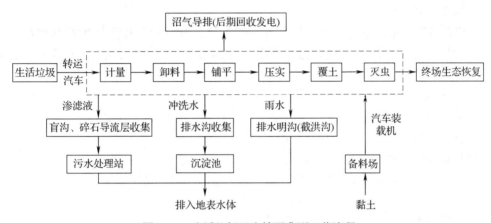

图8—5　生活垃圾卫生填埋典型工艺流程

（一）卸料

采用填坑作业法卸料时，往往设置过渡平台和卸料平台。而采用倾斜面作业法时，则可直接卸料。

（二）推铺

卸下垃圾的推铺由推土机完成，一般每次垃圾推铺厚度达到30~60 cm时，进行压实。

（三）压实

压实是填埋场填埋作业中一道重要的工序，填埋垃圾的压实能有效地增加填埋场的填埋容量，延长填埋场的使用年限及对土地资源的开发利用；能增加填埋场强度，防止坍塌，并能阻止填埋场的不均匀性沉降；能减少垃圾空隙率，有利于形成厌氧环境，减少渗入垃圾层中的降水量及蝇、蛆的滋生，也有利于填埋机械在垃圾层上的移动。因此，填埋垃圾的压实是卫生填埋过程中一个必不可少的环节。

垃圾压实的机械主要为压实机和推土机。一般情况下，一台压实机的作业能力相当于2~3台推土机的工作效能，其在国外大型填埋场已得到广泛使用。在填埋场建设初期，国内较多填埋场用推土机代替专用压实机，压实密度较小，为得到较大的压实密度，国内垃圾填埋场也正在逐步采用垃圾压实机和推土机相结合的方式来实施压实工艺。

（四）覆土

卫生填埋场与露天垃圾堆放场的根本区别之一就是卫生填埋场的垃圾除了每日用一层土或其他覆盖材料覆盖以外，还要进行中间覆盖和最终覆盖。日覆盖、中间覆盖和终场覆盖的功能各异，对覆盖材料的要求也不相同。

1. 日覆盖的作用

（1）改善道路交通。

（2）改进景观。

（3）减少恶臭。

（4）减少风沙和碎片（如纸、塑料等）。

（5）减少疾病通过媒介（如鸟类、昆虫和鼠类等）传播的危险。

（6）减少火灾危险等。

2. 中间覆盖的作用

中间覆盖常用于填埋场的部分区域需要长期维持开放（两年以上）的特殊情况，要求覆盖材料的渗透性能较差，一般选用黏土等进行中间覆盖，覆盖厚度为 30 cm 左右。它的作用如下：

（1）防止填埋气体无序排放。

（2）防止雨水下渗。

（3）将层面上的降雨排出填埋场外等。

3. 终场覆盖的作用

终场覆盖是填埋场运行的最后阶段，也是最关键的阶段，其功能如下：

（1）减少雨水和其他外来水渗入填埋场内。

（2）控制填埋场气体从填埋场上部释放。

（3）抑制病原菌的繁殖。

（4）避免地表径流水的污染，避免垃圾的扩散。

（5）避免垃圾与人和动物的直接接触。

（6）提供一个可以进行景观美化的表面。

（7）便于填埋土地的再利用等。

日覆盖、中间覆盖和最终覆盖的时间和覆盖层厚度见表8—2。

表8—2   日覆盖、中间覆盖和最终覆盖的时间和覆盖层厚度

填埋层	各层最小厚度/cm	填埋时间/d	填埋层	各层最小厚度/cm	填埋时间/d
日覆盖层	15	0~7	最终覆盖层	60	>365
中间覆盖层	30	7~365			

卫生填埋场的终场覆盖系统由多层组成，主要分为两部分：第一部分是土地恢复层，即表层；第二部分是密封工程系统，自上至下由保护层、排水层、防渗层和排气层组成。

（五）灭虫

当填埋场温度条件适宜时，幼虫在垃圾层被覆盖之前就能孵出，以致在倾倒区附近出现

较多苍蝇。苍蝇受到不同温度、湿度、照度的影响，会呈现出不同的活跃性。照度在 75 lx 以下，苍蝇不活动；照度近 100 lx，苍蝇开始活动。相对湿度增大至 90% 时，苍蝇只能伏地飞行。温度高达 32℃ 以上时，苍蝇活动量也减弱。填埋场的蝇密度以新鲜垃圾处为最多，应作为灭蝇的重点。

蝇密度在季节变化中，以 6 月份最高，以后急剧下降，10 月份蝇密度有所增加，以后蝇密度随着温度降低而下降，1 月份最低，2~5 月份逐渐上升。灭蝇药物中混剂相对于单剂具有明显的增效作用，但药物的使用会给环境带来一定的污染，因此需掌握药物传播途径，正确使用药剂，控制药剂污染，尽可能减少药剂使用。喷雾型机械适宜于野外作业，而烟雾型机械一般适用于室内的灭蝇工作。

应该认真执行填埋工艺，垃圾的压实、覆盖可有效地降低蝇密度，并且在填埋场针对性地种植一些驱蝇诱蝇植物，可减少填埋场的灭蝇用药量，防止苍蝇向周边扩散。

四、场底防渗系统

场底防渗系统是垃圾填埋场最重要的组成部分，可通过在填埋场底部和周边铺设低渗透性材料建立衬层系统，以阻隔填埋气体和渗滤液进入周围的土壤和水体产生污染，并防止地下水和地表水进入填埋场，有效控制渗滤液产生量。填埋场场底防渗系统通常包括渗滤液收排系统、防渗系统（层）和保护层、过滤层等。应根据场底的工程地质和水文地质等条件选择合适的防渗材料，为保证防渗系统的质量，在铺设场底防渗系统之前应进行场地处理。

（一）场地处理

为避免填埋场库区地基在垃圾堆积后产生不均匀沉降，保护复合防渗层中的防渗膜，在铺设防渗膜前必须对场底、山坡等区域进行处理，包括场地平整和清除石块等坚硬物体等。

为防止水土流失和避免二次清基、平整，填埋场的场地平基（主要是山坡开挖与平整）不宜一次性完成，而是应与膜的分期铺设同步，采用分层实施的方式。因为在南方地区，裸露的土层会自然长出杂草，且容易受山洪水的冲刷，造成水土流失。

平整原则为清除所有植被及表层耕植土，确保去除所有软土、有机土和其他所有可能降低防渗性能和强度的异物，堵塞所有裂缝和坑洞，并配合场底渗滤液收集系统的布设，使场底形成相对整体坡度，以≥2%的坡度坡向垃圾坝。同时，还要求对场底进行压实，压实度不小于 90%。

（二）场底防渗系统

填埋场主要通过在填埋场的底部和周边建立衬层系统来达到密封的目的。填埋场衬层系统通常从上至下可依次包括过滤层、排水层（包括渗滤液收集系统）、保护层和防渗层等。

1. 防渗层

防渗层的功能是通过铺设渗透性低的材料来阻隔渗滤液，防止其迁移到填埋场之外的环境中，同时也可以防止外部的地表水和地下水进入填埋场中。防渗层的主要材料有天然黏土矿物，如改性黏土、膨润土；人工合成材料，如柔性膜；天然与有机复合材料，如聚合物水泥混凝土（PCC）等。

2. 保护层

保护层的功能是对防渗层提供合适的保护，防止防渗层受到外界影响而被破坏，例如，防止石料或垃圾刺穿上表面，防止应力集中造成膜破损，防止黏土等矿物质受侵蚀等。

3. 排水层

排水层的作用是及时将被阻隔的渗滤液排出，减轻对防渗层的压力，减少渗滤液的外渗可能性。

4. 过滤层

过滤层的作用是保护排水层，过滤掉渗滤液中的悬浮物和其他固态、半固态物质，防止这些物质在排水层中积聚，造成排水系统堵塞，使排水系统效率降低或完全失效。

填埋场衬层系统的选择对于填埋场设计至关重要。选择填埋场衬层系统应考虑以下因素：环境标准和要求，场区地质、水文、工程地质条件，衬层系统材料来源，废物的性质及与衬层材料的兼容性，施工条件，经济可行性。

衬层系统的选择过程很复杂，为了设计建设适用的衬层系统，必须进行大量研究。衬层系统的最初选择过程应包括环境风险评价，应根据衬层系统的不同结构设计和填埋场场区条件，如非饱和带岩性和地下水埋深等，运用风险分析方法确定填埋场释放物对环境的影响，从而选择合理的衬层系统。

如果填埋场场底低于地下水位，则衬层设计应考虑地下水渗入填埋场的可能性及对渗滤液产生量的影响，控制因地下水位上升而对衬层系统施加的上升压力以及地下水的长期影响。

一般而言，衬层系统不应只依靠单级别保护。在某些环境中，由于场区地层具有低渗透性，地质屏障系统本身提供了一定的保护，这时就可以降低对密封屏障系统的要求，减少所需的额外保护。而在另一些环境中，衬层系统则必须包含多级别的保护，例如，在没有地下水的地方，可采用单层压实黏土衬层；而在必须对渗滤液和填埋场气体进行控制的场地，则需要使用复合防渗系统，并加上合适的排水系统和土壤防护系统。

（三）填埋场防渗材料

用于填埋场防渗衬层的材料可分为无机天然防渗材料、天然与有机复合防渗材料、人工合成有机材料三大类。

1. 无机材料

无机材料主要有黏土、亚黏土等。在有条件的地区，黏土衬层较为经济，曾被认为是垃圾填埋场唯一的防渗衬层材料，目前在填埋场中仍被广泛采用。在实际工程中，可将黏土加以改性后作防渗层材料。天然黏土和人工改性黏土是构筑填埋场结构的理想材料，但严格地说，黏土只能延缓渗滤液的渗漏，而不能阻止渗滤液的渗漏，除非黏土的渗透性极低且有较大的厚度。

2. 天然黏土

天然黏土单独作为防渗材料必须符合一定的标准，黏土的选择主要根据现场条件下所能达到的压实渗透系数来确定。在最佳湿度条件下，当被压实到 90%～95% 的最大普氏干密度时，渗透性很低（通常为 101 cm/s 或更小）的黏土可以作为填埋场衬层材料。

3. 人工合成有机材料

人工合成有机材料包括塑料卷材、橡胶等，这类人工合成有机材料通常称为柔性膜。常用的柔性膜中最重要的是高密度聚乙烯（HDPE），其渗透系数达到 10^{-12} cm/s，甚至更低，是应用最为广泛的填埋场防渗柔性膜材料。部分柔性膜材料的物理特性见表 8—3。

表 8—3　　　　　　　　　　　　　部分柔性膜材料的物理特性

项目	密度/（g/cm³）	热膨胀系数	抗拉强度/MPa	抗穿刺强度/Pa
高密度聚乙烯	>0.935	1.25×10^{-5}	33.08	245
氯化聚乙烯	1.3~1.37	4×10^{-5}	12.41	98
聚氯乙烯	1.24~1.3	4×10^{-5}	15.16	1 932

（四）垂直防渗系统

填埋场的垂直防渗系统是根据填埋场的工程、水文地质特征，利用填埋场基础下方存在的独立水文地质单元、不透水或弱透水层等，在填埋场一边或周边设置垂直的防渗工程（如防渗墙、防渗板、注浆帷幕等），将垃圾渗滤液封闭于填埋场中进行有控导出，防止渗滤液向周围渗透污染地下水，防止填埋场气体无控释放，同时也有阻止周围地下水流入填埋场的功能。

垂直防渗系统在山谷型填埋场中应用较多（如国内的杭州天子岭，南昌麦园，长沙、贵阳、合肥等垃圾填埋场），这主要是由于山谷型填埋场大多数具备独立的水文地质单元条件。垂直防渗系统在平原区填埋场中也有应用，但应用时必须十分谨慎。垂直防渗系统可以用于新建填埋场的防渗工程，也可以用于老填埋场的污染治理工程。尤其对不准备清除已填垃圾的老填埋场，其基底防渗是不可能的，此时周边垂直防渗就特别重要。

根据施工方法的不同，通常采用的垂直防渗工程有土层改性法防渗墙、打入法防渗墙和工程开挖法防渗墙等。

（五）水平防渗系统

水平防渗系统是在填埋场场底及其四壁基础表面铺设防渗衬层（如黏土、膨润土、人工合成防渗材料等），将垃圾渗滤液封闭于填埋场中进行有控导出，防止渗滤液向周围渗透污染地下水，防止填埋场气体无控释放，同时也有阻止周围地下水流入填埋场的功能。根据防渗材料来源的不同，可将水平防渗系统分为天然防渗系统和人工防渗系统。

1. 人工防渗系统的分类

人工防渗是指采用人工合成有机材料（柔性膜）与黏土结合作防渗衬层的防渗方法。根据填埋场渗滤液收集系统、防渗系统和保护层、过滤层的不同组合，人工防渗系统一般可分为单层衬层防渗系统、单复合衬层防渗系统、双层衬层防渗系统和双复合衬层防渗系统，如图 8—6 所示。

（1）单层衬层防渗系统

此种防渗系统只有一层防渗层，其上是渗滤液收集系统和保护层，必要时其下有一个地下水收集系统和一个保护层，这种类型的衬垫系统只能用在抗损性低的条件下。对于场地低于地下水水位的填埋场，只要地下水流入速率不会造成渗滤液量过多或地下水的上升压力不致破坏衬垫系统，则可采用此系统。

（2）单复合衬层防渗系统

此种防渗系统采用复合防渗层，即由两种防渗材料相贴而形成防渗层。两种防渗材料相互紧密地排列，可提供综合效力。比较典型的复合结构是上层为柔性膜，其下为渗透性低的

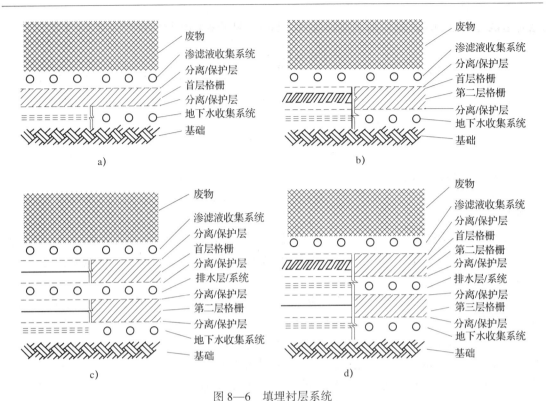

图 8—6　填埋衬层系统

a）单层衬层防渗系统　b）单复合衬层防渗系统　c）双层衬层防渗系统　d）双复合衬层防渗系统

黏土矿物层。与单层衬层系统相似，复合防渗层的上方为渗滤液收集系统，下方为地下水收集系统。

　　单复合衬层防渗系统综合了物理、水力特点不同的两种材料的优点，因此具有很好的防渗效果。有关研究结果表明，用黏土和高密度聚乙烯（HDPE）材料组成的单复合衬层的防渗效果优于双层衬层（有上下两层防渗层，两层之间为排水层）的防渗效果。单复合衬层系统膜出现破损渗漏时，由于膜与黏土表面紧密连接，具有一定的密封作用，渗漏液在黏土层上的分布面积很小。当双层衬层系统的 HDPE 膜发生局部破损渗漏时，渗漏液在下排水层中的流动可使其在较大面积的黏土层上分布，因此向下渗漏的量较大。

　　单复合衬层的关键是使柔性膜与黏土矿物层紧密接触，以保证柔性膜的缺陷不会引起两者结合面的移动。

　　（3）双层衬层防渗系统

　　此种防渗系统有两层防渗层，两层之间是排水层，以控制和收集防渗层之间的液体或气体。衬层上方为渗滤液收集系统，下方可有地下水收集系统。透过上部防渗层的渗滤液或者气体受到下部防渗层的阻挡而在中间的排水层中得到控制和收集，在这一点上它优于单层衬层防渗系统，但在施工和衬层的坚固性等方面不如单复合衬层防渗系统。

　　双层衬层防渗系统主要在下列条件下使用：基础天然土层很差（渗透系数大于 10^{-5} cm/s），地下水位又较高，土方工程费用很高，而采用 HDPE 膜费用低于土方工程费用，建设混合型填埋场，即生活垃圾与危险废物共同处置的填埋场。

（4）双复合衬层防渗系统

其原理与双层衬层防渗系统类似，即在两层防渗层之间设排水层，用于控制和收集从填埋场渗出的液体，不同之处在于上部防渗层采用的是复合防渗层。防渗层之上为渗滤液收集系统，下方为地下水收集系统。双复合衬层防渗系统综合了单复合衬层防渗系统和双层衬层防渗系统的优点，具有抗损坏能力强、坚固性好、防渗效果好等优点，但其造价比较高。

在美国，根据新环保法的要求，具有主、次两层渗滤液收集系统的双复合衬层防渗系统已在城市固体废物填埋场得到广泛应用。双复合衬层底层为厚度大于 3 m 的天然黏土衬层或 0.9 m 厚的第二层压实黏土衬层，然后依次向上为第二层合成材料衬层、二次渗滤液收集系统、0.9 m 厚的第一层压实黏土衬层、第一层合成材料衬层、首次渗滤液收集系统，顶部是 0.6 m 厚的碎石铺盖保护层。渗滤液收集系统由一层土工网和土工织物组成。合成材料衬层的厚度应大于 1.5 mm，底层和压实黏土衬层的渗透系数应小于 10^{-7} cm/s。

2. 人工防渗衬层的设计

填埋场人工防渗系统中最常用的防渗材料是 HDPE 膜，重点介绍 HDPE 衬层设计。

在填埋场衬层设计中，HDPE 膜通常用于单复合衬层防渗系统、双层衬层防渗系统和双复合衬层防渗系统的防渗层设计。除特殊情况外，HDPE 膜一般不单独使用，因为需要较好的基础铺垫，才能保证 HDPE 膜稳定、安全而可靠地工作。

（1）HDPE 防渗膜的铺设要求

①HDPE 防渗膜的铺设必须平坦、无皱褶。

②HDPE 防渗膜的搭接应尽量减少焊缝。

③在斜坡上铺设 HDPE 防渗膜时，其接缝方向应平行于斜坡面，不允许出现斜坡上有水平方向的接缝，以避免斜坡上由于滑动力可能在焊缝处出现应力集中。

④基础底部的 HDPE 防渗膜应尽量避免埋设垂直穿孔的管道或其他构筑物。

⑤边坡必须锚固，推荐采用矩形槽覆土锚固法。

⑥边坡与底面交界处不能设焊缝，焊缝不能跨过交界处。

（2）HDPE 复合衬层下垫层的要求

HDPE 防渗膜不能铺设在一般的天然地基上，必须铺设在平整、稳定的支撑层上，即在 HDPE 膜之下必须提供一个科学的下垫层，一般以天然防渗材料作为下垫层。

我国东部和东南沿海的发达地区水网密布，地下水位较高，所以在这些地区选址时，地下水位可允许距填埋场基础 2 m 以上。

下垫黏土层的厚度直接影响工程土方量，从而影响工程造价，因此从工程投资角度来说，在选址时，对地下水要求严格一点，而适当放宽 HDPE 膜下垫层人工防渗层厚度的要求，在保证同样安全度的情况下，工程费用可降低。下垫黏土层的厚度一般为 0.6~1.0 m。

（3）单 HDPE 复合衬层的结构设计

①边坡压实黏土层厚度。边坡的防渗要比底层防渗更困难，因为边坡的施工压实难度更大。边坡下垫层与其上的 HDPE 膜之间易产生滑动，使下层或上层膜受到破坏，所以边坡土层厚度通常大于底层的厚度，一般大 10%。为了提高排水层的排水效率，要提高排水材料的渗透率，降低毛细管张力。推荐使用清洁砾石，其透水系数大，而毛细管上升高度较小。

②边坡坡度。边坡坡度的设计应考虑地形条件、土层条件、填埋场容量、施工难易程

度、工程造价等因素。边坡越陡，工程量越小，施工越难，而且下垫层与上层膜的摩擦力越小，容易产生上下层之间的滑动破损。边坡坡度推荐值为1∶3。

③底部坡度。底部坡度的设计要满足集水排水需要，同时也要考虑场地条件和施工难易条件。例如，当填埋单元较大时，底部坡度大将造成两端高差增大，开挖深度增加，低点距地下水面距离减小，堆填废物易滑动等问题；坡度太小又不利于渗滤液的集排。一般2%的排水坡度就可以满足集水要求，在特殊情况下，也可以采用3%~4%的坡度。

（4）HDPE双衬层构造设计技术要求

双衬层可由单层排水系统和双层排水系统构成，一般情况下可只设一层排水系统。双排水系统的次级排水系统一般只在防渗层渗漏监测时使用。

五、渗滤液产生与处理

城市垃圾填埋场渗滤液的处理一直是填埋场设计、运行和管理中非常棘手的问题。渗滤液是液体在填埋场重力流动的产物，主要来源于降水和垃圾本身的内含水。液体在流动过程中，影响渗滤液性质的因素较多，包括物理因素、化学因素以及生物因素等，所以渗滤液的性质在一个相当大的范围内变动。一般来说，其pH为4~9，化学需氧量（COD）为2 000~62 000 mg/L，5日生化需氧量（BOD_5）为60~45 000 mg/L，重金属浓度与市政污水中重金属的浓度基本一致。城市垃圾填埋场渗滤液是一种成分复杂的高浓度有机废水，若不加处理而直接排入环境，会造成严重的环境污染。以保护环境为目的，对渗滤液进行处理是必不可少的。

（一）好氧处理

活性污泥法、氧化沟、好氧稳定塘、生物转盘等好氧法处理渗滤液都有成功的经验，好氧处理可有效地降低BOD_5、COD和氨氮，还可以去除另一些污染物质如铁、锰等金属。在好氧法中又以延时曝气法用得最多，还有曝气稳定塘和生物转盘（主要用于去除氮）。

1. 活性污泥法

（1）传统活性污泥法

渗滤液可用生物法、化学絮凝、炭吸附、膜过滤、脂吸附、气提等方法单独或联合处理，其中活性污泥法因其费用低、效率高而得到广泛的应用。活性污泥法通过提高污泥浓度来降低污泥有机负荷，垃圾渗滤液处理效果显著。例如美国宾州污水处理厂，其垃圾渗滤液进水的COD_{Cr}（以重铬酸钾为氧化剂测得的化学需氧量）为6 000~21 000 mg/L，BOD_5为3 000~13 000 mg/L，氨氮为200~2 000 mg/L。曝气池的污泥浓度（MLVSS）为6 000~12 000 mg/L，是一般污泥浓度的3~6倍。在体积有机负荷（以BOD_5计）为1.87 kg/（m³·d）时，有机负荷率（F/M，以BOD_5计）为0.15~0.31 kg/（kg MLSS·d），BOD_5的去除率为97%；在体积有机负荷（以BOD_5计）为0.3 kg/（m³·d）时，F/M（以BOD_5计）为0.03~0.05 kg/（kg MLSS·d），BOD_5的去除率为92%。该厂的数据说明，只要适当提高活性污泥浓度，使F/M（以BOD_5计）为0.03~0.31 kg/（kg MLSS·d）（不宜再高），采用活性污泥法能够有效地处理垃圾渗滤液。

众多实际运行的垃圾渗滤液处理系统表明，活性污泥法比化学氧化法等其他方法的处理效果更佳。

（2）低氧/好氧活性污泥法

低氧/好氧活性污泥法及序列间歇式活性污泥法（SBR）等改进型活性污泥流程，因其能维持较高运转负荷，耗时短，比常规活性污泥法更有效。同济大学徐迪民等用低氧/好氧活性污泥法处理垃圾填埋场渗滤液，试验证明：在控制运行条件下，垃圾填埋场渗滤液通过低氧/好氧活性污泥法处理，效果卓越。最终出水的平均 COD_{Cr}、BOD_5、SS（悬浮固体）分别从原来的 6 466 mg/L、3 502 mg/L 以及 239.6 mg/L 相应降低到 $COD_{Cr}<300$ mg/L、$BOD_5<50$ mg/L（平均为 13.3 mg/L）以及 SS<100 mg/L（平均为 27.8 mg/L）。总去除率分别为 96.4%（COD_{Cr}）、99.6%（BOD_5）、83.4%（SS）。

处理后的出水若进一步用碱式氯化铝进行化学混凝处理，可使出水的 COD_{Cr} 下降到 100 mg/L 以下。

两段法处理渗滤液的氮、磷也均较一般生物法为佳，磷的平均去除率为 90.5%，氮的平均去除率为 67.5%。此外，此法可弥补厌氧/好氧两段生物处理法中第一段形成氨氮较多，导致第二段难以进行和两次好氧处理历时太长的不足。

2. 物化活性污泥复合处理系统

渗滤水中难以降解的高分子化合物所占的比例高，存在的重金属会产生抑制作用，所以常用生物法和物理化学法相结合的复合系统来处理垃圾渗滤液。对于 BOD_5 为 1 500 mg/L、氯离子浓度为 800 mg/L、硬度（以 $CaCO_3$ 计）为 800 mg/L、总铁为 600 mg/L、有机氮为 100 mg/L、TSS（总悬浮固体）为 300 mg/L、硫酸根离子为 300 mg/L 的渗滤液，有学者采用该方法进行处理，发现效果很好，其 BOD_5、COD、氨氮、铁的去除率分别达 99%、95%、90%、99.2%。该系统中的进水通过调节池后，可以避免毒性物质出现瞬时的高浓度而对活性污泥生物产生抑制作用。在澄清池中加入石灰，可去除重金属和部分有机质。气提池（进行曝气，温度低时加入氢氧化钠）能去除进水中 50% 的氨氮，从而使氨气的浓度处于抑制水平之下。废水中磷被加入的石灰所沉淀，且 pH 过高，因而需添加磷和酸性物质。活性污泥系统可以串联或并联使用，运行时可通过调节回流污泥比来选用常规法或延时曝气法处理，具有较大的操作灵活性。

3. 曝气稳定塘

与活性污泥法相比，曝气稳定塘体积大，有机负荷低，尽管降解进度较慢，但由于其工程简单，在土地不贵的地区，是最省钱的垃圾渗滤液好氧生物处理方法。美国、加拿大、英国、澳大利亚和德国的小试、中试生产规模的研究都表明，采用曝气稳定塘能获得较好的垃圾渗滤液处理效果。

（二）厌氧生物处理

有目的地运用厌氧生物处理已有近百年的历史。但直到近年来，随着微生物学、生物化学等学科发展和工程实践的积累，新的厌氧处理工艺不断出现，克服了传统工艺的水力停留时间长、有机负荷低等特点，使厌氧生物处理在理论和实践上有了很大进步，在处理高浓度（$BOD_5\geqslant2\ 000$ mg/L）有机废水方面取得了良好效果。

厌氧生物处理有许多优点，最主要的是能耗少，操作简单，因此投资及运行费用低廉。而且由于产生的剩余污泥量少，所需的营养物质也少，如其 5 日生化需氧量与磷的比值只需为 4 000：1，虽然渗滤液中磷的含量通常少于 1 mg/L，但仍能满足微生物对磷的要求。用普通的厌氧消化，35℃、负荷（以 COD 计）为 1 kg/（$m^3 \cdot d$），停留时间 10 d，渗滤液中 COD 去除率可达 90%。

近年来开发的厌氧生物处理方法有厌氧生物滤池、厌氧接触池、上流式厌氧污泥床反应器及分段厌氧消化等。

1. 厌氧生物滤池

厌氧生物滤池适于处理溶解性有机物，加拿大某填埋场渗滤液平均 COD 为 12 850 mg/L、BOD_5/COD 为 0.7，pH 为 5.6。将此渗滤液先经石灰水调节至 pH=7.8，沉淀 1 h 后进厌氧滤池（此工序还起到去除 Zn 等重金属的作用），当负荷（以 COD 计）为 4 kg/（$m^3 \cdot d$）时，COD 去除率可达 92% 以上；当负荷再增加时，其去除率急剧下降。

虽然厌氧生物滤池处理高浓度有机污水时负荷（以 COD 计）可达 5~20 kg/（$m^3 \cdot d$），但渗滤液负荷必须保持较低水平才能得到理想的处理效果。

2. 上流式厌氧污泥床

用上流式厌氧污泥床（UASB）处理 COD>10 000 mg/L 的渗滤液，当负荷（以 COD 计）为 3.6~19.7 kg/（$m^3 \cdot d$），平均泥龄为 1.0~4.3 d，温度为 30℃ 时，COD 和 BOD_5 的去除率各为 82% 和 85%，它们的负荷比厌氧生物滤池要大得多。

在厌氧分解时，有机氮转为氨氮，若 pH>7 时，平衡中的氨气占优势，可用吹脱法去除。但厌氧分解时 pH 近似等于 7，因此出水中可能含有较多的铵离子，将会消耗接纳水体的溶解氧。

可利用多种方法处理渗滤液。在有条件的地方修筑生物塘，同时采用水生植物系统处理渗滤液，不仅投资省，而且运行费用低。土地处理也受到人们的重视，但在渗滤液的处理中选用尚少。生物膜法和活性污泥法有成熟的运行管理经验，近年来结合采用厌氧/好氧工艺生物处理渗滤液较多。但修建专用的渗滤液处理厂投资大，运行管理费用高，而且随着填埋场的关闭，最终使水处理设施报废，故应慎重选用。

六、填埋气体的导排及综合利用

近年来，城市垃圾能源的利用作为一项新兴的能源产业正迅速在全球蓬勃发展。现在全球有 800 多座填埋气发电厂运行，填埋气作为一种新能源，其开发前景广阔。在发达国家，由政府投资建设规范的垃圾填埋场，同时铺设气体收集装置，然后将气体使用权向社会公开拍卖，开发商通过竞标获取气体使用权，一般 5~10 年之内即可收回气体收集利用装置的投资。这种做法一方面规范了填埋场建设，另一方面也降低了开发商投资风险，提高了开发商的积极性。

（一）填埋场气体的组成

垃圾填埋气（LFG）是卫生填埋场的降解产物之一，除主要组分甲烷、二氧化碳外，其他已被检测出的物质有 140 种以上。填埋气体的典型组成见表 8—4。这些填埋气无控制迁移和聚积，会产生二次污染，引发燃烧爆炸事故。LFG 是一类温室气体，它对大气臭氧层有破坏作用，资料表明，甲烷产生的温室效应比当量体积的二氧化碳高 20 倍以上。每吨垃圾在填埋场寿命期内大约可产生 100~200 m^3 的填埋气，其热值一般为 7 450~22 350 kJ/m^3，脱水后热值可提高 10%，除去二氧化碳、硫化氢及其他杂质组分后，又可将热值提高到

22 360~26 000 kJ/m^3（天然气的热值为 37 260 kJ/m^3），因此它又是一种潜在的清洁能源。

表8—4　　　　　　　　　　　填埋气体的典型组成

组成	甲烷	二氧化碳	氮气	氧气	硫化物	氨气	氢气	一氧化碳	微量组分
体积分数/%	45~50	40~60	2~5	0.1~1.0	0~1.0	0.1~1.0	0~0.2	0~0.2	0.01~0.6

填埋气体的回收利用开始于 20 世纪 70 年代，国外每年从 LFG 中回收的能量约相当于 200 万 t 的原煤资源，LFG 回收用于发电占 55%，锅炉占 23%，熔炉和烧窑占 13%，管道供气占 9%。目前，较新的填埋气体利用技术还包括用作汽车的替代燃料，生产甲醇或者燃料电池等。

（二）填埋气体的组成及其影响因素

LFG 的成分复杂，除垃圾特性外，其影响因素还包括温度、厌氧程度、养分及毒素、pH、湿度、填埋年限与区域、填埋方式与类型等。

1. 垃圾特性

垃圾中可降解的有机物含量以及这些有机物中纤维素、蛋白质、脂肪的构成比例，对 LFG 的产生起着决定性的作用。其中，易降解有机物对填埋气的贡献最为直接，而较小的垃圾粒度也有助于填埋降解过程的加速。

2. 温度

甲烷的最佳产生温度是 40℃，此时其产生速率是 30℃ 时的 3 倍。当温度升至 60℃ 时，甲烷的产生几乎停止。在 1~5 m 处，中温甲烷菌起主要作用，而在更深的垃圾内部，则嗜热甲烷菌起主要作用。

3. 厌氧程度

产甲烷细菌是严格厌氧的，少量氧气（空气）的存在对垃圾降解速度影响不大，但对填埋气中甲烷的组成有很大影响。

4. 养分及毒素

垃圾降解中起发酵作用的细菌，需要适当的养分（氮、磷、钾等）才能良好生长，若其中碳氮比较低，垃圾降解将变缓，产气量会下降。垃圾中如含有过量的、对降解垃圾的微生物有毒害作用的毒素，则不利于填埋气的产生。

5. pH

产甲烷细菌最适宜的 pH 范围为 6.8~7.5，超出该范围，甲烷的产生速率和产生量都有明显下降。

6. 湿度

当湿度为 55% 时，微生物、养分和被降解垃圾之间的接触程度大，微生物代谢加快，填埋气产量比湿度为 33% 时有明显提高。但过多的含水量将会起到降温作用，并且阻滞气体的流动，导致气体产量的降低。在有些填埋场内，季节性温度变化会影响气体的产出，如填埋场埋藏较浅，在寒冷季节，其气体产率将大大降低。另外，同一填埋场不同位置的气体产量也会有很大变化，因为垃圾分布往往是不均匀的。

（三）填埋气的收集、运输与储存

1. 填埋气的收集

LFG 的收集系统由收集井、集气柜、输气管道和抽气泵站等组成。填埋场内产生的气体，借助压差流向特定的收集井，通过输气管道引至集气柜后，再集中输往抽气泵站。富集的 LFG 经冷凝脱水后即可供直接燃烧，或经净化处理送入内燃机或发电机组。

LFG 的导出和收集通常有两种形式，即竖向收集导出和水平收集导出方式。前者应用较广，它是在垃圾填埋过程中逐步建成的系统，其方法是在填埋场内均匀布置立式大口径钢管，在每个钢管外砌筑竖井，当填埋厚度达到 2~5 m 时，将钢管向上抽一部分，并继续砌筑，直到填埋场达到设计高度，然后将钢管移走。通过将各竖井用排气管水平连接，即可实现垃圾填埋与气体回收同步进行。

2. 填埋气的输送

不论采用竖井还是水平管线收集，最终均需要将填埋气汇集到总干管进行输送。输气管道除设置有必要的控制阀、流量压力监测仪和取样孔外，还应考虑冷凝液的排放。输送系统也有支路和干路，干路之间相互联系形成一个闭合回路。因此，压力差的计算要考虑最远的支路和干路。

井头的管道必须充分倾斜，以提供排水能力，集气干管一般要有 3% 的坡降，对于更短的管道系统甚至要有 6%~8% 的斜率。为排出冷凝液，在干管底部可设置冷凝液排放阀。

3. 填埋气的储存

国外填埋气厂一般都有储气系统，以储备气体，满足消费需求。储气技术按压力大小分为低压、中压和高压储存三种。20 世纪 70 年代有人尝试使用液化储存，由于甲烷的液化临界点为-82.5℃，工艺复杂，技术要求和成本高，不适于 LFG 储存，逐渐被淘汰。低压储存要求压力小于 5 kPa，有干、湿两种，这种储存技术最大的缺点是气柜容积大，占地面积大。中压储存压力保持在 1~2 MPa，气柜容积比低压要小，为 1~100 m³，中小型填埋场多使用这种技术。目前，最受青睐的储气技术为高压储存。储气容器为 30 L 或 50 L 的钢瓶，压力为 150 MPa、250 MPa、330 MPa、35 MPa 不等，储气量大，体积小。缺点是硫化氢、二氧化碳对压缩设备有腐蚀作用，但就净化过的 LFG 而言，无须考虑这种隐患。

（四）填埋气的回收利用

LFG 中含量较高的惰性组分二氧化碳和氮气会降低其作为燃料的热值，增加集输费用。在燃烧过程中，LFG 中的硫化氢、水蒸气和卤化物会形成腐蚀性酸，如硫酸、盐酸等。硅氧烷在高温下能转化为氧化硅，这种白色的粉末会堵塞或损害设备。其他有害的微量物质，如烃类、硫醇类和挥发性有机物（VOCs）等，也会对 LFG 的燃烧特性造成不利影响。因此，利用之前，应进行浓缩与净化处理，以除去其中的惰性组分和有害气体。

填埋气的利用途径很多，其中发电、民用燃料和汽车燃料是三种最为普遍的利用方式。

1. 用于发电

相对于其他可再生能源的发电技术，LFG 发电具有短时可储存性、较强的调峰能力、适中的发电容量、更易被电网吸收等特性，成为国际上应用最广泛的技术之一。与垃圾焚烧发电相比，LFG 发电投资小，运行费用仅为后者的 1/4 左右。经过净化处理的填埋气，以稳定的温度进入发电机，燃烧转化所产生的电力可传输到电力输出终端站，并入当地电网供用户使用。

2. 作为民用燃料

在填埋场附近有小村镇和居民区的情况下，纯化后的填埋气是优良的居民生活燃气，并且接入方便，其技术装备均可以采用常规的城市煤气设备。我国已经有填埋气供民用的经验，只要有合适的用户，填埋气供民用基本上无技术障碍。其主要限制因素如下：

（1）LFG 成分复杂多变，对于含氧、氮等杂质较多的低热值填埋气，如用作管道煤气使用，浓缩的要求高，对净化设备及其运行的要求也高。

（2）填埋场附近一般无大型居民区，气体输送设施的投资可能使得供气成本过高，居民难以接受。

3. 作为汽车燃料

LFG 经深度处理，将二氧化碳含量降至3%以下并除去有害成分后，可以像天然气一样作为汽车燃料。鞍山废弃物处理中心采用先进的压缩天然气技术，通过常压多胺法对回收后的 LFG 进行净化，甲烷净化率高达 98.5%。

压缩 LFG 燃料由于受到生产量和产生地点的限制，加上来自燃油和压缩天然气的竞争，在近期很难达到商业化规模经营的程度。目前压缩 LFG 燃料可选择的主要用户是垃圾专用运输车辆，其优点是不用在填埋场之外再建加气站，即可大幅度降低燃气的成本。

实训：城市垃圾填埋场生产实训

（一）目的和要求

1. 了解垃圾填埋的工艺流程、设备设施的运行、操作条件、运行参数和综合利用。
2. 了解企业的管理和规划。
3. 了解主要设备和工艺的设计、设施设备的维修和保养等。

（二）基本内容

岗位一：填埋场选址

内容：填埋场地理位置，与中心城区的距离、方位，与最近居民点的距离、方位；交通道路；填埋场所在区域及填埋场的地形、地貌、地质情况；填埋场的面积、容积，每天处理能力及使用年限；覆盖土来源；气象条件，包括年均风速、最大风速、主导风向、平均气温、最热月平均气温、最低月平均气温、降水量、湿度等；周围地表水基本情况调查、地下水基本情况调查；周围植被调查。

岗位二：填埋操作

内容：填埋方法，填埋单层厚度，单元宽度、长度，填埋平面布置（图）、里面布置（图）；覆盖土厚度；每天处理的垃圾质量与填埋体积；填埋顺序；填埋使用的机械设备、设备的填埋操作步骤；垃圾场的水平和垂直防渗措施（绘制防渗工程结构的示意图）；垃圾渗滤液收集系统和排放去向，有渗滤液处理系统的可专门设置实习岗位；填埋气体排放系统；防洪系统；垃圾组分分析、垃圾渗滤液水质分析、填埋气体成分分析。

（三）重点、难点

1. 填埋场地的选择。
2. 填埋场防渗和垃圾渗滤液收集、输送、处理系统。
3. 填埋气体。

4. 填埋方法和操作。

思考与练习

一、单项选择题

1. 下列不属于生活垃圾的是（　　）。

    A. 废家具电器　　　B. 炼钢残渣　　　C. 砖瓦渣土　　　D. 厨余物

2. 当一座城市在考虑生活垃圾处理技术时，首先应该考虑的是（　　）。

    A. 卫生填埋　　　B. 焚烧　　　C. 堆肥　　　D. 热解

3. 卫生填埋每天的日覆盖土厚度在（　　）cm 为宜。

    A. 40～75　　　B. 90～120　　　C. 15～30　　　D. 5～10

4. 每一座城市或一定区域内至少应该有一个的是（　　）。

    A. 垃圾焚烧场　　　B. 垃圾堆肥设施　　　C. 卫生填埋场　　　D. 危险废物安全填埋场

5. 下列不需要再进行附加处理，完全、最终的处理方法有（　　）。

    A. 热解　　　B. 焚烧　　　C. 堆肥　　　D. 卫生填埋

6. 现代化填埋场的终场覆盖应由五层组成，其从上至下的组合顺序为（　　）。

    A. 表层、排水层、保护层、防渗层、排气层

    B. 表层、保护层、排水层、排气层、防渗层

    C. 表层、保护层、排水层、防渗层、排气层

    D. 表层、防渗层、保护层、排水层、排气层

7. 填埋场的衬层系统通常从上至下的顺序依次为（　　）。

    A. 过滤层、排水层、保护层和防渗层

    B. 过滤层、保护层、排水层和防渗层

    C. 过滤层、保护层、防渗层和排水层

    D. 保护层、过滤层、防渗层和排水层

8. 填埋场最终封场后至少（　　）年时间内不得进行任何方式的使用。

    A. 1　　　B. 3　　　C. 5　　　D. 8

9. （　　）不属于中间覆盖的作用。

    A. 防止填埋气体的无序排放　　　B. 防止雨水下渗

    C. 改善道路交通　　　D. 将层面上的降雨排出填埋场外

10. 在南方，填埋场基本达到稳定化所需的时间为（　　）年以上。

    A. 3～5　　　B. 5～8　　　C. 8～10　　　D. 10～15

二、不定项选择题

1. 卫生填埋场的主要判断依据是（　　）。

    A. 是否达到了国家标准规定的防渗要求

    B. 污水是否处理达标后排放

    C. 填埋场气体是否得到有效治理

D. 是否考虑终场利用

2. 卫生填埋的优点有（　　　）。

 A. 可接受各种类型的城市生活垃圾而不需要对其进行分类收集

 B. 与需要对残渣和无机杂质等进行附加处理的焚烧法和堆肥法相比较，卫生填埋是一种完全的、最终的处理方法

 C. 可以在短时间内循环使用土地

 D. 如有适当的土地资源可利用，一般以此法处理垃圾最为经济

3. 下列垃圾中，（　　　）属于生活垃圾的范围。

 A. 旧家具、电器   B. 庭院废物

 C. 砖瓦渣土   D. 废纸、废塑料、废玻璃片

4. （　　　）是在卫生填埋过程中进行管理和监测。

 A. 渗滤液   B. 填埋气   C. 覆盖土   D. 填埋的垃圾

三、讨论题

1. 生活垃圾卫生填埋的定义是什么？

2. 简述卫生填埋场选址的原则。

3. 垃圾填埋的主要填埋工艺有哪几种？

4. 简述填埋场监测的目的及内容。

参 考 文 献

[1] 王黎. 固体废物管理与处理处置 [M]. 北京：冶金工业出版社，2014.

[2] 王琳. 固体废物处理与处置 [M]. 北京：科学出版社，2014.

[3] 刘海春，赵敏娟. 固体废物处理与利用 [M]. 大连：大连理工大学出版社，2014.

[4] 赵由才，龙燕，张华. 生活垃圾卫生填埋技术 [M]. 北京：化学工业出版社，2004.

[5] 赵由才. 固体废物污染控制与资源化 [M]. 北京：化学工业出版社，2002.

[6] 赵由才. 生活垃圾资源化原理与技术 [M]. 北京：化学工业出版社，2002.

[7] 赵由才，黄仁华. 生活垃圾卫生填埋场现场运行指南 [M]. 北京：化学工业出版社，2001.

[8] 赵由才，朱青山. 城市生活垃圾卫生填埋场技术与管理手册 [M]. 北京：化学工业出版社，1999.

[9] 曹本善. 垃圾焚化厂兴建与操作实务 [M]. 北京：中国建筑工业出版社，2002.

[10] 李金惠. 危险废物管理与处理处置技术 [M]. 北京：化学工业出版社，2003.

[11] 孙燕. 几种垃圾焚烧炉及炉排的介绍 [J]. 环境卫生工程，2002，10（2）：77-80.

[12] 杨佳珊. 垃圾焚烧炉烟气处理方法介绍和比较 [J]. 中国电力，2001，34（8）.

[13] 张益，赵由才. 生活垃圾焚烧技术 [M]. 北京：化学工业出版社，2000.

[14] 赵由才. 危险废物处理技术 [M]. 北京：化学工业出版社，2003.

[15] 祝建中，蔡明招，陈烈强，等. 城市垃圾焚烧炉内残渣性质及结渣形成 [J]. 城市环境与城市生态，2002，15（2）：46-48.

[16] Calvin R Bruner. Hazardous Waste Incineration. Singapore：McGraw-Hill，1993.

[17] 芈振明，高忠爱，祁梦兰，等. 固体废物管理与处理处置 [M]. 北京：高等教育出版社，1993.

[18] 蒋建国. 固体废物处置与资源化 [M]. 北京：化学工业出版社，2008.

[19] 张林霖，周淑梅，吕岩. 清洁生产和循环经济是工业可持续发展的必要途径 [J]. 环境科学动态，2004，2：6-7.

[20] 曹建军，刘永娟，郭广礼. 煤矸石的综合利用现状 [J]. 环境污染治理技术与设备，2004，5（1）：19-22.

[21] 常前发. 矿山固体废物的处理与处置 [J]. 矿产保护与利用，2003，5：38-42.

[22] 陈佛顺. 有色冶金环境保护 [M]. 北京：冶金出版社，1984.

[23] 陈茂棋. 有色金属工业固体废物综合利用概况 [J]. 矿冶，1997，6（1）：82-88.

[24] 陈闽子，佟琦，韩树民. 磷石膏、粉煤灰在硅钙硫肥料生产中的应用 [J]. 中国资源综合利用，2003，9：9-11.

[25] 董保澍. 固体废物的处理和利用 [M]. 北京：冶金出版社，1988.

[26] 冯金煌. 磷石膏及其综合利用的探讨 [J]. 无机盐工业，2001，33（4）：34-36.

[27] 高占国，华珞，郑海金. 粉煤灰的理化性质及其资源化的现状与展望 [J]. 首都师范大学学报（自然科学版），2003，24（1）：70-77.

[28] 桂祥友，马云东. 矿山开采的环境负效应与综合治理措施 [J]. 工业安全与环保，2004，30（6）：26-28.

[29] 胡燕荣. 化工固体废物的综合利用 [J]. 污染防治技术，2003，16（1）：37-39.

[30] 纪柱. 铬渣的危害及无害化处理综述 [J]. 无机盐工业，2003，35（3）：1-4.

[31] 李亚峰，孙凤海，牛晚扬. 粉煤灰处理废水的机理及应用 [J]. 矿业安全与环保，2001，28（2）：30-33.

[32] 梁爱琴，匡少平，白卯娟. 铬渣治理与综合利用 [J]. 中国资源综合利用，2003，1：15-18.

[33] 刘建秋. 化工行业实施清洁生产的构想 [J]. 河北化工，2003，2：12-14.

[34] 刘宪兵. 我国工业危险废物污染防治的技术原则和技术路线 [J]. 中国环保产业，2002，3：26-27.

[35] 罗道成，易平贵，刘俊峰. 硫铁矿烧渣综合利用研究进展 [J]. 工业安全与环保，2003，29（4）：10-12.

[36] 吕淑珍，方荣利. 利用煤矸石制备超细 Al（OH）$_3$ [J]. 矿产综合利用，2004，6：34-37.

[37] 喷玉杰，安学琴. 粉煤灰综合利用现状及发展建议 [J]. 煤化工，2004，2：35-36.

[38] 梁爱琴，匡少平，丁华. 煤矸石的综合利用探讨 [J]. 中国资源综合利用，2004，2：11-14.

[39] 马雷，刘力，杨林，等. 磷石膏资源化利用 [J]. 贵州化工，2004，29（2）：14-17.

[40] 聂永丰. 三废处理工程技术手册：固体废物卷 [M]. 北京：化学工业出版社，2000.

[41] 钱易. 清洁生产与可持续发展 [J]. 节能与环保，2002，7：10-13.

[42] 任爱玲，郭斌，周保华. 以工业废物制备高效氧化铁系脱硫剂的研究 [J]. 环境工程，2000，18（4）：40-44.

[43] 田立楠. 磷石膏综合利用 [J]. 化工进展，2002，21（1）：56-59.

[44] 童军杰，房靖华，刘永梅. 粉煤灰制备沸石分子筛的进展 [J]. 粉煤灰综合利用，2003，5：52-54.

[45] 万年峰. 垃圾处理技术评估 [J]. 水土保持科技情报，2003，2：13-15.

[46] 王春峰，李尉卿，崔淑敏. 活化粉煤灰在造纸废水处理中的综合利用 [J]. 粉煤灰综合利用，2004，2：39-40.

［47］王健，金鸣林，魏林等. 用粉煤灰制备新型水处理滤料［J］. 化工环保，2003，23（6）：352-355.

［48］王世娟. 磷石膏综合利用探讨［J］. 南通职业大学学报，2002，16（4）：19-20.

［49］谢锴. 处理高炉渣的先进方法——干式成粒法［J］. 冶金能源，2002，21（1）：49-51.

［50］徐旺生，占寿祥，宣爱国等. 利用硫铁矿烧渣制备高纯氧化铁工艺研究［J］. 无机盐工业. 2002，34（2）：37-39.

［51］杨崇豪，周瑞云. 粉煤灰技术在污水处理中的应用研究及存在问题讨论［J］. 环境污染治理技术与设备，2003，4（2）49-53.

［52］杨启霞. 工业固体废物在絮凝剂制备上的应用及问题探讨［J］. 再生资源研究，2003，5：29-32.

［53］赵建茹，玛丽亚，马木提. 浅谈磷石膏的综合利用［J］. 干旱环境监测，2004，18（2）：95-96.

［54］郑苏云，陈通，郑林树. 磷石膏综合利用的现状和研究进展［J］. 化工生产与技术，2003，10（4）：33-36.

［55］周珊，杜冬云. 粉煤灰—Fenton 法处理酸性红印染废水［J］. 环境科学与技术，2004，27（2）：69-71.

［56］朱桂林. 中国钢铁工业固体废物综合利用的现状和发展［J］. 废钢铁，2003，1：12-16.

［57］李国鼎. 环境工程手册——固体废物污染防治卷［M］. 北京：高等教育出版社，2003.

［58］赵由才. 环境工程化学［M］. 北京：化学工业出版社，2003.